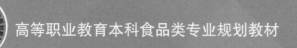高等职业教育本科食品类专业规划教材

食品加工与产品开发

（供食品工程技术、食品质量与安全、食品营养与健康等专业用）

主　编　刘　亮

副主编　汤海青　施　思　李晓辉　施甘霖

编　者　（以姓氏笔画为序）

刘　亮（浙江药科职业大学）

刘小涛（宁波市牛奶集团有限公司）

汤海青（浙江药科职业大学）

李晓辉（浙江药科职业大学）

施　思（浙江药科职业大学）

施甘霖（浙江药科职业大学）

甄　忱（浙江药科职业大学）

中国健康传媒集团

中国医药科技出版社

内 容 提 要

本教材为"高等职业教育本科食品类专业规划教材"之一，系根据本教材的编写原则与要求及本课程的教学大纲编写而成。旨在让学生掌握食品加工的核心技术和产品开发的创新思维，内容上涵盖肉制品、发酵调味制品、饮料类制品、乳制品、烘焙类制品的加工与产品开发等。本教材为书网融合教材，即纸质教材有机融合电子教材、教学配套资源（PPT、图片等），使教学资源更加多样化、立体化。

本教材主要供高等职业本科院校食品工程技术、食品质量与安全、食品营养与健康等专业师生教学使用，也可供食品工业的从业人员作为参考和进修使用。

图书在版编目（CIP）数据

食品加工与产品开发 / 刘亮主编. -- 北京：中国医药科技出版社，2025. 4. --（高等职业教育本科食品类专业规划教材）. -- ISBN 978-7-5214-5231-0

Ⅰ. TS205

中国国家版本馆 CIP 数据核字第 2025KK2882 号

美术编辑　陈君杞
版式设计　友全图文

出版　**中国健康传媒集团** | 中国医药科技出版社
地址　北京市海淀区文慧园北路甲 22 号
邮编　100082
电话　发行：010 - 62227427　邮购：010 - 62236938
网址　www.cmstp.com
规格　889mm×1194mm $^{1}/_{16}$
印张　11
字数　315 千字
版次　2025 年 5 月第 1 版
印次　2025 年 5 月第 1 次印刷
印刷　北京侨友印刷有限公司
经销　全国各地新华书店
书号　ISBN 978-7-5214-5231-0
定价　**45.00 元**

获取新书信息、投稿、为图书纠错，请扫码联系我们。

前言 PREFACE

食品行业是与人类生活最息息相关的行业之一，随着经济水平的发展和人民生活水平的不断提高，食品行业市场规模持续扩大，食品制造工业生产水平快速提高，产业结构不断优化，消费需求不断升级，食品行业展现出强劲的增长动力。与此同时，随着消费者对食品品质、安全、营养和便捷性等方面的需求日益增长，个性化与定制化产品服务兴起，健康与功能性食品需求大增，推动了食品行业的不断创新和升级。新技术的应用、新原料的开发、新市场的开拓，都要求从业者不仅要有扎实的专业知识，还要具备跨学科的创新能力。本教材正是在这样的背景下应运而生，旨在培养具备扎实专业知识和跨学科创新能力的新一代食品工业专业人才。我们深知，未来的食品工业从业者不仅要掌握食品科学、营养学、工程学等基础知识，还要具备市场分析、产品开发、质量控制等综合能力。因此，本教材不仅提供了食品加工的核心技术和理论，还特别强调了创新思维和实践能力的培养。我们希望通过这本教材，帮助学生和从业者能够深入理解食品加工与产品开发的基本原理、关键技术以及发展趋势，掌握食品加工工艺的设计与优化方法，熟悉各类食品产品的开发流程与创新策略，培养出一批具有扎实理论基础和丰富实践经验的高素质专业人才。

本教材基于 OBE 理念，通过分析区域行业发展趋势和产品的生产开发特点，并考虑如何有效发挥学生的主观能动性，选取了肉制品、发酵调味制品、饮料类制品、乳制品、烘焙类制品等 5 类产品的加工与开发为教学项目，再通过系统地梳理各类食品企业产品生产与开发相关岗位的典型工作任务，反向设计各教学项目的具体教学内容。本教材采用任务引领的方式，将教学内容分为明确产品开发目的、产品开发方案的制定、产品开发方案的实施、产品开发方案的评价、产品开发方案的改进与提高等 5 个教学任务，并通过明确产品开发总体思路、原辅料及生产技术路线对产品品质的影响规律、食品原辅材料用量计算、成本核算、确定产品开发方案、产品的制作、产品质量评价与记录、讨论分析与改进方案制定等 8 个学习活动来完成教学内容的实施，帮助读者掌握产品开发的系统思维与方法。在编写过程中，我们注重理论与实践的紧密结合，设计了丰富的实验指导和实践项目，鼓励读者将所学知识应用于实际操作中，培养其动手能力和解决实际问题的能力。同时，每个项目还设置了典型工作案例、练习题、知识链接等内容，以进一步提高读者的知识应用能力。

本教材由刘亮担任主编，具体编写分工如下：项目一由李晓辉、刘亮编写；项目二由施思、刘亮编写；项目三由汤海青、施甘霖、甄忱编写；项目四由施甘霖、刘小涛编写；项目五由刘亮编写。

感谢浙江药科职业大学食品学院、宁波市牛奶集团有限公司、浙江一鸣食品股份有限公司、宁波益富乐生物科技有限公司等单位在本教材的编写过程中给予的帮助和指导。本教材在编写过程中参考和引用了大量资料，在此对相关作者表示衷心的感谢。

食品加工与产品开发涉及多学科的交叉融合，对知识的深度和广度都有较高的要求，编者们在很多理论和技术实践层面的观点上还有待进一步提高，衷心希望各位读者能提出宝贵的意见，以便我们持续完善此书。相信在广大读者的努力下，我国的食品加工与产品开发事业必将迎来更加辉煌的明天，为人类的健康与幸福作出更大的贡献。

编 者

2025 年 2 月

CONTENTS 目录

PPT

项目一　肉制品的加工与开发

任务一　明确肉制品开发目的

以肉为原料，运用物理或化学的方法、配以适当的辅料和添加剂，经过加工处理后，得到的产品即为肉制品。为满足消费者需求，肉制品应具有美观、美味、安全、卫生、营养、易加工、耐保藏等品质。因此，肉制品加工开发的目的如下。

（1）随着社会的发展和进步，消费者和市场对肉制品美味、营养、方便的需求不断升级，肉制品的创新和开发，能刺激市场消费活力，加大市场开拓力度，提高市场占有率。

（2）肉制品工艺和技术创新对产品进行更新换代，是肉制品行业蓬勃发展的必然趋势。

（3）企业只有通过采用新原料和新技术开发出满足现代人需求的肉制品，才能提升市场竞争力，在激烈的企业竞争中有立足之地。

任务二　肉制品开发方案的制定

【学习活动一】明确肉制品开发总体思路

肉制品开发以满足消费需求为出发点，主要考虑肉制品的特征、性能、包装等方面。

一、肉制品特征

（一）色泽

对于消费者而言，肉制品诱人的色泽是第一吸引力，能有效刺激消费者食欲，一般以同类肉制品销量最大的产品颜色为佳。

（二）形状

肉制品形状多样，灌肠类肉制品为肠管状，肉脯为片状，肉饼为饼状，肉丸为球形。形状与加工方式息息相关，根据开发产品形态的需要，选择合理的加工方式。

（三）口味

肉制品口味繁多，有鲜甜味、五香味、酱香味、黑胡椒味、香辣味等。口味作为肉制品开发重要的考量因素，新口味的研发需综合考虑原辅料、加工工艺、储藏条件等方面。

二、肉制品性能

（一）便捷性

现代生活节奏快，消费者对肉制品快速便捷的需求越来越强烈。生产的肉制品需运输方便、贮藏方便、携带方便、食用方便。

（二）季节性

肉制品销售行情具有一定的季节性，如腌腊肉制品一般在冬季的销售量更高。企业需根据季节变化选择适当的原料肉种类、加工方式、包装方法生产合适的肉制品。

（三）保质性

肉制品需选择合适的杀菌方式、防腐剂、包装方法使其在保证口感风味的前提下延长保质期。

（四）功能性

某些消费人群由于其生理状况需要特定功能的肉制品，以达到调节机体功能，增强体质的目的，如高血压人群需食用低盐肉制品，肥胖人群需食用低脂肉制品。因此，企业研发人员需在保证风味品质的前提下，对营养强化剂添加到肉制品的方法和技术进行研究开发。

三、肉制品包装

对于肉制品而言，合理的包装是锦上添花，能提高商业价值。肉制品包装要求美观，安全卫生，方便贮运携带，能有效延长保质期，并符合相应肉制品包装的国家标准。

【学习活动二】原辅料及生产技术路线对肉制品品质的影响规律

一、原辅料对肉制品品质的影响

（一）原料

1. 原料肉种类

（1）猪肉　肉色淡红，有光泽，部位不同，肉色略有差异。肌肉纤维细嫩柔软，结缔组织较少。猪肉较其他畜禽肉而言，脂肪含量较高，经过加工可单独分离。优质猪肉脂肪白、硬且具有一定的芳香味。猪肉肉质紧密，具有弹性，无异味。不同部位的肌纤维和脂肪含量不同，导致肉质有所差异。里脊肉脂肪含量很低，几乎全是瘦肉，肉质非常嫩，适合煮、煎、炒等。梅花肉位于猪前肩和前腿之间的脖颈处，以瘦肉为主，并夹杂一些肥肉丝，宜用涮、煎、烤等方式。五花肉是猪腹部上的肉，肥瘦相间，可做红烧肉、回锅肉等。前腿肉有肥有瘦，肉质较老，而后腿肉瘦肉更多，肉质紧实，可做扣肉。

（2）牛肉　肉色呈暗红色，具有光泽，肌肉纤维较粗，结缔组织较多，肉质偏硬，但富有弹性。牛肉脂肪呈乳白或淡红色，含量较少，质地硬。脂肪一般夹杂在肌肉组织中，切面呈现大理石状。牛肉肉质和加工方式因部位而异。牛眼肉质细嫩多汁，脂肪含量高，宜做牛排、火锅、烧烤等。牛外脊肉质较硬，口感颇具韧性，富有嚼劲，宜做牛排、火锅、烧烤等。牛里脊肉质鲜嫩多汁，宜做牛排、火锅、爆炒等。牛腩位于牛腹，是带有肉、筋、油花的肉块，宜炖、红烧等。牛腿肉肌肉含量多，脂肪含量少，且富含肌肉纤维，肉质紧实，有嚼劲，宜慢炖、烧烤或做成牛肉丸。牛腱中，前腱肉质较软嫩，牛筋较多，煮熟后呈透明状，后腱肉肉质较柴，适合酱卤、煎烤、涮火锅。

（3）羊肉　颜色较深，呈现砖红色或红褐色，肥瘦适中，肉质细嫩多汁，硬度介于猪肉和牛肉之间。羊肉横切面细密，肌肉间一般不会夹杂脂肪。羊肉脂肪含量低，呈白色，质地硬。另外，羊肉有一股特别的膻味，部分消费者无法接受，使其加工销售受到限制。羊肉肉质因部位不同存在差异。羊肩肉是羊前腿上方，脖子和羊上脑中间的肉，肉质柔软滑嫩，常红烧、炖、烤。羊肋排是连接肋骨之间的肉，质地软嫩，肥瘦相间，多做成羊肉串或切片涮火锅。羊里脊蛋白含量高，脂肪含量低，肉质鲜嫩多汁，适合煎、炒。羊腿肉韧性较强，耐咀嚼，适合炖、烧烤。

（4）鸡肉　鸡出肉率高，约80%。鸡肉纤维细腻，横切面有光泽，肉质鲜嫩多汁。鸡肉蛋白含量比畜肉高。脂肪柔软，呈黄色，含量中等，分布均匀，易消化吸收。不同部位的鸡肉颜色、肉质存在差异。鸡胸肉呈白色，肉质细嫩，形态平整，适合煮、炒、炖、烤等。鸡胸肉脂肪含量低，适合减肥人群水煮，鸡腿肉肉色略红，肌肉纤维纹路明显，肉质较为紧实，有嚼劲。鸡腿肉脂肪含量比鸡胸肉高，适合煎、炸、烤等。

（5）鸭肉　瘦肉率较高，肉质细嫩，略有韧性，香味独特。相比鸡肉，鸭肉脂肪含量略高，约7.5%，分布均匀，易于消化。部位不同，鸭肉肉质不同，适合的烹饪方式不同。鸭腿肉厚且紧实，骨少，皮薄，有嚼劲，适合焖烧、酱卤、烤制等方式。鸭脖肉紧附于骨，肉质紧实有韧性，且鸭肉较薄，易入味，骨坑带肉，骨质酥软，酥香可口，别具风味，适合酱卤、熏制。鸭舌肉质细腻软嫩且易入味，略有嚼劲，经烹饪后口感独特丰富，适合酱卤、烘烤。

2. 肉的组织结构　肉（胴体）由肌肉组织、脂肪组织、结缔组织和骨组织构成。成年动物的胴体中，肌肉组织一般为40%~60%，结缔组织含量一般为12%左右，骨组织一般为20%左右。不同动物育肥程度不同，脂肪组织含量差异较大，低者仅占2%~5%，高者却高达40%~50%。猪、牛、羊肉四大组织结构的百分比如表1-1所示。

表1-1　各种肉的组织百分比（%）

组织名称	猪肉	牛肉	羊肉
肌肉组织	39~58	57~62	49~56
脂肪组织	15~45	3~16	4~18
结缔组织	6~8	9~12	20~35
骨组织	10~18	17~29	7~11

（1）肌肉组织　在胴体中占40%~60%，在组织学上分为三类：骨骼肌、平滑肌和心肌，具备良好的商品价值和食用价值。骨骼肌附着在骨骼上；平滑肌存在于内脏器官；心肌存在于心脏。与肉制品加工相关的主要是骨骼肌，下文所提的肌肉是指骨骼肌。

（2）脂肪组织　是肉中的第二重要部分，其含量变动幅度较大，与动物种类、品种、年龄、性别及育肥程度有关，占胴体的15%~45%。脂肪组织存在于各个部位，主要存在于皮下、肾脏周围及腹腔等。猪脂肪主要蓄积于皮下、肾周围及大网膜；羊脂肪主要蓄积于尾根、肋间；牛脂肪多蓄积于肌肉内；鸡脂肪多蓄积于皮下、腹腔及肌胃周围。另外，脂肪组织在改善肉质、风味等方面起重要作用，有良好的食用价值。

（3）结缔组织　是肉的次要成分，将动物体内不同部分联结和固定在一起，分布于各个部位，构成血管、淋巴管和器官的支架，包围、支撑着肌肉、筋腱和神经束，将皮肤联结于机体，支持、连接各个器官，使肌肉具有一定的硬度和弹性。

（4）骨组织　是肉的次要部分，质地坚硬，能保护器官，支撑机体，富含矿物元素，但食用、商品价值低。

3. 肌肉的加工特性 主要指的是溶解性、凝胶性、乳化性、保水性等，这些功能特性会影响肉制品品质。

（1）溶解性 肌肉蛋白质的溶解性是指在特定的提取条件下，溶于溶液中的蛋白质占总蛋白质的百分比。肌肉蛋白质的溶解性是肉制品加工重要的特性，如肌肉蛋白质的溶解性会显著影响肌肉蛋白质的凝胶性、乳化性、保水性，进而影响凝胶类和乳化类肉制品的品质。

肌肉蛋白质的溶解性在加工过程中随 pH、离子种类、离子强度、温度等变化而发生改变。pH 会明显影响肌肉蛋白质的溶解性，pH 远离等电点时，肌肉蛋白质 – 溶剂之间的吸引力和肌肉蛋白质 – 肌肉蛋白质之间的静电斥力均会增强，肌肉蛋白质的溶解性也会随之提高。离子的种类和强度是肌肉蛋白质溶解性的主要影响因素。相比氯化钾，氯化钠更能增强蛋白质的溶解性。蛋白质的溶解性随离子强度的增加主要呈现先上升后下降的趋势。肌肉中有很大一部分蛋白是盐溶性蛋白，需要有盐溶液的存在，才能提取出来。因此，离子强度的适当增加有利于蛋白质溶解性的增强，但盐浓度过高时，会发生盐析现象，导致溶解性降低。蛋白质受热会发生变性，温度越高，变性越剧烈。蛋白质变性后，疏水基团会暴露，蛋白质会通过疏水作用聚集，从而导致溶解性降低。

（2）凝胶性 肌肉蛋白质的凝胶性是指提取出的蛋白质形成凝胶的能力。凝胶是解聚后的蛋白质交联形成的集聚体通过共价联结成的三维网络结构，能存储大量水分。

肌肉蛋白质的凝胶性会受到加工过程中 pH、盐浓度、加热温度、加热速度、外源添加物等因素的影响。一般 pH 接近 6.0 时，肌肉蛋白质凝胶能力达到最佳，远离 6.0 时，蛋白质相互作用可能会失衡，从而导致凝胶性下降。加工过程中，加入 2% 食盐有利于盐溶蛋白充分溶出，能增强蛋白质的凝胶性。而加入的盐过少时，溶出的盐溶性蛋白也会过少，盐浓度过高时，可能会出现盐析，从而影响凝胶特性。70～80℃比 100～120℃更有利于蛋白质形成稳定致密的凝胶结构。慢速加热使蛋白质缓慢变性，有充足的时间来形成蛋白凝胶结构。乳清蛋白、大豆分离蛋白等蛋白添加物及瓜尔豆胶、卡拉胶等多糖添加物都有助于增强肉制品的凝胶特性。

（3）乳化性 蛋白质的乳化性是指肌肉蛋白质能使互不相容的两相（液态），其中一相以微小的液滴形式均匀地分散到另一相中，形成稳定的多相分散体系的性质。目前关于肌肉蛋白质的乳化作用存在两种学说：①水包油型乳化学说，脂肪颗粒作为分散相分散在蛋白质溶液中，有一层蛋白膜包裹在脂肪球表面，阻止脂肪球的聚集，促使乳化体系稳定，②物理镶嵌学说，在绞碎、斩拌过程中，萃取出的蛋白质、纤维碎片、肌原纤维及胶原纤丝间发生相互作用，形成一种黏稠的蛋白基质体系，而破碎的脂肪颗粒或脂肪滴被蛋白基质物理镶嵌包埋固定，形成了相对稳定的乳化体系。博洛尼亚香肠、法兰克福香肠等乳化肉制品正是利用肉制品的乳化性这一功能特性加工制成的。

加工过程中，许多因素都会影响乳化效果，如离子强度、温度、脂肪颗粒大小、外源添加物。如果乳化效果不佳，肉制品会出现"出油"的品质缺陷。作为乳化剂的蛋白质含量增加有助于提高乳化效果，而适当增加盐溶液的浓度，有利于盐溶蛋白充分溶出，能有效提高肉的乳化性。因此，需要乳化的肉制品会预先腌制，以使乳化效果更佳。采用斩拌机或乳化机进行乳化时，设备运转速度过快，摩擦释放大量热量，蛋白质受热变性，丧失乳化性能。因此在乳化过程中，肉中一般加入冰或冰水来维持较低的温度（禽肉 10～12℃，猪肉 15～18℃，牛肉 21～22℃），以保持良好的乳化性。在乳化肉制品加工中，脂肪颗粒需足够小，易形成乳浊液，但脂肪颗粒过小时，会增大脂肪表面积，导致没有足够的蛋白质包裹脂肪，因此合适的脂肪颗粒大小对于乳化效果很重要。在工业化乳化肉制品加工中，一般会添加蛋白质类添加物（如大豆分离蛋白、酪蛋白酸钠）和多糖类添加物（如卡拉胶、葡聚糖）等商业乳化剂来提高乳化效果。

（4）保水性　肉的保水性（又称系水力或持水力）是指在外力作用（如加压、加工、储藏）下，肌肉保持原有水分与添加水分的能力。肌肉中水的存在形式为结合水、不易流动水、自由水。肉的保水性主要指的是肌肉对不易流动水的保持能力，而不易流动水主要存在于纤丝、肌原纤维及肌细胞膜之间，它受肌原纤维蛋白的网络结构和净电荷的影响。当肌肉蛋白是膨胀的胶体状态时，网络空间大，保水性强，反之保水性差。蛋白质的净电荷既能强有力地吸引水分，也能增加蛋白质分子间的静电斥力，使网络结构松弛，提高保水性。

肉的保水性会受到 pH、离子强度等外在因素的影响。当 pH 接近等电点（pH 5.0~5.4）时，肌肉蛋白净电荷约为 0，此时蛋白质的吸水力最弱。但 pH 过低和过高时，肌肉蛋白由于静电斥力导致其凝胶性变差，从而会降低保水性。当体系中的食盐离子强度适度增加时，氯离子被束缚在肌原纤维间，增加了静电斥力，导致保水性增强。食盐也能通过增加肌球蛋白的溶解性来提高肉的持水性能，但食盐浓度过高，会导致肉脱水。

4. 肉的食用品质　主要包括颜色、嫩度、风味、保水性等方面。

（1）颜色　肉及肉制品品质的评价，往往从色、香、味、嫩等方面进行评价，而肉色是品质评价中最直观的指标，能直接刺激消费者的购买欲。目前肉色评价的主要方法有比色板法、色差计法、化学测定法。肉色主要取决于肌肉中的肌红蛋白和血红蛋白。肌红蛋白在肉色中起到主要的决定作用，其含量和化学状态均会影响肉色。不同动物肌红蛋白含量不同，牛 > 羊 > 猪 > 兔，肉色也依次变浅。同种动物不同部位肌红蛋白含量和肌肉颜色存在明显差异，禽腿肉肌红蛋白含量一般高于胸肉，因此腿肉呈红色，胸肉呈白色。除此之外，其他影响肉色的因素如表 1-2 所示。

表 1-2　影响肉色的因素

因素	影响
肌红蛋白含量	含量越多，肉色越深
品种、解剖位置	牛、羊肉暗红或红褐色，猪肉淡红，禽肉偏白 禽腿肉为红色，胸肉为浅白色
年龄	年龄越大，肌红蛋白含量越高，肉色越红
运动	运动强度大的肌肉，肌红蛋白含量高，肉色更红
肌红蛋白的化学状态	氧合肌红蛋白呈鲜红色，高铁肌红蛋白呈褐色
pH	终 pH > 6，不利于氧合肌红蛋白形成，肉色黑暗
宰后处理	放置时间长、细菌繁殖、环境温度高导致肌红蛋白氧化，肉色变深 快速冷却有利肉保持鲜红颜色

（2）嫩度　常被消费者用于评定肉质优劣，它主要包括：①肉对舌或颊的柔软性即当舌头与颊接触肉时产生的触觉反应；②肉对牙齿压力的抵抗性即牙齿插入肉中所需的力；③咬断肌纤维的难易程度指的是牙齿切断肌纤维的能力；④嚼碎程度用咀嚼后肉渣剩余的多少以及咀嚼后到下咽时所需的时间来衡量。因此，嫩度可根据肉的柔软性、易碎性、可吞咽性来进行主观评定。相对于主观评定，采用剪切仪、质构仪评价肉的嫩度更为客观。常用指标有切断力（或剪切力）、穿透力、咬力、压缩力等。其中切断力最常用，一般以切断一定肉断面所需要的最大剪切力表示，单位为 kg，一般为 2.5~6kg，低于 3.2kg 较理想。肉的嫩度主要取决于肌纤维的粗细程度及结缔组织的质地，而肌纤维粗细和结缔组织质地又因动物种类、肌肉部位而异。畜禽体格越大，肌纤维越粗，肉质越老。相比于牛肉，猪肉和鸡肉更嫩。运动较多的肌肉部位结缔组织更为致密，腰部肌肉比腿部肌肉嫩度更大。不同部位牛肉的剪切力和嫩度如表 1-3 所示。

表 1 - 3　不同部位牛肉剪切力和嫩度

肌肉	剪切力值（kg）	嫩度
半膜肌	5.4	稍老
半腱肌	5.0	稍老
股二头肌	4.1	中等
臀中肌	3.7	较嫩
背最长肌	3.8	较嫩
腰大肌	3.2	很嫩

（3）风味　由滋味和香味组成，而滋味的呈味物质是非挥发性物质（表 1 - 4），先通过舌面味觉感受器感觉，然后通过神经传入大脑反应出味感。香味的呈味物质则是挥发性的芳香类物质，通过嗅觉细胞感受，也通过神经传入大脑产生芳香感。若是异味物质，大脑会产生厌恶的感觉。而呈味物质一般由前体物质在加热烹调后，主要通过美拉德反应、脂质氧化、热降解等途径形成。不同种类的动物肉类风味存在明显差异，猪肉略有肉腥味，羊肉有特殊的膻味，这主要是不同动物的脂肪酸组成不同，脂肪氧化造成的差异。

表 1 - 4　肉的滋味物质

滋味	常见化合物举例
甜	葡萄糖、果糖、核糖、苏氨酸、甘氨酸、
咸	无机盐、谷氨酸钠、天冬氨酸钠
酸	天冬氨酸、谷氨酸、乳酸、组氨酸、天冬酰胺
苦	肌酸、肌苷酸、次黄嘌呤、肌肽、鹅肌肽
鲜	5′-鸟苷酸、5′-肌苷酸、5′-腺苷酸、5′-胞苷酸、5′-尿苷酸

（4）保水性　持水力、蒸煮损失、滴水损失、失水力等指标常用于检测肉的水分保持能力。其中滴水损失是生肉保水性最常用的检测指标，范围一般在 0.5%～10%，约 2%。保水性的影响因素主要有动物因素和加工因素。动物因素主要分为动物种类、年龄、性别及肌肉部位等。不同种类动物，其肌肉的保水性存在差异，兔肉＞牛肉＞猪肉＞鸡肉＞马肉。性别对牛肉保水性影响较大，去势牛＞公牛＞母牛。肉的保水性随体重和年龄的增加而减弱。运动强度大的部位，其肌肉保水性往往较好，猪的冈上肌＞胸锯肌＞腰大肌＞半膜肌＞股二头肌＞臀中肌＞半腱肌＞背最长肌。加工过程中，为改善肉制品的保水性，常加入适量的食盐和磷酸盐。食盐主要通过提高体系中的离子强度和盐溶性肌原纤维蛋白的溶解度来改善肉类保水性。磷酸盐主要通过提高 pH 和离子强度来增强肉制品的持水性。超高压技术、超声波技术、脉冲电场技术等高新技术也会大大提高肉的保水性。

5. 肉的营养成分　在储运、加工等过程中，肉的营养成分会发生物理、化学变化，从而影响肉的营养价值和品质。肉的营养成分主要有蛋白质、脂肪、浸出物、维生素和矿物质。猪、牛、羊肉的营养成分如表 1 - 5 所示。

表 1 - 5　常见动物肌肉的化学成分比较（单位:%）

成分	猪肉（肥瘦）	牛肉（肥瘦）	羊肉（肥瘦）
蛋白质	13.2	19.9	19
脂肪	37	4.2	14.1
糖类	2.4	2	0
灰分	0.6	1.1	1.2
热量（kJ/kg）	16530	5230	8490

（二）辅料

1. 调味料　是指为了改善食品风味，赋予食品特殊味感（咸、甜、酸、苦、鲜、麻、辣等），使食品鲜美可口，增进食欲而加入食品中的天然或人工合成的物质。

（1）鲜味料　味精是一种无色至白色柱状结晶或结晶性粉末，具有独特的鲜味，在高温下易分解，在酸性条件下会减弱其鲜味。味精的主要化学成分为谷氨酸钠。味精可单独食用，也可与核酸类鲜味剂复合食用，从而增强鲜味。肉制品加工中，味精使用范围一般为 0.02%~0.15%。

（2）甜味料

1）蔗糖　是肉制品加工中常用甜味剂。加工过程中，加入适量蔗糖能增强胶原蛋白的膨胀及疏松，有效改善肉制品色泽、风味及肉质。蔗糖使用范围一般为 0.5%~1.5%。

2）葡萄糖　是一种白色晶体或粉末，对肉制品的影响与蔗糖相似。但葡萄糖比蔗糖的保色效果更为良好。葡萄糖的使用范围一般为 0.3%~0.5%。

3）饴糖　由 50% 麦芽糖、20% 葡萄糖和 30% 糊精组成，有良好的吸湿性和黏性，常作为增色剂和甜味助剂用于酱卤、烧烤、油炸等肉制品。

（3）咸味料

1）食盐　是一种白色细晶体，是常用的咸味料。另外，食盐还能抑菌防腐保鲜，延长保质期，改善保水性和黏着性。

2）酱油　由大豆、脱脂大豆、黑豆、小麦或麸皮等酿造而成，呈红褐色。肉制品中使用的酿造酱油不低于 22 波美度，盐含量不高于 18%。优质酱油咸香可口，还能赋予肉制品诱人的酱红色，改善其风味，并刺激食欲。对于香肠等制品而言，酱油还有助于发酵成熟。

（4）其他调味料

1）醋　由谷类及麸皮等酿造而成，醋酸含量一般在 3.5% 以上，是肉制品加工中常用的酸味料。醋能刺激食欲，也能软化肉质，助消化，还具有防止腐败、去膻腥等作用。

2）料酒　是肉类加工中常用的调味料，主要有去膻腥、赋予肉制品醇香的作用，还可以杀菌、防腐、固色、解腻。

3）调味肉类香精　主要指的是猪、牛、羊等肉味香精，由醛类、酮类、烯醇类小分子风味物质组成的复合制剂，是肉制品加工中的常用增香剂，广泛应用于高温肉制品、低温肉制品、方便肉制品，赋予产品浓郁的肉类香气。

2. 香辛料

（1）常用香辛料　香辛料是某些植物的果实、花、皮、蕾、叶、茎、根，具有强烈的辛辣味和芳香味。香辛料可改善肉类不良风味，刺激食欲，促进消化，有些还具有抗菌、抗氧化功能，甚至有些有药理作用。常用的香辛料主要如下。

1）大茴香　一般为八瓣，又称八角，香气独特浓烈，性温微甜，有抑菌、防腐、杀虫、去腥和增香等作用，常用于肉类炖卤。

2）小茴香　系伞形科多年草本植物茴香的种子，也是肉制品中常用的香辛料，能有效祛除肉类的腥味和膻味，增加肉制品香味并促进食欲。

3）花椒　为芸香科植物花椒的果实，为肉制品增添了独特的辛辣味，多用于麻辣风味肉制品，也有杀菌、防腐、驱虫、解毒等功效。整粒一般用于肉制品的腌制和酱卤，粉末一般用于配制混合香辛料（如五香粉、十三香）。其用量一般为 0.2%~0.3%。

4）桂皮　系樟科植物肉桂的树皮及茎部表皮经干燥而成。桂皮用于肉类，能减弱肉的异味和腥味，赋予肉类浓烈的香气，激发人的食欲。桂皮也是一味中药材，具备一定的药用价值。

5）月桂叶　系樟科常绿乔木月桂树的叶子，又称香叶。月桂叶可整片或磨成粉用于肉制品，烹饪时能散发出独特浓郁的香气，有去腥、增香、调味的作用，还能助消化，促食欲。另外，月桂叶有防虫及一定的药理作用。

6）胡椒　是多年生藤本胡椒科植物的果实，有黑、白胡椒两种。胡椒性辛温，味辣香，香味浓郁，具有除腥除臭、防腐保鲜、抗氧化、延长保质期、增进食欲及一定的药理作用。黑胡椒的辛辣味比白胡椒更为强烈。黑胡椒常用于西式肉制品，如牛排、烤肉，白胡椒常用于中式肉制品的炖制、酱卤等。

7）丁香　为桃金娘科植物丁香的干燥花蕾及果实，香味浓郁、味辛辣麻。丁香作为一种常见的肉品加工香辛料，能去腥除臭、矫味增香，广泛用于肉类的腌、卤、炖等。丁香也是五香粉等混合香辛料的主要原料之一。

8）葱　属百合科多年生草本植物，主要分为大葱、小葱、洋葱。葱具有浓郁的葱香味及独特的辛辣味，刺激性强，可去腥除味，促食欲，助消化，还能抗菌、抗病毒。大葱偏辛辣，主要食用部位为葱白，小葱偏清香，葱白葱叶都可食用。而洋葱有紫皮、黄皮、白皮洋葱，煮熟后略带甜味。

9）蒜　是百合科多年生宿根草本植物大蒜的鳞茎，蒜香味浓郁，辛辣味明显，具有强烈的刺激性。蒜加入肉制品后具有去腥、除膻、增香、消食、促食欲、抗菌、抗病毒、降血脂的作用。

10）姜　属姜科多年生草本植物，主要利用地下膨大的根茎部。姜味辛，性微温，姜辣味浓烈，能去腥、调味、解腻，改善肉制品的风味及口感，广泛用于肉制品的腌、卤、炖等。姜也具有药用价值，尤其对于风寒感冒有一定的缓解作用。

（2）混合香辛料　又称预制香辛料，是一种由多种香料和调味料混合而成的调味品，主要用于增加菜肴的风味和口感。混合香辛料具有使用方便、卫生的优点，常用于现代化西式肉制品中。

1）五香粉　是由 5 种或 5 种以上的香料研磨混合制成的粉末，其基本成分有花椒、八角、肉桂、丁香、小茴香籽，可能还有干姜、甘草、豆蔻、陈皮、胡椒。五香粉广泛用于肉制品（尤其辛辣风味）的炖、卤、烤、炸等加工中。

2）咖喱粉　是由姜黄、白胡椒、小茴香、桂皮、干姜、花椒、八角、茴香、芫荽籽、甘草、肉豆蔻等多种香料混合制成的调味品。咖喱粉香味浓郁，口感丰富，适用于鸡、牛、羊肉等肉制品的腌、焖、烧等。

3. 添加剂　食品添加剂是指为改善食品品质和色、香、味，以及为防腐、保鲜和加工工艺的需要而加入食品中的天然或者人工合成的物质。肉制品加工中常用的添加剂主要如下。

（1）发色剂

1）硝酸盐　是无色结晶或白色结晶粉末，将其加入肉类，硝酸盐被微生物还原成亚硝酸盐，进而最终形成 NO，NO 与肌红蛋白结合生成稳定的亚硝基肌红蛋白，可使肉制品呈鲜红色。《食品安全国家标准　食品添加剂使用标准》（GB 2760—2024）规定硝酸钠最大使用量为 0.5g/kg。

2）亚硝酸钠　是一种白色或淡黄色结晶粉末，其作为发色剂的功效远高于硝酸盐，另外，还具有防止腐败、延长货架期、改善风味等作用。GB 2760—2024 规定亚硝酸钠最大使用量为 0.15g/kg，西式火腿最大残留量不允许超过 70mg/kg，肉类罐头最大残留量不允许超过 50mg/kg，腌腊、酱卤、油炸、发酵、熏、烧、烤肉制品及灌肠最大残留量不允许超过 30mg/kg。

（2）发色助剂　腌肉发色与 NO 生成量有关，而 NO 生成量与肉的还原性密切相关。发色助剂有助于维持还原状态，促进生成 NO。肉制品中常用的发色助剂为抗坏血酸、抗坏血酸钠、异抗坏血酸、异抗坏血酸钠、烟酰胺。抗坏血酸、抗坏血酸钠、异抗坏血酸、异抗坏血酸钠还原性强，有助于发色并抑制褪色。抗坏血酸钠在肉制品中的用量范围为 0.02%～0.05%。烟酰胺与抗坏血酸钠联合使用会生成烟酰胺肌红蛋白也有助于发色。

（3）着色剂

1）天然着色剂　从植物、微生物、动物中提取得到，其在肉制品中常用的有红曲红、辣椒红、胭脂虫红等。天然着色剂安全无毒、无副作用，但一般价格较高，易受温度、光照、pH 等影响，稳定性稍差。

2）人工（化学合成）着色剂　通过化学合成，色泽鲜艳、着色力强，稳定性好，而且合成成本低，价格便宜，但安全性较天然着色剂低。在 GB 2760—2024 的规定中，赤藓红限用于肉灌肠类、肉罐头类食品，胭脂红限用于肉制品的可食用动物肠衣类，诱惑红限用于西式火腿（熏烤、烟熏、蒸煮火腿）类、肉灌肠类和可食用动物肠衣类食品。

（4）品质改良剂

1）磷酸盐　是肉制品中常用的水分保持剂，能明显增强保水性，提高出品率，也有助于增加弹性、黏着力和赋形性。肉制品加工中常用的磷酸盐有焦磷酸钠、三聚磷酸钠和六偏磷酸钠。上述磷酸盐可单独使用也可混合使用，一般混合使用时的保水效果更佳。但磷酸盐使用过量会影响肉制品色泽、风味，导致品质劣变。肉制品中的用量一般为 0.1%～0.4%。GB 2760—2024 规定预制肉制品和熟肉制品中磷酸盐最大用量为 5g/kg（以磷酸根（PO_4^{3-}）计）。

2）卡拉胶　形式一般为 Ca^{2+}、Na^+、NH_4^+ 等盐，主要成分为半乳糖、脱水半乳糖，该成分易形成多糖凝胶。卡拉胶具有一定的黏性和凝固性，可作为肉制品加工中的增稠剂、乳化剂、凝固剂和稳定剂。天然胶质中，卡拉胶是唯一能与蛋白质反应的胶质，其分子中的硫酸基能与蛋白质中的氨基结合或通过 Ca^{2+} 等离子与蛋白质的羧基结合形成络合物，从而形成均一的凝胶。因此，卡拉胶能提高肉制品中的保水性，减少汁水流失，提高出品率，并且能保持肉良好的弹性及韧性。添加 0.6% 卡拉胶，肉馅保水率就能从 80% 提升至 88%。卡拉胶添加到肉制品后，乳化性强，离油值低，改善产品品质。肉制品加工中，卡拉胶通常先加入盐水中，再通过盐水注射器和滚揉机加入肉品中。其用量一般为 0.1%～0.6%，实际加工中，卡拉胶的使用量还需考虑磷酸盐的种类和含量、肉的种类和质量等因素。

（5）抗氧化剂　肉制品贮存时容易氧化，导致色泽和风味等品质发生劣变，缩短产品货架期，而抗氧化剂可抑制上述现象的发生。抗氧化剂根据溶解性可分油溶性和水溶性两大类，根据来源可分为天然物质和人工合成两大类。油溶性抗氧化剂中，常用的天然抗氧化剂有生育酚（维生素 E）、甘草抗氧化物等，而常用的人工合成抗氧化剂有丁基羟基茴香醚（Butylated Hydroxyanisole，BHA）、二丁基羟基甲苯（Butylated Hydroxytoluene，BHT）和没食子酸丙酯（Propyl Gallate，PG）等。水溶性抗氧化剂中，常用的天然抗氧化剂有茶多酚、茶黄素、植酸等，而常用的人工合成抗氧化剂有抗坏血酸钠、异抗坏血酸及其钠盐等。

（6）防腐剂

1）天然防腐剂　安全无毒，无副作用，消费者接受度高，但相对于化学防腐剂成本较高。目前肉制品中常用的天然防腐剂有茶多酚、乳酸链球菌素、纳他霉素等。茶多酚主要成分是儿茶素及其衍生物，能抑制脂质氧化变质，抑制沙门菌、大肠埃希菌、金黄色葡萄球菌等病原菌活性，并祛除臭味，从而发挥防腐保鲜的功效。乳酸链球菌素来源于乳酸链球菌，是一种天然生物活性抗菌肽，广泛用于罐头类肉制品的防腐保鲜，能有效抑制金黄色葡萄球菌、溶血性链球菌、肉毒梭菌等革兰阳性菌的生长、繁殖，尤其对产孢子的革兰阳性菌有效。纳他霉素是一种由链霉菌发酵产生的天然抗真菌化合物，能有效抑制霉菌和酵母菌的生长，可用于酱卤、油炸、发酵、烟熏等肉制品中。纳他霉素作为防腐剂，在肉制品中的使用方式主要有浸泡、喷洒等。

2）化学防腐剂　肉品保鲜中常用的化学防腐剂主要有山梨酸及其钾盐、乙酸钠、丙酸及其钠盐等。山梨酸钾安全性高，在人体中不易残留，广泛应用于肉制品保鲜。它通过与微生物酶系统中的巯基结合从而破坏酶系统，抑制微生物繁殖。山梨酸钾可单独使用，而与乙酸、磷酸盐联合使用，可增强抑菌作用。另外，山梨酸钾的使用方式主要有直接添加、浸渍、喷洒、干粉喷雾等。

4. 其他辅料

（1）淀粉　种类繁多，常用的有马铃薯淀粉、红薯淀粉、玉米淀粉、绿豆淀粉等，主要从谷类、根茎、植物种子中制得。淀粉是一种良好的增稠剂和赋形剂，能增强肉制品的保水性、黏着性和稳定性，提高出品率，还具有乳化性和吸油性，减轻脂肪对肉制品造成的不良作用。灌肠类肉制品常用马铃薯淀粉，加工肉糜类罐头常用玉米淀粉，肉丸常用小麦淀粉。然而淀粉用量过多时，会影响肉制品品质，用量一般在3%～20%的范围内，如午餐肉罐头中淀粉用量约6%，炸肉丸中淀粉用量约15%。高档肉制品淀粉用量少，一般优先使用玉米淀粉。

（2）大豆分离蛋白　有良好的保水性，凝胶性和乳化性，广泛用于肉制品中。由于大豆分离蛋白有良好的保水性和凝胶性，因此在牛肉干、火腿等肉制品腌制时，大豆分离蛋白添加入腌制液有助于减短腌制时间并能提高腌制效果及20%的出品率。由于大豆分离蛋白具有吸油性和吸水性，因此在丸子、饺子等肉制品中，大豆分离蛋白添加入肉制品能抑制游离脂肪析出，改善肉制品品质，减少蒸煮损失，提高成品率。由于大豆分离蛋白乳化性良好，因此在火腿肠、乳化肠等肉制品中，大豆分离蛋白添加入乳化类肉制品能增加蛋白质含量，改善肉制品质地及口感，提高产品得率。

（3）酪蛋白　能与肉中的蛋白质结合形成凝胶，增强肉制品保水性和黏着性，改善产品品质，提高产品出品率。肉馅加入2%酪蛋白，保水率提高10%，而加入4%酪蛋白，保水率可大大提高16%。

二、生产工艺对肉制品品质的影响规律

（一）腌制

腌制是指采用食盐等腌料处理肉类，使其渗透进入肉类组织的过程。腌制能够防腐保鲜，延长货架期，改善产品肉色、风味及品质。肉类常用的腌制剂主要有食盐、硝酸盐、亚硝酸盐、糖类（如蔗糖、葡萄糖）、磷酸盐等。对于肉类腌制而言，腌制温度非常重要。腌制温度过低，会影响腌制速度和腌制效果，导致腌制时间过长，但腌制温度过高，易导致微生物滋生，因此肉类腌制一般选择2～4℃为宜。腌制方法主要分为以下4种。

（1）干腌法　将食盐或混合盐涂抹于肉表面，再层堆到腌制架或容器，通过外渗汁液形成的盐液进行腌制。

（2）湿腌法　将肉浸没于预先配制好的腌制液中，通过扩散渗透作用，使腌制剂渗入肉内。

（3）盐水注射法　将腌制液装入多针头的盐水注射机对肉注射进行腌制。

（4）混合腌制法　结合两种及两种以上的腌制方法对肉类进行腌制，通常将干、湿腌进行结合。

🔗 **知识链接**

腌制剂的作用

（1）食盐　①能提供咸味，而肉制品中的风味成分一般需要在一定的咸度下才能呈现出鲜味；②能抑制微生物的生长繁殖，延长保质期；③能增强肉制品的保水性。

（2）糖　①还原糖能抑制肉类氧化，防止肉制品褪色；②能提高保水性，使得肉类柔软多汁；③还原糖与氨基酸发生美拉德反应，改善肉制品的风味。

（3）硝酸盐和亚硝酸盐　①能赋予腌肉鲜艳的色泽；②能抑制微生物的生长，具有防腐作用。

（4）磷酸盐　①能通过提高 pH，解离肌动球蛋白，增强离子强度等途径来提高保水性；②能螯合铁离子等金属离子，抑制脂质氧化，从而维持肉制品良好的风味和品质。

1. 腌制对肉色的影响　肉在腌制时会加快氧化肌红蛋白和血红蛋白，形成高铁肌红蛋白和高铁血红蛋白，肉色变成带紫色调的浅灰色。硝酸盐在酸性条件下会被肉中的还原性细菌还原成亚硝酸盐。亚硝酸盐在酸性条件下转变成亚硝酸，进而在还原性物质的作用下分解成 NO（上述酸性条件由肌肉糖酵解产生乳酸造成）。NO 与肌红蛋白结合，生成 NO – 肌红蛋白（腌肉颜色的主要成分），呈现稳定的粉红色（化学反应如图 1 – 1 所示）。腌制剂硝酸盐和亚硝酸盐均可有助于腌肉呈现鲜艳的粉红色，但直接使用亚硝酸盐，腌肉呈色速度更快。腌肉制品的颜色与亚硝酸盐的用量密切相关。亚硝酸盐不足时，会导致腌肉色泽不够鲜艳而且不够均匀，为保证腌肉颜色，亚硝酸盐应在 0.05g/kg 以上。而过量亚硝酸盐会导致肉产生绿色的衍生物。另外，过量亚硝酸盐会产生亚硝胺类致癌物，危害人体健康。GB 2760—2024 规定肉制品中亚硝酸钠用量不允许超过 0.15g/kg。

$$NaNO_3 \xrightarrow[+2H^+]{\text{细菌还原作用}} NaNO_2 + 2H_2O$$

$$NaNO_2 \xrightarrow{H^+} NaNO_2$$

$$3HNO_2 \xrightarrow{\text{还原物质}} H^+ + NO_3^- + H_2O + 2NO$$

$$NO + 肌红蛋白 \longrightarrow NO-肌红蛋白$$

图 1 – 1　硝酸钠腌制发生的化学反应

2. 腌制对保水性的影响　保水性是指肉类在加工过程中肉中的水分以及添加到肉中的水分的保持能力。肌肉未腌制时，肉中的蛋白质处于非溶状态，而使用食盐和复合磷酸盐腌制后，在离子强度作用下，蛋白质非溶状态转变成溶解状态，肌球蛋白得到解离，从而提高了保水性。处于溶胶状态的蛋白质分子表面分布带电基团，并与离子发生静电相互作用，吸附大量极性分子到表层周围，形成吸附水层，这是腌制提高保水性的根本原因。碎肉中加入 4.6% ～ 5.8% 氯化钠时，离子强度为 0.8 ～ 1.0 时，保水性最佳，但超过此范围，保水性会降低。

3. 腌肉对风味的影响　腌制肉制品的成熟过程中，蛋白质和脂肪作为前体物质能分解形成特有的风味，而且腌制剂在肉内进一步扩散，并与肉内其他成分发生生物、化学反应。这一过程产生的风味物质主要有挥发性脂肪酸、游离氨基酸、羰基化合物、含硫化合物等，加热后风味物质会散发出来，产生腌肉独特风味。另外，腌制剂中的亚硝酸盐具有抗氧化性，能减轻脂肪氧化造成的异味及过度蒸煮味，保留肉基本的风味。一般 10 ～ 14 天会产生腌肉风味，40 ～ 50 天风味最为浓烈。

（二）滚揉

滚揉是指利用滚揉机慢速旋转产生的物理冲击使腌制过的肉块相互撞击、摩擦、挤压的过程。此过程常与盐水注射机配套使用。常用的滚揉方式有连续滚揉和间歇滚揉两种。滚揉可破坏肌纤维结构，降低肌肉硬度，提升肉的嫩度，可加快溶质扩散速率，使盐分在肉的内部渗透均匀，缩短腌制时间，还会促使盐溶性蛋白渗出，增强肉制品的黏结性和切片性。另外，滚揉工艺还能提高肉的保水性，改善产品色泽、口感，提高产品出品率。

滚揉效果的主要影响因素有滚揉时间、转速、温度、载荷、滚揉期和间歇期等。滚揉时间过短，转速过慢，原料肉装载过多，会导致腌制液扩散渗透慢，盐分分布不均匀，从而影响滚揉效果和产品品质。而滚揉时间过长，转速过快，装载太少，会导致滚揉过度，肉块太软，原料肉的保水性和黏结性变差，影响产品色泽和品质。滚揉好的标准为：①肉的柔软度，手按压肉时，各个部位没有弹性，手拿肉条一端不能将肉条竖起，上端会自动倒垂下来；②肉块表面被凝胶物均匀包裹，肉块形状和色泽清晰可见。肌纤维破坏，明显有糊状感觉，但糊而不烂。滚揉机装载量一般为60%，温度为4℃左右。根据原料肉的大小，腌制情况选择合适的滚揉方式。如果选择间歇滚揉，转速为 5～10r/min，一般分为两阶段：①工作 10～20 分钟，间歇 5～10 分钟；②工作 40 分钟，间歇 20 分钟。滚揉具体参数在实际应用中可根据产品类型和预期效果进行调节。

（三）斩拌

斩拌是将物料斩碎拌匀，使之达到细碎适当、混合均匀的目的，是乳化肠等肉制品加工中重要的工序。斩拌过程中，斩拌机的高速旋转刀片将肉块斩碎成肉糜，并将原料和辅料搅拌均匀。斩拌有助于盐溶蛋白的溶出，形成更加理想的乳化体系，提高原料肉保水保油的能力，从而减少油腻感，提高产品出品率。斩拌改善了肉的组织结构，使得瘦肉和肥肉充分混合均匀，增强了原料肉的黏着性。另外，斩拌促使原、辅料混合均匀，改善了肉制品的色泽、风味、质构等品质。

斩拌效果与原料肉的状态、pH、斩拌方式、斩拌温度、斩拌时间等有关。斩拌方式有真空斩拌和常压斩拌两种。常压斩拌成本较低，操作简便，但可能会混入空气，影响色泽、风味，缩短产品保质期。而真空斩拌杜绝空气，抑制脂质氧化，抑制微生物的生长，可有效保证产品品质，但其成本高。斩拌时，高速旋转导致摩擦生热，释放大量热量，会导致蛋白变性丧失乳化性，因此斩拌过程中一般会加入冰或冰水来降低温度，以保证肉温低于12℃。斩拌时间过短，斩拌速率过慢时，会导致斩拌不足，溶出的蛋白少，乳化效果差，而斩拌时间过长，斩拌速率过快时，会导致斩拌过度，产品易出现出水、出油等质量问题。

（四）蒸煮

蒸煮分为蒸和煮两种加工方式。蒸是指水沸腾后产生的水蒸气作为传热介质，将热量传递给肉，使肉熟化的过程。相比于其他加工方式，蒸制的肉类保留了完整的形态，口感上鲜香嫩滑，营养损失少。而煮是指以水作为传热介质，加热熟化食物的过程。煮后的肉制品能保留肉品的原汁原味，营养成分破坏少，易消化吸收。

1. 蒸煮对肉色的影响   肉色与加热形式、温度、时间等蒸煮参数密切相关。肉温低于60℃时，肉色变化不明显，肉温升至 65～70℃时，肉的颜色转变为桃红色，肉温继续上升，肉的红色变淡，呈淡红色。而高于75℃时，肉色变成褐色。肉色变化主要是由肌红蛋白受热变性导致的。而肌红蛋白的变性主要受到蒸煮终点温度的影响。除了终点温度，加热形式也是影响肉色的重要因素。终点温度相同时，加热速率越快，肉色越红。而在特定温度下加热时间越长，肉色会越苍白。

2. 蒸煮对风味的影响 新鲜生肉的风味是很淡的，而经过加热后，肉中的前体物质（肉中的水溶性成分和脂肪）通过美拉德反应、脂质氧化、热降解等途径形成风味物质，肉特有的风味就会散发出来。肉中主要有含氮芳香化合物（如噻唑啉、吡嗪）、含氧芳香化合物（如醛类、酯类）、含硫芳香化合物（糠硫醇、呋喃硫醇）。不同种类动物的肉经过蒸煮后有相似的肉风味，主要是由于肉中都有氨基酸、肽、低分子的碳水化合物、水溶性物质等前体物质。不同种肉类也有其独特的风味，这是由脂肪和脂溶性物质不同造成的。另外，加热的方式、温度和时间会影响肉的风味。有研究表明，在 3 小时内，加热时间越长，风味越浓郁，加热时间超过 3 小时后，风味会减弱。

3. 蒸煮对硬度的影响 随加热温度的逐渐升高，肉的硬度呈现先上升后下降的趋势。这主要是肌肉蛋白质的热变性引起的。温度上升导致蛋白质的变化总结如下。第一阶段（30~40℃）：肌肉的保水性开始慢慢减小。30~35℃时，肌肉蛋白质开始凝固，肌肉的硬度增加，蛋白质的可溶性也发生变化。第二阶段（40~50℃）：肌肉保水性迅速降低，肉的硬度快速增加。第三阶段（50~55℃）：肉的保水性和硬度暂时不发生变化。第四阶段（60~70℃）：肌肉蛋白质进一步发生凝固，保水性下降，硬度增加，但保水性和硬度变化没有第二阶段剧烈。第五阶段（70℃以上）：温度高于 75℃以上时，结缔组织中的胶原蛋白水解成明胶，肉质变软。

（五）烟熏

烟熏是一种重要的肉制品加工方式，利用木屑、甘蔗皮、茶叶等燃料未完全燃烧产生的烟气对食物进行熏制，从而赋予肉制品独特的烟熏风味，延长产品保质期。

1. 烟熏对风味的影响 肉制品经过烟熏后，获得特有的烟熏风味。烟气中风味物质主要为酚、醛、醇、酯、酮、呋喃、有机酸、吡嗪类等。其中酚类物质烟熏味强烈，阈值低，尤其 4-甲基愈创木酚和愈创木酚是最重要的烟熏风味物质。烟熏的加热作用会导致肉制品本身的脂肪、蛋白分解成脂肪酸、低分子肽、氨基酸等，从而产生特有的风味。

2. 烟熏对色泽的影响 烟熏肉制品色泽与燃料种类、烟熏程度、蛋白质含量、脂肪含量等息息相关。熏肉表面颜色与烟气中的风味物质有关，而后者又与燃料种类有关。烟熏时，以栎树、赤杨等为燃料，熏肉表面呈深黄色或棕色，以枫木、椴木和山毛榉等为燃料，熏肉表面金黄。熏烟中的羰基化合物会与肉中的蛋白质或游离氨基酸发生美拉德反应，加热也会导致肉内部的碳水化合物和蛋白质发生美拉德反应，因此，肉中蛋白质含量会影响肉色。肉中脂肪含量也会影响熏肉颜色，熏肉受热后，肉中的脂肪外渗，使得其表面具有光泽感。

3. 烟熏对质构的影响 影响肉制品质构的主要因素有烟熏工艺、烟熏温度、烟熏程度、原料品质、辅料种类等。比如烟熏温度会影响肉制品质构，相对于冷熏法，热熏后的俄罗斯鲟鱼鱼片的弹性、硬度、咀嚼性、内聚性更高。不同的烟熏工艺会明显改变肉制品质构，液熏香肠比木熏香肠汁水流失少，弹性高，品质佳。

（六）烧烤

烧烤是指高温（一般为 180~250℃）的辐射热将原料肉直接烤熟的过程。烧烤能使肉制品金黄油亮，肉质细嫩，表皮酥脆，香味浓郁，从而刺激消费者的食欲。烧烤的方式主要有明炉烧烤、焖炉烧烤、远红外烧烤、微波烧烤等。国内外的烧烤制品种类多样，国内著名的有北京烤鸭、叉烧肉、广东烤乳猪等，国外著名的有巴西烤肉、日式烧肉、韩国烤肉等。

原料肉中的蛋白质、脂肪、糖类等物质的降解及其产物之间发生的美拉德反应、焦糖化反应等化学反应，赋予了肉制品独特的烧烤风味。原料肉大小、燃料种类、烧烤温度、烧烤时间等因素都会对烧烤制品的品质产生影响。如烤鸭明炉烤制时，烧烤温度一般控制在 230 ~ 250℃为佳，时间为 30 ~ 40 分钟。烤制温度过低，时间过短时，会导致鸭皮收缩、胸脯下陷、肉未烤熟等品质问题，影响烤鸭的食用。而温度过高，时间过长，会导致烤鸭表皮焦黑，鸭皮脂肪流失，皮下形成空洞，影响烤鸭的风味、形态和口感。肉制品在高温下烤制，会产生多环芳烃、杂环胺（如苯并芘）和丙烯酰胺等致癌物质，烤制时间过长时，这些致癌物会大量堆积，严重危害人体健康。

（七）发酵

发酵肉制品是指在自然或人为条件下，用微生物进行发酵，使肉制品在微生物和内源酶的作用下，形成具有独特风味、品质和较长保质期的肉制品。

传统发酵依靠自然菌落进行发酵，而现代发酵采用的是纯培养发酵。发酵常用微生物主要有乳酸菌、葡萄球菌、酵母菌、微球菌和霉菌等。发酵过程中，微生物能分解蛋白质生成小分子多肽和氨基酸，部分氨基酸可能脱羧、脱氨或进一步代谢成醛、酮等物质，还能将脂肪分解成游离脂肪酸、甘油、单酰甘油、二酰甘油等。分解产生的游离的脂肪酸和氨基酸等物质本身可以促进香肠的风味，也能作为底物进一步生成直链脂肪烃类、醛、酮等风味物质。微生物还能将碳水化合物分解成酸，赋予肉制品特有的酸味，降低肉中的 pH，抑制对酸敏感微生物的增殖。

发酵过程十分复杂，影响因素多种多样，如肉中的内源酶、微生物菌群、环境温湿度、腌制剂种类含量等，其中，温度对微生物的生长影响较大，还对微生物的存在有一定的选择作用，能决定发酵的效果。此外，在生产过程中温度的控制相对简便，因此，温度是发酵工艺中的关键参数。典型发酵产品有发酵香肠和火腿。香肠发酵主要分为自然发酵和接种发酵两种方式。自然发酵时间一般在 1 周以上，批次与批次之间的天然微生物差异较大，难以控制发酵肉制品批次间的质量。若初始菌属中乳酸菌含量少，原料肉中 pH 降低慢，可能导致肉中的腐败、致病菌生长繁殖，影响肉制品品质。因此，为保证产品质量，目前工业上一般采用恒温接种发酵。干发酵香肠发酵参数为：温度 21 ~ 24℃，相对湿度 75% ~ 90%，时间 1 ~ 3 天。半干发酵香肠发酵参数为：温度 30 ~ 37℃，相对湿度 75% ~ 90%，时间 8 ~ 20 小时。另外，发酵香肠需注意初始阶段要快速降低 pH，否则会导致致病菌的生长和香肠的腐败。火腿传统发酵一般在夏季，温度为 30 ~ 40℃，湿度较春季低。传统发酵生产周期长，成本高，产品质量稳定性差，而现代化工艺生产可对工艺参数精准调控，大大提高产品质量。温湿度作为重要的生产条件，其发酵参数设置为：前期温度 10 ~ 20℃，中期温度 15 ~ 30℃，后期温度 30 ~ 35℃，相对湿度 60% ~ 80%。

（八）干制

肉的干制就是脱去肉中的一部分水分的过程，因此又称脱水。干制能使肉制品体积减小、重量减轻、质地变硬，并赋予肉制品独特的风味，还能减少水分含量，抑制酶的活力和微生物的生长，延长产品保质期。

1. 干制对组织形态结构的影响　干制后，肉中水分大量蒸发，细胞内压下降，导致肉制品体积减小，重量减轻，产生干缩的现象。干制初期，肉表面水分蒸发速度快，且快于内部水分蒸发速度，会形成干制的薄膜，导致肉表面变硬。肉表面硬化会大大减弱组织内部水分的蒸发和降低干制效率。随着干制时间的延长，肉表面可能会硬化严重，影响产品口感。干制过程中，除了肉表面硬度增加，肉内部组织由于水分严重丧失和蛋白质受热变性也会发生硬化，使得肉质韧性强，难咀嚼。水分蒸发和蛋白质变性会导致肌纤维空隙变小，微观结构紧密。另外，水分蒸发，肉内的一些气体受热后会发生膨胀，导致肌肉组织内部形成多孔质构，有助于改善肉制品的咀嚼性、口感及复水性。

2. 干制对风味、色泽、口感的影响　干制过程中，水分蒸发，体积减小，肉中的色素蛋白（主要是肌红蛋白）含量增加，加深了肉制品的颜色。干制时，美拉德反应、焦糖化反应等化学反应也促进肉制品产生诱人的颜色和特有的风味。温度越高，美拉德反应、焦糖化反应越快。另外，水分含量也是美拉德反应的影响因素，干肉制品水分含量高于30%时，反应极慢，脱水至水分含量为15%～20%，反应最快，水分含量进一步降低，反应减慢，水分含量低于1%时，反应极慢。此外，肌肉蛋白质受热变性凝固，会增加肉制品硬度。肌肉中的脂肪受热会发生分解和氧化，适度的分解和氧化会产生一定的肉香味，然而分解和氧化过度时，可能会导致肉制品变黄，产生酸败味。

干肉制品如果脂肪含量高，会很油腻，而含量低又很干涩。为控制干肉制品脂肪含量，一般会在加工前将肌肉中的脂肪去除。干制时，肉中的脂肪会熔出，影响口感。熔出的脂肪会有一部分残留在肉制品表面，冷却凝固后会形成脂肪层，呈白色，脂肪层易发生氧化，从而影响产品色泽。

【学习活动三】肉制品原辅材料用量计算

一、腌制

腌制是重要的肉制品加工方式。肉制品腌制会根据肉块大小采用不同的腌制方法。当肉块小时，一般采用较为简便的湿腌法，当肉块大时，宜采用盐水注射法进行腌制。盐水注射法是使用专用的盐水注射机把已配制好的腌制液，通过针头注射到肉中而进行腌制的方法。常见的腌制剂有食盐、硝酸盐、亚硝酸盐、糖、磷酸盐、淀粉等。腌制时各种腌制剂的剂量可通过以下公式进行确定。

$$X = \frac{(P + 100\%)Y}{P}$$

式中，X 为某种腌制剂的剂量，% ；P 为腌制液的注射量，% ；Y 为某种腌制剂在肉制品中的含量，% 。

若要计算腌制液中各种腌制剂的剂量，就需要先确定出腌制剂在肉制品中的含量及腌制液的注射量。

另外，当腌制液注射量≤25%时，为避免针头堵塞，腌制液不宜添加增稠剂。

二、灌制品

猪肉香肠中瘦肉、脂肪、冰水的比例一般为40%～70%，15%～30%，15%～30% 。以上三者的比例会影响猪肉香肠的品质。在实际生产过程中，三者比例需根据生产工艺，产品要求进行调整。

【学习活动四】肉制品成本核算

一、肉制品成本核算的概念与方法

为实现最佳的经济效益，肉制品企业需进行生产成本核算，得到最高的投入产出比。广义的成本是指企业为生产各种产品而支出的各项耗费之和，它包括企业在生产过程中原辅料、燃料、动力的消耗、劳动报酬的支出、固定资产的损耗等。肉制品企业一般按日、周、月进行成本核算。成本核算主要分为：①原、辅料及耗材（主要是包装材料）等物料成本；②生产、经营中产生的营业费用。常用的成本核算方法如下。

（1）物料成本核算是成本核算中的主要部分，可通过以下方法进行计算。

物料成本 = 原料成本 + 辅料成本 + 耗材成本

　　单位产品的成本计算对于成本核算也是必要的，企业的肉制品生产是成批加工生产的，其用料、规格、质量一致，因此，单位产品的平均成本只要通过本批次产品总成本除以本批次产品数目即可求得，本批次产品总成本即为原料、辅料、耗材总成本之和，具体计算方法如下。

$$单位产品成本 = \frac{原料成本 + 辅料成本 + 耗材成本}{产品数量}$$

　　（2）计算本月物料成本可通过"以存计耗"计算本月消耗的物料成本，具体计算方法如下。

$$本月物料成本 = 月初结存额 + 本月领用额 - 月末盘存额$$

　　（3）企业成本核算不仅是有效控制成本的重要手段，更是为了实现良好的经济效益，出品率的计算对于成本核算非常重要。出品率是指原材料加工后成品质量与加工前原材料质量的比值，能有效地反映原材料利用程度，具体计算方法如下。

$$出品率(\%) = \frac{加工后成品质量}{加工前原材料质量} \times 100\%$$

二、肉制品生产成本核算操作步骤

（一）物料购进的核算

　　物料购进后，经验收后填写购进单，并登记材料账。购进单中主要包括材料名称、规格、数量、单价、生产商。

　　生产人员领取物料时需填写物料领用单。领用单主要包括材料名称、规格、数量。

（二）生产费用的核算

　　账目主要分为以下 5 项。

　　（1）物料　主要包括购进和领用的原料、辅料及耗材（主要是包装材料）等。

　　（2）燃料和动力　主要包括水、电、气（或煤）及燃油等。

　　（3）工资及附加费　主要包括直接工资、加班费、奖金及高温补贴等。

　　（4）废品损失　加工所产生的废次品损耗。

　　（5）制造费用　主要包括仪器维修费、折旧费、差旅费、交通费等。

　　单位产品生产成本估算见表 1-6。

表 1-6　单位产品生产成本估算

产品名称（　　　）年产量（　　　　　　）							
成本项目	规格	单位	单价（元）	税率（%）	消耗定额	金额（元）	年进项税额（万元）
原料肉							
辅料							
包装物料							
燃料和动力							
工资和附加费							
副产品回收							
废品损失							
制造成本							

【学习活动五】 确定肉制品开发方案（肉制品典型工作案例）

各类肉制品的开发方案如表 1-7～表 1-15 所示。

表 1-7　火腿肠产品开发方案

火腿肠

产品配方

序号	原料名称	重量（克）	序号	原料名称	重量（克）
1	猪瘦肉	8000	5	食盐	200
2	猪脂肪	2000	6	白胡椒粉	30
3	玉米淀粉	700	7	味精	300
4	冰水	3000	8	糖	50

工艺流程图：

原料肉选择与处理 → 绞碎 → 斩拌 → 灌肠 → 蒸煮杀菌 → 冷却 → 成品

产品操作工艺：

（1）原料肉选择与修整　选用检验合格的鲜、冻肉，0～4℃自然解冻至鲜肉状态，尽可能减少汁液流失。解冻后，原料肉去除筋腱、碎骨与皮，用冷水清洗干净。

（2）绞碎　清洗干净后的瘦肉切成 5cm 左右的长条，肥膘肉切成 1cm³ 肉丁，然后放入绞肉机中绞碎，注意控制肉温 <10℃，绞碎肉粒直径控制在 6～8mm。

（3）斩拌　将绞碎好的瘦肉加入斩拌机中，依次加入冰水、食盐、味精、胡椒液、白糖、淀粉糊，手动搅拌均匀，最后将绞碎好的肥肉加入斩拌机，斩拌约 5 分钟，注意控制肉温 <10℃。注：冰水的 2/3 溶解淀粉，8.3% 溶解胡椒，1/4 在斩拌时加入。

（4）灌肠　斩拌好的肉馅灌入肠衣内，每隔 15cm 左右进行分段结扎。注意灌肠需均匀，灌装的肉馅需紧密无间隙，不可过紧过松。

（5）蒸煮杀菌　灌装好的肠在沸水中保持 30～40 分钟进行蒸煮杀菌。

（6）冷却　蒸煮杀菌后用冷水将火腿肠快速冷却至 4℃ 左右，即为成品。

编制/日期：	审核/日期：	批准/日期：

表 1-8　热狗肠产品开发方案

热狗肠

产品配方

序号	原料名称	重量（克）	序号	原料名称	重量（克）
1	猪瘦肉	5000	7	食盐	200
2	牛瘦肉	3000	8	D-异抗坏血酸钠	10
3	猪肥膘	2000	9	白糖	80
4	玉米淀粉	600	10	热狗肠香料	120
5	大豆分离蛋白	200	11	五香粉	100
6	冰水	1500	12	亚硝酸钠	1

工艺流程图：

原料选择与修整 → 绞肉 → 斩拌 → 充填 → 干燥 → 烟熏 → 蒸煮 → 冷却 → 成品

产品操作工艺：

（1）原料选择与修整　选用检验合格的猪瘦肉、牛瘦肉，脂肪选用猪脊膘，去除原料肉的筋腱、杂毛、碎骨等，并清洗干净，沥干。

（2）绞肉　将猪瘦肉、牛瘦肉、猪肥膘先切成小块，然后用绞肉机绞碎，注意肉温 <10℃。

（3）斩拌　绞碎的猪、牛瘦肉、食盐、辅料和 1/3 冰水加入斩拌机，斩拌约 2 分钟，斩拌至黏稠状后，加入大豆分离蛋白、绞碎的脂肪和 1/3 冰水，斩拌约 2 分钟，斩拌至乳化状，加入玉米淀粉和 1/3 冰水，斩拌约 2 分钟，注意肉温 <10℃。

（4）充填　采用充填机将斩拌后的肉馅装入肠衣中，每隔 15mm 左右进行分段结扎，然后将热狗肠悬挂，冷水喷淋热狗肠。

（5）干燥、烟熏、蒸煮　采用连续式烟熏炉设备。湿肠移入烟熏炉干燥，温度为 45℃，时间为 20 分钟，然后进行烟熏，温度为 55℃，时间为 40 分钟，熏至肠体表面红褐色，最后进行蒸煮，温度为 85℃，时间为 20 分钟，直到热狗肠中心温度达到 70℃。

（6）冷却　成熟后的热狗肠移出烟熏炉，冷水喷淋至 30℃ 左右，然后移入 4℃ 冷库冷却，即为成品。

编制/日期：	审核/日期：	批准/日期：

表 1 – 9　腊肠产品开发方案

腊肠

产品配方

序号	原料名称	重量（克）	序号	原料名称	重量（克）
1	猪瘦肉	7000	5	50°白酒	250
2	猪肥膘	3000	6	酱油	500
3	盐	200	7	硝酸钠	5
4	白糖	750			

工艺流程图：

原料肉选择与处理 → 拌馅与腌制 → 灌制 → 排气 → 捆线结扎 → 晾晒和烘烤 → 成品

产品操作工艺：

（1）原料选择与处理　猪瘦肉选用检验合格的腿臀肉为宜，猪肥膘选用背膘为宜，并去除原料肉中的筋腱、碎骨和皮，并清洗干净，沥干。瘦肉先切成小块，然后用绞肉机以 4~10mm 的筛板绞碎，肥肉切成约 1cm^2 的肉丁。

（2）拌馅与腌制　用 10% 温水溶解配方中的辅料，将瘦肉、肥肉和辅料搅拌均匀后在 4℃ 下腌制 2 小时。最后加入白酒，搅拌均匀。

（3）灌制　将肠衣浸泡柔软，然后将肉馅均匀灌入套在灌肠机的肠衣中，不可过紧也不可过松。

（4）排气　肠内若有气泡存在，可用排气针扎刺湿肠，排出空气。

（5）捆线结扎　每隔 15cm 左右进行用细线分段捆扎，并将湿肠漂洗。

（6）晾晒和烘烤　将湿肠置于阳光下悬挂晾晒 2~3 天，并不断翻转。夜间香肠移入烘房内烘烤，温度约 50℃。晾晒、烘烤结束后，香肠置于通风处 10~15 天，即为成品。

编制/日期：	审核/日期：	批准/日期：

表 1 – 10　金华火腿产品开发方案

金华火腿

产品配方

序号	原料名称	重量（克）	序号	原料名称	重量（克）
1	鲜猪腿	10000	3	食盐	1000
2	硝酸钠	2	4	硝酸钾	2

工艺流程图：

原料选择 → 修割腿坯 → 腌制 → 洗腿 → 晒腿 → 整型 → 修整 → 上架发酵 → 落架堆叠 → 成品

产品操作工艺：

（1）原料选择　需用优质的金华新鲜"两头乌"猪后腿，腿重约 5kg，要求脚细、皮薄、肉嫩、瘦肉多、肥肉少。

（2）修割腿坯　刮净猪腿杂毛、污血，去除蹄壳，削平耻骨，除去尾骨和背脊骨，斩平背脊骨，割去脂肪和肌肉上的浮油，修割腿皮，使腿面平整，并将腿边修割成弧形，最后猪腿修割成"竹叶形"。

（3）腌制　采用干腌堆叠法腌制，腌制时间约 35 天，分次上盐（6~7 次），食盐总用量约 10%。

1）第 1 次上盐　腿面均匀撒一层薄盐，腰椎骨节、趾骨节及肌肉厚处放少许硝酸钠，盐总用量约为 1.25%，上盐后，火腿肉面需朝上，直脚堆叠 12~14 层，堆叠需层层平整，上下对齐。

2）第 2 次上盐　第 1 次上盐 1 天后进行，用盐量约为 3.8%。先翻腿，将血管中的淤血挤出后上盐。三签头上加少许硝酸钾，腿头到腿心撒盐，手指在腿的下部凹陷处抹盐。上盐后腿堆放整齐。

3）第 3 次上盐　第 2 次上盐 3 天后进行，用盐量约为 1.8%。此次上盐重点部位为肌肉较厚和骨质部位。上盐后重新倒堆，调换上、下层。

4）第 4 次上盐　第 3 次上盐 7 天后进行，用盐量约为 1.2%。通过上下翻堆后，检查盐的溶化程度（尤其三签头上），若无，及时补盐，并抹去腿皮上的盐。

5）第 5 次上盐　第 4 次上盐 7 天后进行，用盐量约为 0.4%。检查三签头上是否有盐，若无再补盐，一般 6kg 以下的腿无需补盐。

6）第 6 次上盐　第 5 次上盐 7 天后进行，检查盐是否渗透腿坯。

（4）洗腿　腌制好的火腿在水中浸泡约 10 小时，浸泡后，将脚爪、皮面、肉面和腿的下部等部位刷洗干净，然后再浸泡在水中刷洗干净。洗腿后，将腿坯吊到晒腿架上。

（5）晒腿　腿坯吊到晒腿架上后，刮去腿上的杂毛和污物，无水微干后盖印，再晾约 4 小时后，腿皮略微干缩时，开始整型。

（6）整型　将小腿骨校直，脚不弯曲，皮面捋平，腿心丰满，使火腿外形更为美观，然后晾晒约 5 天。

（7）上架发酵　晾晒结束后，火腿移入室内晾挂发酵 2~3 个月。

（8）修整　火腿晾挂后，腿骨外露，需要削平，要把露在外面的高低不平的肉和表皮修割整齐，使腿身更为美观，呈"竹叶形"。

（9）落架堆叠　按干燥情况分批落架，然后根据大小进行堆叠，肉面向上，腿皮向下，每堆高度不超过 15 只，每隔 10 天翻堆。经过约 15 天后熟后，即为成品。

编制/日期：	审核/日期：	批准/日期：

表1-11 猪肉松产品开发方案

猪肉松

产品配方

序号	原料名称	重量（克）	序号	原料名称	重量（克）
1	瘦猪肉	10000	7	白糖	500
2	酱油	500	8	黄酒	150
3	食盐	150	9	八角	10
4	大葱	80	10	花椒	10
5	味精	30	11	小茴香	10
6	鲜姜	80	12	桂皮	20

工艺流程图:

原料选择与修整 → 煮制 → 炒松 → 搓松 → 包装 → 成品

产品操作工艺:

（1）原料选择与修整　选用检验合格的猪瘦肉（优先选后腿肉），去除筋腱、碎骨和皮并清洗干净。顺纹理切成长约6cm，厚约3cm的肉块。

（2）煮制　将肉块放入水中，然后根据配方加入黄酒、食盐、味精等调味料和花椒、桂皮、八角等香辛料。水沸腾后，转小火，共煮制约3小时，直至肉煮烂。煮制过程中要经常翻动，并撇去浮油。油撇清后，继续煮制，直至汤汁收干。

（3）炒松　用炒松机进行烘炒并经常翻动，火力需保持稳定，直至肉松炒干，有肉松独特风味，呈金黄色，约需1.5小时。

（4）搓松　炒松后用搓松机进行搓绒，使肉松纤维变得分散疏松，一般搓2遍。挑选出骨渣、焦块。

（5）包装　将肉松摊开晾凉后用复合膜、玻璃瓶等包装，即为成品。

编制/日期:	审核/日期:	批准/日期:

表1-12 猪肉脯产品开发方案

猪肉脯

产品配方

序号	原料名称	重量（克）	序号	原料名称	重量（克）
1	猪瘦肉	5000	5	鸡蛋	100
2	白糖	600	6	味精	25
3	酱油	400	7	亚硝酸钠	1
4	白胡椒	2	8	五香粉	15

工艺流程图:

原料选择与修整 → 冷冻 → 切片 → 腌制 → 摊贴 → 烘烤 → 烧烤 → 压平与裁片 → 成品

产品操作工艺:

（1）原料选择与修整　选用检验合格的猪后腿肉，去除脂肪、结缔组织、骨头和皮，冷水浸泡1小时后，清洗干净，并沥干。然后将肉块顺肌纤维切成约1kg大小的肉块。

（2）冷冻　修整好的肉块放到-20℃冷库速冻至肉块中心温度为-5～-3℃。

（3）切片　冻结好的肉块用切片机顺肌纤维切成约2mm薄片。

（4）腌制　将肉片放入腌制液中（预先混合好辅料），搅拌均匀，腌制温度为4℃，时间约2小时。

（5）摊贴　竹筛预先涂抹好植物油，然后将腌制好的肉片摊贴到竹筛上。注意摊贴时肉片的纤维方向需保持一致，两肉片间没有缝隙，也不重叠，通过溶出的蛋白粘连成片。

（6）烘烤　将摊有肉片的竹筛放入烘箱，烘烤温度为65℃，时间为4小时。烘烤期间不断调换竹筛位置。烘烤完成后冷却，将肉片从竹筛上取下，注意肉片需保持完整，即为半成品。

（7）烧烤　将肉片转移至远红外空心烘炉中的转动铁网上，烧烤温度为200℃，时间约2分钟，烤至颜色棕红，散发烤肉香气即可。

（8）压平与裁片　烧烤结束后立即用压片机进行压平，并裁成形状、大小一致的肉片，即为成品。

编制/日期:	审核/日期:	批准/日期:

表 1 – 13　牛肉干产品开发方案

牛肉干

产品配方

序号	原料名称	重量（克）	序号	原料名称	重量（克）
1	牛肉	5000	8	鲜姜	25
2	酱油	480	9	小茴香	8
3	食盐	90	10	八角	10
4	白糖	200	11	甘草	5
5	白酒	40	12	丁香	2
6	桂皮	15	13	陈皮	50
7	花椒	7			

工艺流程图：

原料选择与修整 → 预煮 → 成型 → 复煮 → 烘烤 → 冷却 → 成品

产品操作工艺：

（1）原料选择与修整　选用检验合格的牛后腿肉，去除脂肪、筋腱、碎骨等非瘦肉部分，并清洗干净。然后修整成约500g大小的肉块。

（2）预煮　将肉块放入沸水中煮制约1小时，不断撇去水表面浮沫，煮至肉块切面呈粉红色，无血水，去除晾凉。汤汁进行过滤。

（3）成型　用刀顺肌纤维方向切成约0.3cm厚、2cm长、1cm宽的条形。

（4）复煮　将预煮后过滤的汤烧开，放入配方中的辅料，加入肉条，不断翻动，直至汤汁收干。

（5）烘烤　煮熟后的牛肉干沥干，平铺在烤盘后，放入烤箱，烤箱温度为95℃，烘烤40分钟，烘烤期间不断翻动，烤至牛肉干焦黄。

（6）冷却　烘烤完成后，牛肉干取出晾凉至室温，即为成品。

编制/日期：	审核/日期：	批准/日期：

表 1 – 14　牛肉丸产品开发方案

牛肉丸

产品配方

序号	原料名称	重量（克）	序号	原料名称	重量（克）
1	鲜黄牛腿肉	5000	8	白糖	25
2	肥肉	900	9	清水	1000
3	鱼露	500	10	食用碱水	50
4	番薯淀粉	500	11	花生油	100
5	食盐	75	12	金银蒜	适量
6	胡椒粉	25	13	麻油	适量
7	味精	75			

工艺流程图：

原料的选择和处理 → 绞肉拌馅 → 成丸 → 定型 → 预冷和冻结 → 包装

产品操作工艺：

（1）原料的选择和处理　选用检验合格的牛后腿肉，去除筋络，清洗干净。沥干后，切成粗条，然后捶打牛肉，边捶打边翻拌，直至略微起胶。

（2）绞肉拌馅　将牛肉和肥肉绞成肉泥，加入配方中的辅料（番薯淀粉用清水溶解，并和花生油分4~5次加入），搅拌均匀后，朝一个方向搅打牛肉馅，直至形成胶状。

（3）成丸　肉馅放入4℃冰箱冷藏约5小时，采用挤压成型机将馅料做成丸子形状。

（4）定型　将肉丸放入沸水中，小火慢煮，杀菌煮熟，直至肉丸浮出水面，煮沸时间不可过长。

（5）冷却包装　熟化的肉丸置于4℃冷藏过夜，冷却后的肉丸采用真空包装，即为成品。

编制/日期：	审核/日期：	批准/日期：

表 1-15 卤鸭脖产品开发方案

卤鸭脖

产品配方

序号	原料名称	重量（克）	序号	原料名称	重量（克）
1	鸭脖	5000	12	香叶	3
2	干辣椒	400	13	食盐	260
3	姜	100	14	味精	15
4	葱节	120	15	硝酸盐	1
5	八角	20	16	红曲米	40
6	山柰	10	17	料酒	100
7	桂皮	10	18	花椒	10
8	小茴香	10	19	丁香	5
9	草果	10	20	食用油	2000

工艺流程图：

原料的选择与处理 → 腌制 → 氽水 → 卤汁配制 → 卤制 → 成品

产品操作工艺：

（1）原料的选择与处理 选用检验合格的鸭脖，去除鸭脖的血污、杂质等并用清水清洗，沥干。

（2）腌制 洗净后，加入姜 50g、葱节 50g、精盐 100g 及料酒，硝酸盐，搅拌均匀，涂抹在鸭脖表面，4℃腌制 12 小时，使原料腌制彻底，以达到去腥的目的。

（3）氽水 水烧开后，腌制好的鸭脖放入水中进行氽水，捞出沥干待用。

（4）卤汁配制 锅中加入 1000g 左右的水，再加入红曲米，直至熬出色，然后过滤去渣留汤待用。锅中倒油，加入干辣椒、香辛料及剩余姜、葱节进行炒制，然后加入红曲米水、食盐、味精及清水，小火慢煮 2 小时，卤汁配制完成。

（5）卤制 煮沸的卤汁中加入氽水好的鸭脖，中火卤煮 10 分钟，不断翻动，关火，鸭脖继续浸泡 20 分钟，捞出晾凉，即为成品。

编制/日期：	审核/日期：	批准/日期：

任务三 肉制品开发方案的实施

肉制品开发方案如表 1-16 所示。

表 1-16 肉制品开发方案

方案内容	内容要求	验收方式
原材料要求	分析特性，确定原辅料种类和数量，包装种类、数量和形式	材料提交、成果展示
设备、工器具要求	确认设备、工器具要求	
工艺流程	根据产品的设计要求和功能，确定工艺流程	
工艺参数和实施要点	基于工艺流程，描述工艺参数及操作要点	
产品性质	确定检测的指标和检测方法	
产品标签	形成产品标签	
成本核算	核算单位产品的成本	

【学习活动六】肉制品的制作

肉制品生产与品质控制项填入表 1-17。

表 1－17　肉制品生产与品质控制

产品名称		生产员		生产时间	
配料清单					
序号	原辅料名称		原辅料用量（kg）		原辅料供应商
1					
2					
3					
生产方案					
序号	工艺流程		工艺参数		操作要点
1					
2					
3					
生产结果					
产品规格			产品产量（kg）		

任务四　肉制品开发方案的评价

【学习活动七】肉制品质量评价与记录

肉制品种类丰富，不同肉制品产品质量评价标准不同，下面产品质量评价以火腿肠为例，如表 1－18 所示。

表 1－18　火腿肠质量评价

产品名称		质量检验员		质量评价日期	
产品质量评价项目	评价指标	评价标准		评价结果	
感官标准	色泽	具有火腿肠固有的色泽			
	香味	有香肠固有的香味，无油脂酸败味或其他异味			
	滋味	咸淡适中，无异味			
	口感	口感细腻，非常可口，无残留物，无残渣			
	组织状态	组织细腻致密，有弹性，切片良好，无软骨及其他杂质，无密集气孔			
理化标准	水分含量	特级≤70%，优级≤67%，普通级≤64%			
	脂肪含量	普通级 6%～16%			
	蛋白含量	特级≥12%，优级≥11%，普通级≥10%			
	NaCl 含量	普通级≤3.5%			
	淀粉含量	特级≤6%，优级≤8%，普通级≤10%			
	亚硝酸盐残留量（以 $NaNO_2$ 计）	普通级≤30（mg/kg）			
微生物残留量	菌落总数	≤50000（cfu/g）			
	大肠杆菌残留量	≤30（MPN/100g）			
合格率	致病菌残留量	不得检出			

任务五 肉制品开发方案的改进与提高

【学习活动八】肉制品产品讨论分析与改进方案制定

肉制品产品质量改进方案填入表1－19。

表1－19 肉制品产品质量改进

整改项目	具体方案
产品质量缺陷	（分析产品存在的问题）
质量缺陷原因分析	（针对问题，制定整改方案）
整改计划	（制定实施时间和具体措施）
整改效果评估	（整改完成后，制定整改效果评估方案并记录评估结果）

答案解析

一、单选题

1. 下列物质对肌肉颜色起决定作用的是（　　）

　　A. 肌红蛋白　　　　　　B. 胶原蛋白　　　　　　C. 血红蛋白　　　　　　D. 铁离子

2. 味精是肉制品加工中重要的鲜味剂，其主要成分为（　　）

　　A. 鸟氨酸钠　　　　　　B. 肌苷酸钠　　　　　　C. 琥珀酸钠　　　　　　D. 谷氨酸钠

3. 猪肉用硝酸盐（或亚硝酸盐）腌制后，呈现鲜红色（或粉红色）是因为（　　）

　　A. 肌红蛋白和氧气结合生成氧合肌红蛋白

　　B. 血红蛋白和氧气结合生成氧合血红蛋白

　　C. 肌红蛋白中的 Fe^{2+} 被氧化成 Fe^{3+}

　　D. 肌红蛋白与亚硝酸盐反应生成亚硝基肌红蛋白

二、简答题

1. 肉（胴体）的组织结构有哪些？

2. 为什么采用斩拌机进行乳化时需要加入冰水？

项目二　发酵调味制品的加工与开发

产品一　酱油

PPT

任务一　明确酱油开发目的

随着社会的发展，人们对于健康的认识也逐渐清晰，对于食物的追求也在不断提高，更加注重天然化、营养化、功能化。现阶段，人们更加关注酱油是否安全、有何营养、如何酿造。因此，酱油产品开发的目的是为了满足消费者需求，增加市场份额，提升产品质量和价值，并适应市场变化和趋势。通过产品创新和差异化，企业能够在竞争激烈的市场中脱颖而出，实现业务增长和品牌发展。

我国酱油酿造技术历史悠久。随着产业的整合和经济结构的转型升级，当前传统酱油产业面临同质化严重、整体竞争力弱的难题。酱油研发的新方向可以包括以下几个方面。

（1）新口味和品种　研发新口味和品种的酱油，以满足不同消费者口味需求。例如，可以尝试开发不同风味的酱油，如甜味、咸甜味、辣味或酸味的酱油。此外，结合当地特色和文化，开发具有地方特色的酱油产品也是一个创新方向。

（2）降盐和无添加剂酱油　随着人们对健康的关注，降盐和无添加剂的酱油越来越受欢迎。研发低盐酱油，减少钠盐含量，同时保持酱油的风味和质量。此外，开发无添加剂的酱油，不含防腐剂、人工色素和增味剂，提供更为天然健康的选择。

（3）有机和可持续酱油　随着消费者对有机食品的偏爱，研发有机酱油可以满足市场需求。有机酱油的生产过程中不使用化学肥料和农药，符合有机认证标准。此外，关注可持续发展，采用可持续种植和生产方法，如有机大豆种植和使用可降解包装材料等。

（4）增强营养价值　在酱油中添加营养成分，增强其营养价值，是另一个研发方向。例如，可以添加富含纤维、维生素、蛋白质或益生菌等成分，使酱油具有更多的营养功能。

（5）创新包装和使用便利性　改进酱油的包装和使用便利性也是一个研发方向。设计更便捷的包装形式，如挤压式瓶装、喷雾瓶装或单次使用包装，方便消费者使用。此外，考虑防漏、易存储和易倒出等特性，提高酱油的使用便利性。

任务二　酱油开发方案的制定

【学习活动一】明确酱油开发总体思路

明确酱油产品开发的总体思路需要从多个角度进行考虑，以确保产品能够满足市场需求、符合消费者口味、保证产品质量，并具有市场竞争力。表2-1是一些关键步骤和考虑因素。

表 2 - 1 酱油产品开发的基本流程

序号	阶段	描述	详细步骤
1	市场调研与需求分析	确定市场需求和目标消费群体	收集市场数据；分析消费者偏好；确定产品定位
2	原料选择与评估	选择合适的原料，如大豆、小麦、盐等	筛选和评估原料的质量、成本和供应稳定性
3	发酵菌种选育与发酵工艺开发	选育合适的微生物菌种，开发发酵工艺	筛选和培养酱油发酵所需的微生物菌种；优化发酵条件（温度、湿度、时间等）
4	产品配方设计	设计酱油的配方	确定酱油的咸度、色泽、风味等特性；考虑添加的调味料和防腐剂
5	小试生产	在实验室规模进行试生产	按照配方和发酵工艺进行小规模生产；检测产品质量和稳定性
6	中试生产	扩大生产规模进行中试	在中试车间进行更大规模的生产；进一步验证生产工艺的可行性和稳定性
7	产品测试与优化	对产品进行测试并根据反馈进行优化	进行感官评价和理化分析；根据测试结果调整配方和工艺
8	规模化生产	正式投入大规模生产	建立生产线；确保产品质量和一致性
9	包装设计与标签制作	设计产品包装和标签	设计吸引消费者的包装；制作符合法规要求的标签
10	市场推广与销售	推广产品并进行销售	制定市场推广计划；建立销售渠道；进行产品销售和分销
11	质量控制与持续改进	监控产品质量并持续改进产品	定期进行产品质量检测；收集市场反馈并进行产品改进

通过这样的表格，可以清晰地看到每个步骤的内容描述和步骤，有助于系统地规划和执行酱油产品开发的过程。

【学习活动二】原辅料及生产技术路线对酱油品质的影响规律

一、微生物

（一）曲霉

1. 菌种的选择 为了提高原料蛋白质的水解率，需要依赖那些生产效率更高的碱性和中性蛋白酶，特别是中性蛋白酶 I 的突出表现。为了让原料蛋白质更有效地转化为氨基酸和谷氨酸，需要借助那些生产效率高的亮氨酸氨基肽酶。在提升酱醪的过滤和压榨性能方面，强大的植物组织破坏酶将发挥关键作用。淀粉酶和酸性蛋白酶的适量添加有助于降低加热过程中沉淀物质的形成，并增强这些沉淀物的凝聚性。在发酵基质的制备过程中，使用那些糖消耗较少的曲霉至关重要，同时在制曲过程中，也需要那些能够产生维生素、香气成分或其前体的酶，以确保曲霉菌体自溶时不会对消化液的风味造成负面影响。

显然，要找到一种曲霉，它能够同时满足上述所有优良特性是一项极具挑战性的任务。然而，通过利用菌株变异或细胞融合等技术手段，有可能获得具有改进特性的新菌株。在进行菌株的育种和改良过程中，除了要满足前述关键性能要求外，从实际应用的角度出发，还应该考虑以下几个额外的要求：新菌株应该具有丰富的孢子生成能力；它不应该产生任何真菌毒素；它对酱油的整体品质影响应该是微小的；它不应该给制曲过程带来过多的困难；此外，任何新的变异菌株或通过细胞融合得到的菌株都应该具有良好的遗传稳定性。

2. 酱油酿造米曲霉 当前，在酱油生产中应用最为普遍的是沪酿 3.042 米曲霉这一菌株。在中国，酱油制造业仍然倾向于使用传统的米曲霉作为发酵菌种。中华人民共和国成立初期，酱油行业采用了从福建永春地区酱曲中分离出的米曲霉 A. S. 3. 863，这种菌株自 1958 年无盐发酵酱油生产方法全国推广以来，因其优良的风味特性，至今仍被广泛使用。上海酿造试验工厂（现上海酿造科学研究所）的林祖申利用紫外线诱变技术，以 A. S. 3. 863 为亲本，成功培育出了沪酿 3. 042 米曲霉。与原菌株相比，新菌株在蛋白水解酶活性上有了显著提升，生长速度加快，从而缩短了制曲周期。新菌株的分生孢子不仅体型较大、数量较多，还具备抑制其他杂菌生长的能力，使得制曲过程更为简便。作为短毛菌，它非常适合采用通风制曲的方式。此外，新菌株的酶系完整，发酵后的酱油具有很好的香气，而且遗传特性稳定，被认为是一种优质的菌株。目前，该菌株已被广泛应用于我国的酱油产业，并被科学院微生物研究所编号为 A. S. 3. 951。

该曲种的显著特性包括：其最终产品的 pH 偏高。它拥有完备的酶系，特别适合酱油制造的需求，尤其是其蛋白质水解酶系极为强大，中性蛋白酶的表现尤为突出，同时其肽酶系也相当活跃，能够有效地产生大量氨基酸。此外，它还包含适量的糖化酶，这种酶能够将淀粉分解成葡萄糖。这种曲种的生长势头强劲，在制曲过程中能够积累丰富的菌体。它在生成孢子方面的能力极为卓越，在所有已知的米曲霉中首屈一指，这使得它很容易被制成高质量的种曲。它还表现出极强的排他性，能够显著抑制其他微生物的生长。遗传上的稳定性也是其显著特点之一，确保了其特性在代代相传中保持不变。另外，它还具有较强的氧化褐变能力，这对于酱油色泽的形成极为重要。

（二）酵母

传统酱油或酱的酿造技术通常在开放环境中实施，这一过程中涉及多种耐盐酵母，它们在发酵过程中扮演着至关重要的角色，受到了人们的关注并成为众多研究的焦点。这些酵母能够在高达 18% 的盐分浓度和大约 1.4% 含氮量的环境中生长，这与在酿造过程中发现的常见酵母种类不同，因此它们被称为"抗渗透压酵母"或"耐盐酵母"。

在耐盐酵母的分类中，鲁氏酵母因其能在高盐环境中进行乙醇发酵而成为最为重要的种类，被称为主发酵酵母。除此之外，还有一种能够为酱油和酱增添特定香气成分的耐盐性球状酵母，它被称为后发酵酵母。除了这些，还有许多其他酵母也能产生独特的香气成分。另外，一些具有产膜特性的汉逊酵母和毕赤酵母也显示出了一定的耐盐能力。这些酵母的存在和作用对于酱油和酱的风味形成具有不可忽视的影响。

1. 鲁氏酵母　这种菌株的最佳生长温度范围是 28 ~ 30℃，在 38 ~ 40℃时，其生长速度会显著减慢，而在达到 42℃时则完全停止生长。它在 pH 为 4 ~ 5 的环境中表现最佳，并且展现出极高的耐盐能力，能在含盐量高达 24% ~ 26% 的条件下生存，甚至在水分活性（A_w）低至 0.787 ~ 0.81 的环境下也能维持生命活动。在没有盐分的情况下，鲁氏酵母能够发酵葡萄糖和麦芽糖，但在高盐环境中，它只能发酵葡萄糖，而无法发酵麦芽糖。在制曲和酱醅发酵阶段，空气中自然存在的具有乙醇发酵能力的酵母会参与进来，它们能够将醇转化为酯，并产生琥珀酸以及糠醇，这是酱油香味的关键成分之一，从而丰富了酱和酱油的香气和风味。到了酱醅发酵的后期，随着糖分的减少和 pH 的降低，鲁氏酵母会经历自溶过程。这一自溶作用对酱油和酱的最终风味也有一定的影响。

2. 球拟酵母　这种酵母菌展现出较强的耐盐能力，在水分活度（A_w）介于 0.975 ~ 0.84 的条件下能够生长，即使在水分活度（A_w）低至 0.787 的情况下也能存活。它能够耐受高达 26% 的食盐浓度，在 24% ~ 26% 的盐浓度范围内仍可缓慢生长。球拟酵母的细胞形态多样，可以是球形、卵形或略呈长形。它们通过多边出芽的方式进行无性繁殖，在液体培养基中生长时，有时会产生沉淀物和环状物，偶尔还能形成菌膜。球拟酵母在产生酱油特有的香气成分方面发挥着关键作用，这些成分包括 4 - 乙基愈创木酚和 4 - 乙基苯酚等。在酱油发酵的后期阶段，球拟酵母的作用尤为显著。鲁氏酵母的自溶过程有助于球拟酵母的生长和繁殖。基于这一原理，在酱油发酵过程中，可以先在30℃的条件下培养以促进鲁氏酵母的大量增长，随后提高温度以促使鲁氏酵母自溶，最后再降低温度以利于球拟酵母的生长，从而提升酱油的风味。

（三）乳酸菌

酱油的独特风味与乳酸菌的存在密切相关。这些乳酸菌能在含盐分较高的酱醪发酵环境中生存，它们体内的酶具有耐盐特性，即使在食盐浓度高的条件下也能保持其活性。这些耐盐乳酸菌的细胞膜能有效防止食盐的渗透，维持菌体的稳定性。在乳酸菌中，酱油四联球菌和嗜盐足球菌是形成酱油优良风味的关键菌种。它们通常呈现球形，可以在微好氧至厌氧的条件下生长，最适宜的生长 pH 为 5.5 左右。在酱油的发酵过程中，初期足球菌的数量较多，而到了发酵后期，酱油四联球菌则成为主导菌种，共同作用形成酱油的风味。

在发酵过程中，乳酸菌扮演着关键角色，它们通过将糖分转化为乳酸来发挥作用。乳酸与乙醇反应，能够形成具有浓郁香气的乳酸乙酯，这种酯类物质对酱油的香味贡献显著。在发酵过程中，酱醪的 pH 降至大约为 5，有助于促进鲁氏酵母的增长以及酵母与其他微生物的协同作用，从而赋予酱油独特的风味。然而，如果在发酵初期乳酸菌过度繁殖并产生大量酸性物质，可能会导致酱醪的 pH 降得过低。这会抑制中性和碱性蛋白酶的活性，进而影响蛋白质的有效利用。

在发酵过程中适时添加乳酸菌，可以防止酱醪酸度过高。相反，在制曲阶段，如果加入乳酸菌，它们会迅速繁殖并代谢生成大量酸性物质，这会增加成曲的酸度。目前，许多制造商采用的是开放式制曲方法，在此过程中产酸菌已经产生了大量的酸性物质。如果在这种情况下再加入乳酸菌，可能会导致成曲的酸度过高，这不仅会影响酱醪的正常发酵，还可能降低原料的利用率。

二、酿造过程中的生物化学变化

在酱油的制造过程中，主要有两个关键步骤：制曲和发酵。在制曲阶段，米曲霉作为主要的微生物，迅速在曲料上生长并繁衍，在此过程中它们产生多种关键的酶，包括蛋白酶、淀粉酶、谷氨酰胺酶和肽酶等，这些酶对酿造酱油至关重要。进入发酵阶段，之前制曲阶段分泌的酶继续作用于原料，导致在酱醪中发生一系列复杂的生化变化。这些变化包括蛋白质的水解、淀粉的水解、有机酸的发酵、乙醇的发酵以及美拉德反应等。正是这些生化反应共同作用，最终塑造了酱油独有的色泽和风味。

（一）蛋白质水解

在酱油的生产过程中，蛋白酶起着至关重要的作用。它们能够将大豆和小麦等原料中的蛋白质分解成短肽，并最终转化为氨基酸。这些氨基酸中，有些是关键的风味物质，比如谷氨酸和天冬氨酸的钠盐能带来鲜美的味道；甘氨酸、丙氨酸和色氨酸产生甜味；而酪氨酸则带来苦味。氨基酸的含量丰富，意味着酱油的品质更高，味道也更加醇厚。

米曲霉产生的蛋白水解酶系统由蛋白酶和肽酶组成。蛋白酶负责切断蛋白质多肽链的内部连接，形成肽。肽酶则进一步裂解由蛋白酶作用产生的肽链，生成游离的氨基酸。蛋白质的水解过程是这两种酶共同作用的结果，促进了蛋白质的可溶化和肽化。

米曲霉产生的蛋白酶可以根据它们最适宜的 pH 分为三大类：酸性蛋白酶（适宜 pH 为 3）、中性蛋白酶（适宜 pH 为 7）和碱性蛋白酶（适宜 pH 为 9～10）。在实际的制曲过程中，曲料的 pH 会影响蛋白酶的产生，通常控制在 4～7。在这个范围内，pH 越高，碱性越强，碱性蛋白酶的活性也就越强。如果向曲料中添加碱性物质以提高 pH，将增加碱性蛋白酶的产生并减少酸性蛋白酶的生成。相反，如果添加酸性物质，酸性蛋白酶的活性会增强，而碱性蛋白酶的活性则会降低。此外，成曲中的蛋白酶组成也受到制曲原料种类和蛋白质与淀粉质原料比例的限制。原料中的碳氮比值较低时，酸性蛋白酶的活力会降低，这是因为蛋白质原料分解成氨基酸后容易使培养基变碱性，而高碳源则会产生大量有机酸和二氧化碳，使培养基变酸性。

为了有效分解原料中的蛋白质，米曲霉不仅需要具备一定的蛋白酶活力，还需要具备耐盐性和缓慢降低的酶活性。虽然米曲霉的蛋白酶通常耐盐性不强，但在酱油生产中使用的菌种分泌的酶都具有一定程度的耐盐性。酱醪中过高的盐分可能会抑制酶的活性，但米曲霉产生的酸性或中性蛋白酶在耐盐性方面表现较好。

（二）淀粉水解

在酱油的制作过程中，曲霉产生的淀粉酶扮演着重要角色，它们将原料中的淀粉分解成更小的分子，如葡萄糖、麦芽糖和糊精。这一过程不仅为微生物提供了必需的碳源，也使得原料中的碳元素转化为更易于吸收的形式。这些糖类物质在制曲阶段为曲霉菌提供了营养，而在酱醪发酵阶段之后，又成为酵母和乳酸菌的营养来源。

糖类与氨基酸之间的美拉德反应是形成酱油特有色泽的关键因素。此外，乙醇发酵过程也需要糖类的参与。如果糖化作用进行得彻底，不仅能够增强酱油的甜味，还能使其口感更加醇厚，从而提升酱油的整体品质。

（三）有机酸发酵

在制曲阶段，空气中的某些细菌得到了繁殖的机会，它们作用于糖类，将其分解为乳酸、琥珀酸等有机酸。这些有机酸对酱油的风味有着不可忽视的影响，它们赋予酱油一种清新的酸味，并且有助于提升酱油的香气。然而，如果有机酸的生成过多，咸味与酸味之间的平衡被打破，可能会对酱油的整体风味造成负面影响。

（四）乙醇发酵

在酱油的制曲和发酵两个阶段，酵母菌作为自然落入的微生物，能够在适宜的温度范围内（28～35℃），达到最佳的生长和繁殖状态。在发酵过程中，酵母菌将糖类物质转化为乙醇，而乙醇随后会经历两个主要的转变路径：一部分被氧化成有机酸，另一部分则与氨基酸和有机酸发生酯化反应，形成香气成分。这些由乙醇发酵产生的香气成分是评价酱油风味的关键指标。然而，需要注意的是，当环境中的食盐含量和总酸含量较高时，酵母菌的生长能力及其发酵活性会显著下降。这意味着高盐和高酸的环境可能会抑制酵母菌的繁殖，进而影响发酵过程和最终产品的风味形成。

（五）酱油色香味体的形成

1. 色素的形成　酱油色泽的产生主要通过两种褐变反应：非酶褐变和酶促褐变。非酶褐变主要是通过美拉德反应（羰氨反应），在这一过程中，麸皮中的多缩戊糖与酱油中的含氨基成分反应，增强了酱油的色泽。而酶褐变则主要在发酵的后期发生，此时多酚化合物（如酪氨酸）在多酚氧化酶的作用下与氧气结合，形成黑色素。

2. 香气的形成　酱油的香气特征是酱香和酯香，由超过200种化学物质共同作用形成，其中20多种最为关键，包括醇、醛、酯、酚、有机酸、缩醛和呋喃酮等。醇类物质如甲醇、乙醇、丙醇、丁醇、异戊醇和苯甲醇等，以及有机酸类如醋酸、乳酸、琥珀酸和葡萄糖酸等，都对香气有重要贡献。酯类物质是构成酱油香气的主体。所有这些风味物质都源自原料、发酵过程和加热过程。

3. 味的形成　酱油的味道是咸鲜带甜，伴有柔和的酸味和适中的苦味。味道的组成包括咸味、鲜味、甜味、酸味和苦味，其中鲜味最为突出。鲜味主要由肽类、氨基酸和核苷酸提供；咸味来自食盐以及肽、氨基酸、有机酸和糖类；甜味主要由糖类和一些甜味氨基酸产生；酸味主要由乳酸、醋酸、丙酮酸和琥珀酸等有机酸类物质提供；苦味则来自酪氨酸等苦味氨基酸，它们增加了酱油的醇厚感，但应避免焦苦味。酱油的味道需要实现五味的和谐统一。

4. 体的形成 "体"指的是酱油的浓稠度或体态，由无盐的可溶性固形物决定，包括可溶性蛋白、氨基酸、维生素和糖类物质，是衡量酱油质量的重要指标。优质酱油的无盐可溶性固形物含量应超过20g/100mL，这反映了其丰富的口感和营养价值。

三、原料

(一) 蛋白质原料

当前，中国国内的酱油制造企业普遍使用大豆或大豆粕（脱脂大豆）作为生产酱油所需的蛋白质来源。在酱油的发酵阶段，原料中的蛋白质首先被蛋白酶作用分解成肽类物质。随后，这些肽类物质进一步被肽酶分解，转化为更小分子量的氨基酸。肽类和氨基酸是酱油中关键的风味成分，它们对酱油的口味有着决定性的影响。特别是氨基酸的含量，其丰富程度直接关联到酱油的品质等级。简而言之，氨基酸含量越高的酱油，其品质被认为更优，味道也更加鲜美。

1. 大豆 包括黄豆、青豆和黑豆，在中国的各个地区都有广泛种植，尤其是东北地区，那里出产的大豆不仅产量高，而且品质上乘。从化学成分的角度来看，大豆含有大约40%的蛋白质、20%的脂肪以及25%的碳水化合物，并且几乎不包含淀粉，这一点使其与大多数谷物明显不同。然而，大豆的化学成分组成可能会因多种因素而有所不同，包括其产地、品种、种植条件，甚至不同国家的大豆成分也有显著差异。例如，根据表2-2的数据，美国产的大豆与产自中国和日本的大豆相比，其脂肪含量明显更高，这主要是因为美国种植的大豆主要用于提取油脂，因此其碳水化合物的含量也较低。相比之下，中国和日本种植的大豆品种则恰恰相反，通常脂肪含量较低，而蛋白质和碳水化合物的含量相对较高。通常情况下，脂肪含量较高的大豆，其蛋白质和碳水化合物的含量会相对较低。

表2-2 酱油原料大豆的一般分析

种类	水分（%）	粗纤维含量（%）	转化糖含量（%）	粗脂肪含量（%）	酸度（ml）	可溶性纤维素（%）
美国大豆	10.03	5.994	17.71	19.12	2.35	—
中国大豆	10.97	6.034	18.85	17.51	2.22	—
日本大豆	10.91	5.981	20.84	15.17	2.27	—

大豆中的蛋白质含有全面的氨基酸，特别是谷氨酸的含量较高，这对酱油的风味有着极为重要的影响。在酱油的生产中，使用大豆作为原料时，适量的脂肪有助于增加酱油的浓郁口感。然而，如果脂肪过多，不仅无法得到有效利用，还可能在酱渣中残留或被脂肪酶分解，这不仅导致原料的浪费，还可能对最终产品的风味产生不利影响。以大豆为原料酿造的酱油，其味道整体上是协调的，具有醇厚的香味和浓郁的酱香，并且呈现出亮丽的棕红色。因此，在当前的生产实践中，除了一些高端酱油品牌继续使用大豆作为原料外，大多数酱油生产都采用脱脂大豆，以优化酿造过程。

2. 豆粕 作为大豆经过热处理、压扁和有机溶剂提取脂肪后的剩余物，通常呈现为颗粒状、片状或小块状。这种物质的蛋白质含量非常高，介于46%~51%，同时含有较少的脂肪和水分，具有松散的结构，易于破碎，使其成为制作酱油的优选原料。然而，豆粕中可能会残留微量的有机溶剂，因此在用于生产之前，需要进行彻底的脱溶剂处理。这一步骤至关重要，以确保最终的酱油产品既安全又保持了良好的风味。

选择豆粕作为酱油生产的原料，可以带来几个显著的好处：首先，它的成本相对较低；其次，使用豆粕可以缩短酱油的成熟时间；再者，豆粕的全氮利用率较高，有助于生产出全氮浓度较高的酱油。这些优点使得豆粕成为酿造酱油时的一个经济高效且技术可行的选择。

在豆粕作为原料进行酱油发酵的过程中，米曲霉的生长更为顺利，水解酶的活性也能得到更充分地发挥。然而，在这一过程中，必须注意控制发酵环境的通风，以防止曲料的温度过快上升和散热不畅，这可能会导致烧曲现象的发生。与使用大豆作为原料相比，豆粕酿造的酱油在酯类、酸类、酮类、酚类、吡咯类以及其他类别化合物的相对含量上通常较低。当在高盐稀态酱油的生产中混合使用不同比例的大豆和豆粕时，随着大豆所占比例的提升，样品的香气、酸香、醇香、果香和麦芽香等风味特性的评分会逐渐提高，同时挥发性酸和酯的含量也会相应增加。这表明，大豆中的油脂成分对于酱油的风味形成具有显著的影响。

3. 豆饼 来源于大豆，是经过压榨提取油脂后的剩余物。根据提取油脂前的大豆处理方法，豆饼分为冷榨豆饼与热榨豆饼两种类型。冷榨豆饼是在未对大豆进行加热处理的情况下，直接将大豆软化并压扁后压榨得到的，而热榨豆饼则是先将大豆压片并进行加热蒸炒，然后再进行压榨。由于冷榨豆饼未经过高温处理，它的出油率相对较低，蛋白质结构基本保持不变，这使得它非常适合用于制作豆制品。相比之下，热榨豆饼由于经历了热处理过程，其蛋白质发生了较严重的变性，水分含量减少，而蛋白质含量相对较高，且具有较为松散和易于破碎的质地，这些特性使得热榨豆饼成为酱油酿造的理想原料。脱脂大豆的一般分析值见表 2 - 3。

表 2 - 3 脱脂大豆的一般分析值

种类	水分（%）	粗蛋白质（%）	碳水化合物（%）	粗脂肪（%）	灰分（%）
冷榨豆饼	12	44 ~ 47	18 ~ 21	6 ~ 7	5 ~ 6
热榨豆饼	11	45 ~ 48	18 ~ 21	3 ~ 4. 5	5. 5 ~ 6. 5
豆粕	7 ~ 10	46 ~ 51	19 ~ 22	0. 5 ~ 1. 5	5 左右

（二）淀粉原料

酱油的制作过程中，淀粉质原料扮演着至关重要的角色。它们不仅是微生物生长所必需的碳源，而且还是酱油中糖分、醇类、酸类和酯类等风味成分以及色泽的来源。这些风味成分和色泽对酱油的最终品质有着决定性的影响。目前，在酱油的生产过程中，麦麸和小麦是作为淀粉质原料的主要选择。

1. 小麦 是全球种植量最大的作物之一，被许多国家作为主要的食物来源。它的淀粉含量高达70%，蛋白质含量介于 10% ~ 14%，而糊精含量则为 2% ~ 3%，同时含有 2% ~ 4% 的蔗糖、葡萄糖和果糖。小麦的分类方式多样，包括冬小麦和春小麦，赤小麦和白小麦，硬质小麦和软质小麦等。硬质小麦由于蛋白质含量较高，通常用于面包制作，并且非常适合用于酱油和制酱工业。在南方，高盐稀态酱油的生产主要使用小麦粉作为淀粉原料。在酱油的氮含量中，约有四分之一来源于小麦中的蛋白质，因此小麦不仅仅是淀粉的来源，其蛋白质的水解过程也非常重要。小麦蛋白质中的氨基酸组成富含谷氨酸，这是酱油鲜味的关键成分之一。

小麦粉中的蛋白质，如麸蛋白和谷蛋白，在经过酶的作用后，会释放出大量的谷氨酸，从而增强酱油的鲜味。小麦中还含有木质素，经过发酵过程可以转化为阿魏酸，进一步由球拟酵母转化为 4 - 乙基愈创木酚。焙炒小麦后，其香气更加明显，而在制曲过程中，成曲酶活性高，氨肽酶活性强，纤维素酶活性高，杂菌含量低，最终使酱油呈现出更深的颜色。

2. 麦麸　是小麦制粉过程中产生的副产品，它具有疏松的质地、轻盈的体积和较大的表面积。由于麦麸富含米曲霉所需的各种营养物质，使用麦麸不仅有助于制曲过程，还能提升酱油原料的利用效率和产量。在北方，低盐固态酱油的生产主要依赖麦麸作为淀粉来源。麦麸中含有大量的五碳糖，这些糖在酱油的酿造过程中是形成色素的关键，因此麦麸也是中国深色酱油生产中不可或缺的原料之一。麦麸中的木质素在发酵过程中会转化为 4 - 乙基愈创木酚，这是酱油独特香气的主要成分之一。麦麸类酱油的风味物质主要由酮类、酚类、呋喃（酮）类和杂环类化合物构成。

（三）食盐

食盐在酱油的制作过程中扮演着关键角色。它不仅赋予酱油适宜的咸味，而且与谷氨酸结合，共同创造出酱油的鲜美口感，是塑造酱油风味不可或缺的成分。此外，食盐还具有防腐功能，能够在发酵过程中有效抑制杂菌的生长，减少污染，同时对成品酱油起到防腐作用，延长其保质期。

> **🔗 知识链接**
>
> **酱油低盐新工艺**
>
> 　　高盐摄入与多种慢性疾病相关，因此，降低酱油中的食盐含量成为酱油开发的新趋势。
>
> 　　（1）功能菌强化发酵　通过添加耐盐或嗜盐的功能性微生物，促进风味物质的生成，并抑制有害微生物的生长，从而在低盐环境下保持产品的风味和安全性。
>
> 　　（2）食盐替代物的使用　乙醇、氯化钾等物质可作为食盐替代物使用，从而达到酱油降盐的目的。乙醇除了具有防腐作用外，还能参与风味物质的生成。氯化钾作为食盐的替代品，虽然咸味较弱，但能提供人体必需的钾元素。
>
> 　　（3）膜分离技术脱盐　利用纳米过滤、电渗析等膜分离技术，可以在保留风味和营养成分的同时降低酱油中的钠含量。

（四）水

酱油生产过程中需要使用大量的水，一般生产 1t 酱油需用水 6 ~ 7t。凡是符合卫生标准能供饮用的水，均可用于酿造酱油。

四、原料处理

原料处理环节在酱油生产中扮演着至关重要的角色。它不仅决定了制曲效果和曲霉的繁殖情况，还关系到成曲中酶的活性水平。这些因素又会间接影响酱油发酵过程中微生物的繁殖状态、发酵的成熟速度、原料的分解效率以及最终的酱油品质。原料处理主要分为两个步骤：首先，通过机械手段将原料研磨成细小的颗粒或粉末，以便于后续处理；其次，原料经过充分的润湿和蒸煮，使蛋白质适度变性，淀粉充分糊化，这有助于米曲霉的生长，同时也为酶系的分解作用提供了便利。

（一）蛋白质原料的处理

1. 原料粉碎　粉碎过程是将原料打碎至适当粒度，这有助于破坏原料的结构，使其更易于浸泡和蒸煮，进而实现蛋白质的适度变性。若原料颗粒过大，即使使用热水或延长浸泡时间，也可能无法完全浸透，尤其在高压短时间蒸煮过程中，更可能出现未熟透的情况。适当的粉碎能增加原料颗粒的表面积，从而扩大曲霉的接触范围，提升原料的利用效率。

2. 原料润水　润水过程确保了水分能够均匀地分布在所有原料中。这一步骤有助于原料细胞的膨胀，大豆中多糖与氨基酸的溶解，为曲霉提供生长和繁殖所需的营养物质，同时促进了蒸煮过程中蛋白质的快速变性。润水时，所需加入的水量是一个关键因素，它直接关系到制曲过程的难易、霉菌的生长情况以及酶的活性水平。如果加入的水量过多，不仅会增加操作的复杂性，还可能提高杂菌污染的风险。因此，在原料处理过程中，必须根据实际的生产条件和需求，精准控制润水的水量，以确保整个发酵过程的质量和效率。

3. 原料蒸煮 蒸煮环节直接影响原料的利用率和最终产品的品质。通过蒸煮，蛋白质会经历适度的变性，这对于后续酶的催化作用至关重要。蒸煮还具备杀菌功能，能够有效杀灭附着在原料上的微生物，从而降低制曲过程中杂菌污染的风险。

若蒸煮的压力或时间不充分，蛋白质可能变性不彻底，导致产生难以被曲霉蛋白酶分解的浑浊物质，这些物质被称为 N 性物质。相反，如果蒸煮过程中采用过高的温度或过长的时间，尤其是在制曲前进行的长时间高温处理，可能会导致蛋白质的过度变性，变得难以分解，这不仅会降低原料的利用率，还可能破坏部分氨基酸。因此，蒸煮过程中的加水量、持续时间和温度等参数都需要严格控制，以确保蛋白质变性适度。通过精确调节这些条件，可以有效地控制蛋白质的变性程度，为后续的制曲和发酵过程打下良好基础。

（二）淀粉原料的处理

1. 小麦的前处理 小麦的预处理包括焙炒和破碎这两个关键步骤。焙炒过程利用小麦内部的水分和高温，使小麦粒迅速膨胀，这样可以破坏小麦的细胞结构，促进淀粉的糊化，同时导致蛋白质变性。这些变化为霉菌提供了良好的生长环境，有助于制曲过程的顺利进行。

在小麦粉与经过蒸煮的大豆或豆粕混合时，小麦粉中的细粉会吸附在大豆表面，减少其表面的水分，这有助于预防细菌的污染并减少在蒸煮过程中的黏附现象。同时，小麦粉中较大的颗粒能够分散在大豆之间，形成空隙，这些空隙增加了混合物的通气性，为霉菌孢子的萌发和菌丝的生长提供了有利条件。

2. 麦麸的前处理 麦麸的加工方法主要是蒸熟。因为蒸煮后的大豆或豆粕表面会带有较多的水分（通常称为浮水），为了减少杂菌的污染并便于制曲，需要使用麦麸来吸收这些表面的水分。通过这种方式，可以保持大豆或豆粕表面的干燥，为后续的制曲过程创造更好的条件。

五、酱油制曲

制曲过程是一项关键的工艺，其核心目标是培育曲霉并使其产生丰富的蛋白水解酶系统。这一过程中，曲霉在原料上生长，其生长状况、酶的产生以及混入微生物的生长都受到多种因素的影响，包括原料的配比、碳氮比（C/N 比）、水分含量、湿度、温度、通风条件以及制曲的持续时间等，这些因素构成了制曲的基本技术条件。通过精确控制这些条件，可以优化曲霉的生长环境，进而提高蛋白水解酶的生成效率。

（一）原料配比、碳氮比与酶的生成

1. 原料配比的重要性 在中国，酱油的生产通常使用两种主要的原料组合：一种是大豆（或脱脂大豆）和小麦，另一种是脱脂大豆和麦麸。大豆和小麦的组合更多用于传统酱油和高端产品的生产，而脱脂大豆和麦麸则用于普通低盐固态发酵酱油的生产，有时也添加少量小麦以获得糖分较高或进行有酵母参与的固稀发酵酱油。制曲过程的成功与否直接影响到酶系的强度，如果淀粉原料不足，将导致产品糖分缺乏，影响微生物的充分生长和发酵，进而影响产品风味。

小麦比例的增加有助于曲霉的生长，增加葡萄糖的消耗量，降低酱油的 pH，并促进生成酸性蛋白酶。相反，大豆比例的增加有助于提高酱油的 pH，并增加碱性和中性蛋白酶的生成，这对于酱油的酿造尤为重要。

至于脱脂大豆与麦麸的配比问题，请参阅下面 C/N 比。

2. C/N 比与酶生成的关系　霉菌的生长和酶的生成需要适宜的碳氮比（C/N 比）。例如，大米作为制曲原料时，碳源丰富而氮源较少；而豆曲则相反，氮源丰富而碳源较少；麸曲的 C/N 比则相对适中。酱油曲的推荐豆饼与麦麸的比例为 60∶40 或 65∶35，这样的配比下 C/N 比大约为 1∶1。

当氮源较多时，碱性蛋白酶和中性蛋白酶的生成量会增加，而酸性蛋白酶的生成量则会减少。米曲中蛋白酶主要是酸性蛋白酶，这是因为其氮源较少，C/N 比值较大，大米的精白度较低。氮源的增加会促进蛋白酶的生成，尤其是碱性蛋白酶和中性蛋白酶的比例也会增加。另一方面，豆曲以中性蛋白酶和碱性蛋白酶为主，酸性蛋白酶较弱，这是由于碳源较少，C/N 比较低。如果与米曲混合使用，提高 C/N 比，酸性蛋白酶的生成量会显著增加。米曲霉液体培养中，C/N 比的增加会导致酸性蛋白酶的增加，而中性蛋白酶和碱性蛋白酶则会减少。

蛋白酶的组成变化主要是由于制曲过程中 pH 的差异引起的，而这些 pH 差异又源于曲霉代谢过程，特别是 NH_3 的生成量不同。碱性 pH 条件下，碱性蛋白酶的形成得到促进，而在酸性条件下，酸性蛋白酶的形成更为常见。通过人为调节曲料基质的 pH，可以调节不同蛋白酶之间的比例。制曲后期 pH 的升高，通常与曲霉代谢过程中产生的 NH_3 有关。碳源的增加会抑制 NH_3 的生成，导致曲子的 pH 降低；而氮源的增加则会促进 NH_3 的生成，从而使 pH 更明显地升高。

各种主要的制曲原料具有不同的 C/N 比，这些比值被详细列在表 2-4 中。具体来说，大米的 C/N 比大约是 10~12，小麦是 6~7，玉米面为 8，麦麸是 3~4，大豆和豆饼是 0.5~0.4。如果使用的制曲原料的 C/N 比过于偏向碳源或氮源，将会导致制曲困难，并且通常会导致酶活性减弱。为了避免这种情况，通常会采用两种或以上原料的混合使用方法，以平衡 C/N 比，确保制曲过程顺利进行，并提高酶的活性。

表 2-4　制曲原料的 C/N 比

种类	碳水化合物含量（%）	蛋白质含量（%）	C/N 比
糙米	19~81	8~9	10
精米	87	8	11
小麦	74~75	11~13	6~7
麦麸	51~56	12~16	3~4
大豆	13~19	32~35	0.6~0.4
豆饼	16~20	44~50	0.4
玉米	75	10	8

3. pH 变化对蛋白酶活性的影响　在制曲过程中，pH 的变化对蛋白酶的活性有着显著的影响。初始阶段，由于有机酸的产生，pH 逐渐下降；而在后期，由于 NH_3 的生成，pH 又开始逐渐上升。水解酶的产生与氨的代谢过程密切相关。正如之前提到的，通过调节米曲的 pH，可以改变酸性蛋白酶、中性蛋白酶和碱性蛋白酶的活性。例如，将米曲霉在液体培养条件下培养，并将 pH 调节至接近碱性范围，可以增加碱性蛋白酶的生成量。而当最终 pH 接近中性或略偏酸性时，会促进酸性蛋白酶的产生。

在制曲过程中，通过添加生理碱性物质，如谷氨酸钠、硝酸钠，有机酸的钠盐、盐基性磷酸盐等，可以提高 pH，从而促进碱性蛋白酶的生产并抑制酸性蛋白酶的生成。相反，如果添加生理酸性物质如酸性磷酸钾等，将抑制碱性蛋白酶的生成，而可能促进酸性蛋白酶的产生。通过这种方式，可以精细调控蛋白酶的类型和活性，以适应不同的酿造需求。

（二）制曲水分、湿度、水分活度

1. 制曲水分对酶生成的影响　如果曲料中的水分含量过低，将不利于曲霉的生长和繁殖，从而无法获得具有高酶活性的曲。为了获得酶活性较高的曲，通常采用的制曲条件是保持出曲时的水分含量较高。然而，需要注意的是，如果曲料在初期的水分含量过高，曲霉会消耗曲料中更多的碳水化合物，同时容易引入并促进杂菌的污染和快速增殖，最终对制曲的质量产生负面影响（表 2 - 5）。

表 2 - 5　入曲水分对曲霉的糖消耗量与细菌增殖的影响

入曲水分（%）	43.6	44.6
出曲水分（%）	31.0	31.6
曲霉的糖消耗量（g/L）	81	92
蛋白酶（U/g）	765	869
细菌增殖比（×10⁵）	1	4

采用通风制曲的方法可以通过强制供给高湿度的空气来调节曲料中的水分含量。但是，如果曲料堆积过厚，表面部分可能会变得干燥。一般而言，曲料的水分含量控制在 40%~50%，而出曲时的水分含量则控制在 30%~35%，以确保既能满足曲霉生长的需要，又能避免过度湿润导致的质量问题。

2. 制曲湿度的重要性　曲料中的水分含量若不足，将限制曲霉的充分繁殖，甚至可能导致曲霉过早地形成孢子，形成所谓的老曲。这样的曲中菌丝不发达，产生的酶活性也不高。如果曲料初始水分就不足，再经过高温培养，菌丝会变得细弱且短小，最终形成所谓的"砂曲"，这样的曲无法提供高酶活性。相反，如果曲料初始水分过多，脱脂大豆容易黏附形成团块，导致内部温度分布不均。在这种情况下，如芽孢杆菌或产酸菌等微生物会迅速繁殖，这将干扰米曲霉的正常生长，常常产生黏曲或酸曲，严重降低制曲的质量。

因此，通风制曲过程中应配备加湿设备，以确保向曲层提供足够湿润的空气，维持曲室内的湿度在 90% 以上，从而避免曲料水分不足的问题，保证曲霉的良好繁殖和酶的高效产生。

（三）制曲温度

制曲过程中的温度控制对于曲霉孢子的发芽、菌丝的生长、曲霉的呼吸代谢、出曲时酶的活性以及混入微生物的增殖等环节至关重要，是制曲技术中最关键的因素。曲霉孢子的发芽和菌体增殖在大约 35℃ 时速度最快。然而，在制曲初期，曲料中的水分含量较高，这为杂菌的混入提供了有利条件，尤其是芽孢杆菌属的微生物会在这种条件下迅速繁殖。为了避免这种情况，制曲初期的温度通常要低于35℃，一般会通入 28~30℃ 的空气，以促进孢子的发芽和增殖。

霉菌生长的最适宜温度大约是 35℃，淀粉酶的产生在 35~38℃ 最为活跃，而蛋白酶的最适宜生长温度则在 25℃ 左右。特别是碱性蛋白酶在高温下活性会显著下降。因此，采用低温制曲的方法来提高蛋白酶的活性是一种合理的操作。考虑到霉菌生长的最佳温度接近 35℃，培养初期的品温可以控制在30℃，以减少芽孢杆菌和产酸菌的污染。翻曲两次后，24 小时可以降低温度至 25℃，并维持这个温度直到出曲，这种方法被称为低温制曲。虽然在过去的生产实践中，这种温度管理可能较难实现，但在现代通风制曲技术的帮助下，通过采取适当的降温措施，这种温度控制是可行的。

（四）制曲过程中的微生物及其作用

尽管目前的制曲方法大多采用开放式，这导致参与制曲的微生物并非完全是曲霉的纯种培养，包括在机械化制曲条件下也是如此。这种多样性在一定程度上塑造了酿造产品的独特风味。表2－6是参与制曲过程的有益微生物种类及其主要作用的总结。开放式的制曲方法虽然引入了多种微生物，但每种微生物都有其特定的作用，共同促进了酱油风味的形成和改善。

表2－6 酱油曲的微生物

菌类	作用	主要菌株
曲霉	提供酿造过程中必需的酶，如糖化酶和蛋白水解酶；为酵母菌、乳酸菌提供繁殖所需的营养物质，包括多种维生素和生物素	米曲霉、酱油曲霉、黑曲霉
乳酸菌	在制曲过程中抑制芽孢杆菌的繁殖；参与发酵过程中风味和香气的形成	耐盐性乳酸菌
细菌	促进原料组织的软化，加深色泽，促进蛋白质的水解；赋予产品酸味，同时在制曲时抑制芽孢杆菌的生长	芽孢杆菌、乳酸菌
酵母菌	参与发酵过程中香气的生成；改善产品的味道	鲁氏酵母、野生酵母、球拟酵母

（五）制曲生产工艺

1. 种曲 是酱油酿造过程中使用的起始微生物，它通过培养特定的菌种，如米曲霉、酱油曲霉和黑曲霉等，来获得富含大量孢子的曲种。制作种曲的目标是获得大量纯净的菌种，这些菌种应具备健康发达的菌丝、强大的产酶能力、丰富的孢子数量、高孢子发芽率以及低杂菌污染。

（1）菌种的选择 在种曲的制备过程中，挑选具有优良特性的菌种至关重要。用于酱油种曲的菌种应满足以下条件：①安全性高，不得产生黄曲霉毒素或其他有毒物质；②具有全面的酶系统和高酶活性，特别是酸性蛋白酶和糖化酶，以及高谷氨酰胺酶活性；③具有旺盛的繁殖力和强抗杂菌能力；④菌种应纯净且性能稳定；⑤在制曲过程中应少消耗碳水化合物；⑥应具有良好的风味，不产生异味，确保酿造的酱油风味优良且产量高。

（2）试管菌种培养与种曲制备 试管菌种的培养涉及使用豆汁或米曲汁作为培养基，经过灭菌处理后，分装到试管中制成斜面培养基，然后将米曲霉接种到斜面上。接种后的斜面培养基在30℃下恒温培养3天，直到长出丰富的孢子。如果斜面菌种不是立即使用，可以在4℃的冰箱中保存1～3个月。对于需要长期保存的菌种，可以采用石蜡保藏法、砂土管保藏法或麸皮管保藏法。若发现菌种出现退化现象，如菌丝变短、颜色变化、孢子生长不均或减少、无法形成孢子、酶活性下降等，应进行分离和复壮。在生产中，通常在传代3～4次后进行分离复壮。

种曲的制备使用麸皮培养基，在三角瓶中进行菌种的扩大培养。培养基的配方为麸皮80g、面粉20g、水95～100mL，或麸皮85g、豆饼粉15g、水95mL。将培养基原料混合均匀后，分装到250mL的三角瓶中，料层厚度约为1cm，然后在121℃下湿热灭菌30分钟，灭菌后立即摇散曲料。

曲料冷却至室温后，在无菌条件下接种1～2环试管菌种孢子，充分摇匀后，在30℃下培养36～48小时，直到菌丝充分生长并结块。之后进行扣瓶操作，即将三角瓶斜倒，使瓶底的曲料翻转悬空，与空气充分接触。继续培养1天，直到长满黄绿色的孢子。培养好的种曲应立即使用，如果需要短时间保存，可以放置在4℃的冰箱中，但保存时间不宜超过10天。

三角瓶培养的种曲的质量要求是孢子发育良好、整齐、稠密，并布满培养料。米曲霉应呈现鲜艳的黄绿色，黑曲霉应呈新鲜的黑褐色；具有曲霉特有的香味，无异味，无杂菌，且内部无白色中心。孢子数（个/克干基，血细胞计数板测定）米曲霉沪酿3.042达90亿个/克，黑曲霉F27达80亿个/克以上，黑曲霉AS3.350达200亿个/克；且孢子发芽率在90%以上。

小型酱油厂由于产量小，所需种曲量也较少，可以直接使用三角瓶培养的种曲。而大中型酱油厂由于需求量大，三角瓶培养的种曲不足以满足生产，因此通常使用三角瓶种曲作为菌种进行进一步扩大培养。目前，大多数大型酱油生产企业采用通风曲箱来制作种曲。在尺寸为 3.5m×1.6m×0.4m 的长方形通风曲箱中，曲料厚度可达 12cm，通过 70 小时的间歇通风培养，可以制成质量稳定、杂菌少、提高酱油出品率的种曲，并有效减轻了工人的劳动强度。

2. 制曲过程 制曲通常使用纯种培养的方法，分为液体曲和固体曲两种形式。液体曲是在 20 世纪 50 年代开始研究的，它通过在液体培养基中培养曲霉，适合于管道化和自动化生产，具有生产周期短的优点，但可能在风味和色泽上不如固体曲。固体曲更为常见，包括厚层机械通风制曲、曲盘制曲和圆盘式机械制曲等方法。其中，厚层机械通风制曲因其曲层厚、设备利用率高、节省人力、易于机械化操作和高酶活力等优势而被广泛采用。

接种后的物料被放入曲池，曲料厚度大约为 30cm。通过风机供氧和调节温湿度，米曲霉经历孢子发芽期、菌丝生长期、菌丝繁殖期和孢子着生期四个阶段，在较厚的曲料上生长繁殖并积累酶系。经过 22~26 小时的培养，曲的颜色变为淡黄绿色，此时便可出曲。

旋转圆盘式自动制曲机最初由日本设计，包括圆盘曲床、保温室、顶棚、夹顶、进料器、刮平装置、翻曲装置、出曲装置、测温装置、空调通风以及电器控制等结构。该机器使用多孔圆板作为培养床，并有挡板防止曲料散落。所有操作均可自动化，一人即可操作。封闭式设计减少了杂菌污染，提高了曲的质量，代表了制曲技术的未来发展方向。

（六）制曲过程中的污染问题

在制曲的过程中，由于所使用的空气并非完全无菌，因此空气中的杂菌有机会在曲中生长繁殖。如果能够恰当地调控温度和湿度，米曲霉便能在曲中占据优势地位，从而有效抑制杂菌的生长，对曲的品质影响较小。然而，如果温度和湿度控制不当，杂菌的过度繁殖可能会抑制米曲霉的正常生长，进而影响曲的品质。

曲的主要杂菌污染源包括细菌、霉菌和酵母菌，这些微生物通过各自不同的方式对曲的品质和最终酱油的风味产生影响。细菌可能会引起酸败，霉菌可能导致霉变，而酵母菌则可能引起发酵过程的异常，所有这些都可能对酱油的最终品质产生负面影响。因此，制曲过程中对环境条件的精确控制对于确保曲的品质和酱油风味至关重要。

1. 细菌

（1）小球菌 作为好氧性细菌，它在制曲初期的适度生长有助于控制枯草芽孢杆菌。但过量繁殖会导致酸度过高，抑制米曲霉的生长。尽管它在加入盐水后会迅速死亡，但死亡的菌体可能会导致酱油浑浊。

（2）粪链球菌 这种厌氧性细菌具有较强的生酸能力，是导致曲变酸的主要细菌。

（3）枯草芽孢杆菌 它在制曲中属于有害菌，不仅会导致曲发黏、产生异味，还可能引起酶活性下降，严重时甚至导致制曲失败。由于它是一种芽孢菌，因此难以被彻底杀灭。

2. 霉菌类

（1）毛霉 菌丝无色，在繁殖后会降低曲的酶活性，影响酱油的风味。在曲料水分较高时容易繁殖，是形成"水毛"的主要菌。

（2）根霉 具有无色且蜘蛛网状的菌丝，会降低曲的品质。

（3）青霉 灰绿色的菌丝，在较低温度下容易繁殖，产生霉臭味，影响酱油的风味。

3. 酵母菌类

（1）毕赤酵母 这种产膜酵母消耗酱油中的营养成分，但不参与乙醇发酵。

（2）酸酵母 作为产膜酵母，它分解酱油中的成分，降低产品风味。

（3）圆酵母 能够产生具有不良气味的有机酸，导致酱油变质。

六、酱油发酵

（一）低盐固态发酵工艺

20 世纪 60 年代，中国广泛采用了一种改良的发酵技术，该技术源于日本在 1955 年左右推广的酱油固体发酵快速酿造法，并根据中国酱油生产的具体条件进行了调整。这种发酵方法主要使用脱脂大豆（豆粕）和麸皮作为原料，经蒸煮、冷却，米曲霉制曲后与盐水混合制成固态的发酵基质，并在 42 ~ 46℃ 下进行发酵。由于其较低的盐分含量，大约为 12%，因此被称为"低盐"发酵，同时，其加水量与原料的比例为 1∶1，形成了固态的发酵基质，且发酵温度保持在 40℃ 以上，因此称为"低盐固态发酵"。

这种工艺以其成熟度、较低的投资需求、较短的生产周期、较低的劳动强度、简单的流程、方便的操作以及较低的成本而受到青睐。由于采用了低盐发酵，酶的活性受到的抑制较小，发酵温度较高，因此发酵周期较短，生产出的酱油色泽较深，味道鲜美，后味浓郁，品质稳定，多年来一直受到酿造行业专业人士的青睐。然而，这种工艺也有其局限性，主要是由于发酵条件的限制，酵母和乳酸菌等有益微生物的含量较低，除了米曲霉之外，其他有益微生物的含量也较低，导致酱油的风味和香气不如高盐稀态发酵的酱油那样丰富和圆润。

（二）高盐稀态发酵工艺

高盐稀态发酵酱油，也被称作高盐稀醪发酵酱油，这种称谓是因为它在发酵过程中添加了高浓度的食盐溶液，使得发酵基质保持液态流动状态。这种发酵方式在改革开放之后开始流行，并在技术上继承了中国传统的发酵工艺。通过现代科技的应用，高盐稀态发酵酱油的生产过程得到了革新，包括蒸料、制曲等发酵工艺和设备都经过了现代化改造，使得最终产品具有浓郁的酱香和酯香。

与低盐固态发酵相比，高盐稀态发酵的工艺具有一些明显的特点：发酵周期较长，使用的设备更为复杂，需要更大的生产空间，并且需要较大的资金投入。

尽管如此，高盐稀态发酵工艺有利于实现机械化生产，并且生产出的酱油具有浓郁的酱香，色泽较浅，氨基态氮含量较高，风味浓郁，味道鲜美。随着人们生活水平的提高和消费需求的增加，高盐稀态发酵有望成为未来酱油产业发展的主要趋势。同时，结合发酵代谢调控技术的高盐稀态发酵酱油，预计将成为未来生产高品质、高档次酱油的主要方法。

（三）固稀发酵工艺

固稀发酵工艺主要使用脱脂大豆和小麦作为原料，并且分为两个发酵阶段：固态发酵和稀态发酵。

首先，将煮熟的脱脂大豆与经过烘烤和破碎的小麦混合，并确保混合物的温度降至 40℃ 以下。接着，加入 2% 至 3% 的种曲，确保其均匀分布，并将其转移到曲池中进行发酵。发酵过程中，曲层的厚度应控制在 25 ~ 30cm，同时保持品温在 30 ~ 32℃，不超过 35℃。曲室的温度应维持在 28 ~ 32℃，相对湿度应超过 90%，整个制曲过程需要持续 3 天。在这期间，需要进行 2 ~ 3 次的翻曲操作，以确保成曲的质量。成曲与温度 45 ~ 50℃、12 ~ 14°Bé 的盐水按 1∶1 的比例混合，然后转移到发酵池中进行固态发酵。为了防止酱醅的氧化，需要在表面撒上一层盖面盐。固态发酵持续 14 天后，加入浓度为 18°Bé、温度为 35 ~ 37℃ 的二次盐水，开始稀态发酵。二次盐水的加入量应为成曲原料的 1.5 倍，加入后酱醅会变成稀醪状，随后进行保温稀发酵。保温稀发酵阶段，品温应保持在 35 ~ 37℃，发酵时间为 15 ~ 20 天。在后期发酵阶段，温度应降至 28 ~ 30℃，发酵时间则为 30 ~ 50 天。在保温稀发酵期间，为了确保发酵过程的均匀性，应使用压缩空气对酱醪进行搅拌。

七、酱油的提取

（一）浸出

1. 滤油原理　在酱油生产过程中，酱醅中的有效成分是通过扩散作用释放到浸泡液中的。这一过程开始于酱醅颗粒表面的有效成分，它们因为酱醅内部的浓度高于周围液体，所以会向浸泡液中扩散。随着扩散的进行，颗粒内部的有效成分也逐步向外移动，形成了一个由内向外的浓度梯度。随着时间的推移，这种浓度差异会逐渐减小，有效成分也大部分进入浸泡液。

酱油的提取过程依赖于酱醅自身形成的过滤层以及重力的作用，使得浸泡液能够自然地渗透。这一过程的目的是尽可能地将固体酱醅中的有效成分分离出来，并使其溶解到液体中。最终，这些溶解了的有效成分将被收集并用于制作最终的成品酱油。

2. 浸出方式　在酱油的提取过程中，存在两种不同的浸出方法：原池浸出和移池浸出。

原池浸出法采用在发酵池中直接进行浸泡和淋油。这种方法的优势在于省去了移醅操作，节省人力，对原料的适应性很强，无论是使用什么样的原料或配比，都能够顺利地完成淋油。然而，原池浸出法也有其局限性，它在浸出过程中占用了发酵池，而且在较高的温度下进行浸淋可能会影响附近发酵池的料温。

另一方面，移池浸出法则要求将成熟的酱醅从发酵池中取出，然后转移到专门的浸淋池进行浸泡和淋油。这种方法对原料有特定的要求，通常需要使用豆粕或豆饼与麸皮作为原料，并且原料的配比需要控制在7∶3或6∶4，否则可能会导致淋油不顺畅。尽管移池浸出法需要额外的移醅操作，但由于不在发酵池中进行浸淋，可以避免影响邻近发酵池的温度。

总的来说，两种方法各有其优势和不足，选择哪一种方法取决于具体的生产条件和原料特性。

3. 影响滤油速度的因素

（1）酱醅黏度　如果成曲的质量不佳，或者拌曲时使用的盐水量过多，以及发酵条件控制不当，都可能导致酱醅变得过于黏稠。这种黏稠度的增加会减缓滤油的速度。

（2）料层厚度　酱醅的料层厚度对滤油速度有直接影响。如果料层较厚，滤油的速度会减慢；相反，如果料层较薄，虽然滤油速度会加快，但设备的利用率会降低，这可能会影响生产效率。

（3）浸泡温度　温度的高低会影响分子的热运动。在较高的温度下，分子运动加快，这有助于有效成分的溶出，从而提高滤油速度。

（4）浸泡液盐浓度　如果浸泡液中的食盐浓度较高，有效成分的溶出会受到阻碍，这不仅会减慢有效成分的释放，也会降低滤油的速度。

这些因素需要在生产过程中仔细控制和平衡，以确保酱油的质量和生产效率。

（二）压榨

稀醪发酵成熟以后，一般用压榨机将酱油与酱渣分离。

八、酱油的加热调配

（一）加热灭菌

从酱醅中提取的初始液体，即生酱油，在成为市场上销售的成品之前，必须经过一系列的处理步骤，包括加热灭菌和调味。通过加热，可以消灭那些能够在高盐环境中生存的微生物，例如耐盐酵母。同时，这一步骤还能够破坏微生物产生的酶，特别是那些可能继续分解氨基酸、影响酱油品质的脱羧酶和磷酸单酯酶。加热有助于去除酱油中的悬浮颗粒，平衡其香气，并通过促进氨基酸和糖类等化合物的反应，生成色素，从而加深酱油的颜色。

不同等级的酱油需要不同的加热温度。对于那些风味浓郁、固形物含量高的高级酱油，由于加热可能导致风味成分的挥发和焦糊味的产生，因此加热温度应保持在较低水平。而对于固形物含量较低、香味较淡的酱油，可以适当提高加热温度，以增强其风味。

酱油的灭菌通常采用两种方法：一种是在 65～70℃ 下加热 30 分钟的处理方式；另一种是使用 80℃ 的连续杀菌过程。为了避免长时间的高温处理导致风味物质的损失，高温瞬时杀菌也是一种常用的灭菌技术。通过这些步骤，生酱油被转化为各种等级的成品酱油，既保证了产品的安全性，也优化了其风味和色泽。

（二）调配

在生产酱油的过程中，由于原料选择、操作技巧和管理方式的不同，每一批酱油的品质都会有所差异，展现出各自的优势和不足。为了保证出厂的成品酱油能够达到国家质量标准规定的等级要求，并维持本厂产品的独特风格，需要对不同批次的酱油进行细致的调配，这一过程通常被称为"拼格"。

在调配过程中，可能会添加一些添加剂来调整酱油的风味和延长其保质期。例如，谷氨酸钠（味精）、鸟苷酸和肌苷酸等成分可以增强酱油的鲜味；砂糖、甘草和饴糖等甜味剂可以调整酱油的甜味；花椒、丁香和桂皮的浸提液等香料可以增添酱油的芳香；苯甲酸钠和山梨酸钾等防腐剂则有助于保持酱油的新鲜度和安全性。通过这些调配手段，可以确保每一批出厂的酱油不仅符合国家标准，而且还能展现出本厂产品的独特风味和品质。

九、酱油的贮存及包装

在酱油完成配制并达到合格标准之后，它需要在包装之前经历一段贮存期。这个贮存过程对于提升酱油的风味和质感至关重要。通常，酱油会在室内的地下贮池或露天但密闭的储罐中进行静置存放。通过这种静置，酱油中的微小悬浮颗粒会逐渐沉降，从而使酱油变得更加清澈。在低温的静置过程中，酱油中的挥发性成分会自然地进行调整。这样的自然老化有助于保留一部分香气成分，对酱油进行一种自然的调熟过程。这使得酱油的味道更加醇厚，香气更加细腻柔和。简而言之，贮存期是确保酱油品质和风味达到最佳状态的重要环节。

【学习活动三】酱油原辅材料用量计算

不同的酱油配方和生产工艺可能会有所不同，因此具体的原辅料用量计算方法可能会有差异。在实际生产中，最好根据具体的配方和工艺要求来计算原辅料用量，以确保产品的品质和一致性。

计算酱油原辅料用量需要根据具体的酱油配方和所需的酱油产量来确定。以下是一个一般的计算方法。

（1）确定酱油配方 根据自己的需求和配方要求，确定所采用的酱油配方。常用的原辅料包括大豆、面粉、盐和水等。

（2）确定原料比例 根据配方要求，确定每种原料在配方中所占的比例。通常以百分比或比例来表示，如大豆比例为 30%、面粉比例为 10%、盐比例为 15% 等。

（3）确定酱油产量 确定所需的酱油产量，可以以升、公斤或其他合适的单位来表示。

（4）计算原辅料用量 根据配方中各原料的比例和所需的酱油产量，计算每种原料的用量。

（5）蒸煮损耗和发酵损耗 在计算原辅料用量时，需要考虑蒸煮过程和发酵过程中的损耗。根据经验或实际生产情况，对损耗进行估算，并在计算中加以考虑。

以下是一个示例的酱油原辅料用量表，详见表 2-7，用于计划和记录酱油制作中各种原辅料的用量。在填写原辅料用量表时，具体的用量根据实际的配方和生产情况进行填写。用量可以按照重量、体积或其他适当的单位进行记录。通过原辅料用量表，可以清楚地了解每种原辅料在酱油生产中的用量和成本，为成本控制和采购管理提供依据。此外，还可以通过对原辅料成本的分析，优化配方和生产工艺，以降低成本并提高产品的竞争力。

表 2 - 7　原辅料用量表

目标生产量　（公斤）：					
项目	配方比例（％）	原料用量（kg）	损耗率（％）	损耗量（kg）	实际用量（kg）
大豆					
食盐					
……					
其他辅料					
总计					

说明：

（1）原辅料　用于酱油生产的主要原料，包括大豆、小麦、食盐和水等。

（2）配方比例　每种原料在配方中所占的比例。

（3）目标生产量　酱油的目标产量，例如 1000kg。

（4）原料用量　根据配方比例和目标生产量计算出的每种原料的用量。

（5）损耗率　在生产过程中，预估的原料损耗率（例如，大豆 5%、食盐 2% 等）。

（6）损耗量　根据损耗率计算出的损耗量。

（7）实际用量　损耗后为确保生产所需的最终用量。

【学习活动四】酱油成本核算

酱油的成本核算考虑实际生产情况和市场价格的波动，以保证核算结果的准确性。此外，还需考虑市场竞争和产品定价等因素，以确保酱油的生产成本与市场需求相匹配。通过对酱油产品的成本核算，可以了解到生产成本的组成部分，为制定合理的价格和利润目标提供依据。同时，还可以通过优化成本结构，寻求成本降低和效率提升的途径。需要注意的是，成本核算应该根据实际情况和生产工艺进行具体计算，以确保准确性和有效性。

进行酱油产品的成本核算可以按照以下步骤进行，详见表 2 - 8。

表 2 - 8　产品生产成本估算表

产品名称（　　　　　　　）　年产量（　　　　　　　）		
成本项目	说明	金额（元）
原辅料成本	生产所需的原辅料成本，包括原料、辅助原料等的采购成本。根据实际采购价格和用量，计算每个原辅料的成本，并将其累加得到总原辅料成本	
劳动力成本	考虑生产过程中所需的劳动力成本，包括工人工资、社会保险费用等。根据实际工人数量和工作时间，计算劳动力成本	
生产设备和设施成本	包括购置、折旧、维护等费用。根据设备的购置价格和使用寿命，计算折旧费用	
生产能耗成本	包括水、电、蒸汽等的消耗成本。根据实际能耗和能源价格，计算能耗成本	
包装材料和包装成本	包括瓶子、标签、包装盒等的成本。根据实际采购价格和用量，计算包装材料的成本	
其他费用	如运输费用、仓储费用、包装薄利等。根据实际情况，计算其他费用	
总成本	将以上各项成本累加得到总成本	

【学习活动五】确定酱油开发方案（酱油典型工作案例）

低盐固态、高盐稀态发酵工艺开发方案如表2-9、表2-10所示。

表2-9 低盐固态发酵工艺开发方案

低盐固态发酵工艺			
产品配方			
豆粕60%	麸皮40%	食盐	水

工艺流程图：

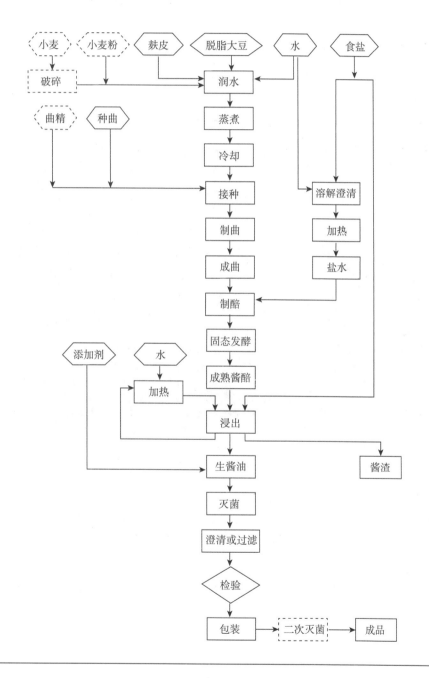

低盐固态发酵工艺

产品操作工艺：

（1）原料处理

1）粉碎　采用压榨豆饼，先进行粉碎，颗粒直径 2～3mm 为宜，其中 2mm 以下粉末不超过 20%。浸出豆粕呈松散的豆瓣颗粒，一般不再粉碎。

2）润水　混合蒸料时，脱脂大豆应先以 70～80℃ 热水浸润适当时间后，再加入麸皮混匀蒸料。

3）蒸料　采用旋转蒸罐蒸料时，蒸料压力 0.15～0.20MPa（蒸汽压），保压时间 5～15 分钟。采用其他蒸料设备，可适当调整蒸料工艺条件。

4）熟料质量　感官指标：熟料呈淡黄褐色，有香味及弹性，无硬心及浮水，不黏，无异味；理化指标：水分 46%～50%，消化率≥80%，无 N 性沉淀。

（2）制曲

1）接种　熟料冷却到 45℃ 以下，接入种曲 2～4‰，混合均匀。

2）入箱　熟料接种后，移入曲箱，入箱品温 30～32℃；料层厚度 25～30cm，应保持曲料松散均匀，厚度一致。

3）制曲管理　曲室温度 25～30℃，相对湿度在≥90%；曲料品温 28～32℃，翻曲时不超过 35℃；制曲过程中应进行 1 次翻曲和 1～2 次铲曲（或压缝）；制曲时间 26～44 小时（1 日曲或 2 日曲）。

4）成曲质量要求　感官指标：曲料疏松柔软，有弹性，菌丝丰富，孢子饱满，嫩黄色，具有成曲特有香气，无异味；理化指标：水分 28%～34%（1 日曲），或水分 22%～28%（2 日曲），成曲蛋白酶活力≥1000U/g（以干基计，福林法）。

（3）发酵

1）盐水制备　食盐加水溶解，澄清后使用；盐水浓度 12～13°Bé/20℃；盐水温度 45～55℃。

2）制醅　盐水用量：以使酱醅初始水分为 50%～55%（移位浸出法）或 55%～60%（原位浸出法）为度。制醅操作：成曲应适当破碎，以利迅速和均匀吸收盐水。

3）入池发酵　为减少表层氧化影响酱醅质量，入池时可采取：酱醅入池压实；酱醅表层喷洒盖面盐水；酱醅表面封盖食品用塑料薄膜；酱醅表面加盖封面盐发酵管理。

4）发酵管理　发酵温度 40～50℃，发酵时间 25～30 天。为使发酵均匀，可倒池 1～2 次；入池第 9～10 天第一次倒池，其后 7～8 天第二次倒池。发酵容器密封保温较好，酱醅能发酵均匀的可减少或不倒池；采用原位浸出发酵工艺的可不倒池。

5）成熟酱醅　感官指标：成熟酱醅红褐色，有光泽，不发乌，咸味适中，滋味鲜美，有酱香，无异味；质地柔软，松散，不黏。理化指标：水分 50%～55%（移池法）或 55%～60%（原位法）；盐分 7%～8%；氨基酸生成率 50%～55%。

（4）浸出

1）淋池铺装　淋池假底要接缝严密，铺装平整；轻材假底要压实固定。

2）醅料入淋　采用移位浸出，先将成熟酱醅装入淋池，做到松、散、平，醅层厚度一般 30～40cm。采用原位浸出，则在制醅入池时兼顾浸出要求，发酵过程设法保持醅料疏松平整。

3）浸泡淋油　一般采用循环三淋法，浸淋三遍；以前批二淋水溶盐加热后进行初次浸泡，淋出头油为生酱油；以前批三淋水加热后做第二次浸泡，淋出二淋水用作下批酱醅初次浸泡；以清水加热后做第三次浸泡，淋出三淋水用作下批酱醅第二次浸泡。浸泡温度：浸泡液加热器的出口温度为 90～100℃。浸泡时间：初次浸泡 6～10 小时；二次浸泡 4～8 小时；三次浸泡 2～4 小时（原位浸出可适当延长浸泡时间）。放油时间：放头油、二淋速度较慢，酱醅不宜露出液面；放三淋速度较快，充分淋干。

4）出渣　浸淋三遍的酱渣清除后，重新清洗铺装，装入成熟酱醅进行下一轮浸淋（移位浸出）或装入新醅进行下一轮发酵（原位浸出）。

（5）酱油批兑　不同批次的酱油通过批兑达到标准等级，并保持规格一致性。根据需要，准确计量使用必要的食品添加剂，并保证混合均匀。

（6）酱油灭菌　根据设备条件确定灭菌温度和时间。

（7）澄清　酱油加热灭菌后，静置澄清 5～7 天或过滤。

（8）检验　经过加热灭菌的酱油，按产品标准检验，并作出合格判定。

（9）包装　检验合格的酱油包装后，再次抽样检验，凭检验合格证放行

编制/日期：	审核/日期：	批准/日期：

表 2 - 10 高盐稀态发酵工艺开发方案

高盐稀态发酵工艺

产品配方

大豆70%	小麦30%	食盐	水

工艺流程图：

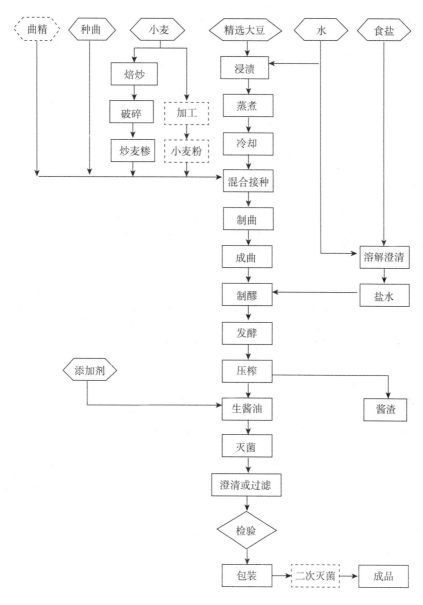

产品操作工艺：

（1）原料处理

1）大豆除杂 使用普通大豆原料，要进行机械筛分去除沙石、残粒、荚壳、秸梗等杂质。使用精选大豆可直接漂洗浸渍。

2）大豆浸渍 先以清水漂洗大豆，从罐底注水，使泥污由溢出口随水溢出，直至溢水清澈。浸渍期间，应换水1～2次，避免大豆变质。浸渍务求充分吸水，浸至豆粒膨胀，有弹性，皮无皱，皮肉易分开，豆粒切开无干心为适度。浸渍充分的大豆，沥干浮水。

3）蒸煮工艺 旋转蒸罐蒸料：蒸煮压力为0.15～0.20MPa（蒸汽压），保压时间为5～10分钟。采用其他蒸料设备，可适当调整蒸料工艺条件。

4）熟豆质量 感官指标：熟豆呈淡黄褐色，有熟豆香气，组织柔软，有弹性，无硬心，无异味。理化指标：水分52%～56%。

5）小麦处理 小麦焙炒质量：外观淡茶色，具有独特的炒麦香气，水分≤10%，沉降度≤18%。小麦破碎：小麦或焙炒小麦使用对辊机破碎，粒度为2～4瓣。亦可直接选用小麦粉。混合熟料质量感官指标：呈淡黄褐色，有熟豆香气和小麦香，疏松柔软，有弹性，不黏，无异味。理化指标：水分44%～46%。

高盐稀态发酵工艺

（2）制曲

1）接种　熟料冷却到 45℃ 以下，接入种曲 1‰~3‰，混合均匀。

2）入箱　熟料接种后，移入曲箱，入箱品温 30~32℃，水分 44%~46%，料层厚度 25~30cm。应保持曲料松散均匀，厚度一致。

3）制曲管理　曲室温度 25~30℃，相对湿度在≥90%；曲料品温 28~32℃，翻曲时不超过 35℃；制曲过程中应进行 1 次翻曲和 1~2 次铲曲（或压缝）；制曲时间 40~68 小时（2 日曲或 3 日曲）。

4）成曲质量　感官指标：曲料疏松柔软，有弹性，菌丝丰富，孢子饱满，嫩黄色，具有成曲特有香气，无异味。理化指标：水分 22%~28%（2 日曲），或水分 18%~24%（3 日曲），成曲蛋白酶活力≥1000U/g（以干基计，福林法）。

（3）发酵

1）盐水制备　食盐加水溶解，澄清后使用，盐水浓度 18°Bé/20℃。高温制醪，盐水温度 40~45℃；常温制醪，盐水温度 20~30℃；低温制醪，盐水温度 10~12℃。

2）制醪　盐水用量：为原料量的 2~2.5 倍。制醪操作：成曲应适当破碎，以利迅速和均匀吸收盐水。成曲拌水制醪后入池（罐）发酵。

3）发酵管理　低温制醪，适温发酵：制醪温度 15℃；前期发酵温度 15℃，发酵时间 20~30 天；中期发酵温度 28~30℃，发酵时间 90~120 天；后期常温发酵，发酵时间 30~60 天。常温制醪，晒露发酵，常温发酵，发酵时间 180~240 天。高温制醪，温酿发酵：制醪温度 40~42℃；前期发酵温度 40~42℃，发酵时间 20~30 天；后期发酵温度 33~38℃，发酵时间 40~60 天。搅拌可使用压缩空气进行搅拌。开始每天搅拌一次，每次 3~4 分钟。发酵数天后，酱醪表面有醪盖形成，改为 3~5 天搅拌一次，搅拌至醪盖消失。发酵旺盛时，增加搅拌次数。常温发酵阶段每周搅拌 1 次。提取采用浸取时可用浇淋代替搅拌。制醪后第三天起抽油淋浇，淋油量约为原料量的 10%，其后每一周淋浇一次。淋油时注意控制流速，并均匀淋浇在酱醪表面，避免破坏酱醪的多孔性状。

4）成熟酱醪　感官检查：酱醪滤液呈红褐色，澄清透明，具特有的酱香、酯香，滋味鲜美、浓厚，余味绵长，无异味。理化检验：酱醪滤液盐分 16~18g/dL，无盐固形物≥18g/dL，氨基酸态氮≥0.8g/dL，pH≥4.8。

（4）提取

1）榨取　成熟酱醪用泵输送至压榨机进行压榨，或输送到板框过滤机进行压滤。压榨或压滤分离出生酱油。

2）浸取　首先抽取或自然淋出酱醪中的发酵汁液，称之为原油；提取原油后头滤渣用溶盐的四滤液浸泡，7 天后抽取（淋取）二油；二滤渣用 18°Bé/20℃ 盐水浸泡，5 天后抽取（淋取）三油；三滤酱渣改用 90℃ 热水浸泡，浸泡过夜即抽取（淋取）四滤液。抽取的四滤液应即加盐，使浓度达 18°Bé/20℃，供下批浸泡头滤酱渣使用。四滤渣应达到食盐含量≤2g/100g，氨基酸态氮≤0.05g/100g。

（5）酱油批兑　不同批次的榨取生酱油或同批次的各类生酱油通过批兑达到标准等级，并保持规格一致性。根据需要，准确计量使用必要的食品添加剂，并保证混合均匀。

（6）酱油灭菌　根据设备条件确定灭菌温度和时间。

（7）澄清　酱油加热灭菌后，静置澄清 5~7 天或过滤。

（8）检验　经过加热灭菌的酱油，按产品标准检验，并作出合格判定。

（9）包装　检验合格的酱油包装后，再次抽样检验，凭检验合格证放行。

编制/日期：	审核/日期：	批准/日期：

任务三　酱油开发方案的实施

产品开发方案要求如表 2-11 所示。

表 2-11　产品开发方案要求

方案内容	内容要求	验收方式
原材料要求	分析特性，确定原辅料、添加剂、包装种类和数量	材料提交、成果展示
设备、工器具要求	确认设备、工器具要求	
工艺流程	根据产品的设计要求和功能，确定工艺流程	
工艺参数和实施要点	基于工艺流程，描述工艺参数及实施要点	
产品性质	描述指标限量和检测方法	
产品标签	形成产品标签	
成本核算	核算单位产品的成本	

【学习活动六】酱油的制作

酱油生产制作记录填入表 2 – 12。

表 2 – 12 酱油生产制作记录表

生产日期	原料清单	原料重量（g）	配比	发酵时间	发酵温度（℃）	压榨时间	装瓶时间	...

（1）生产日期 记录酱油开始制作的日期。
（2）原料清单 列出制作酱油所需的所有原料。
（3）原料重量（g） 记录每种原料的具体重量。
（4）配比 记录原料之间的比例关系。
（5）发酵时间 记录酱油发酵所需的时间。
（6）发酵温度（℃） 记录发酵过程中的理想温度范围。
（7）压榨时间 记录酱油发酵完成后的压榨日期。
（8）装瓶日期 记录酱油装瓶的日期。

任务四 酱油开发方案的评价

结合产品效果，对产品设计和实施方案进行评价，详见表 2 – 13。

表 2 – 13 产品开发方案的评价

评分项目	评价内容	评分标准	评分
目标市场和消费者需求	是否准确把握了目标市场和消费者的需求，是否能够满足他们的口味偏好和购买习惯	0 ~ 20	
配方和原料选择	评估方案中所选配方和原料的合理性和优劣性，考虑是否能够提供良好的口感、颜色和香气等特点	0 ~ 20	
工艺流程	评估方案中的工艺流程是否合理且可行，是否能够确保产品的稳定性和质量标准	0 ~ 20	
生产成本	考虑生产成本和效率，以确保方案的可持续性和经济性	0 ~ 20	
市场竞争和差异化	评估方案在市场竞争中的差异化程度，是否能够与竞争对手区分开来，吸引消费者的注意力和忠诚度	0 ~ 20	

【学习活动七】酱油质量评价与记录

一、我国的酱油标准

目前，我国酱油的质量指标主要依据《酿造酱油》（GB/T 18186—2000），该标准对高盐稀态酱油和低盐固态发酵酱油的感官特性与理化标准做了详细规定，详见表 2 – 14、表 2 – 15。

（一）感官指标

表 2 – 14　酱油的感官指标

项目	要求							
	高盐稀态发酵酱油（含固稀发酵酱油）				低盐固态发酵酱油			
	特级	一级	二级	三级	特级	一级	二级	三级
色泽	红褐色或浅红褐色，色泽鲜艳，有光泽	红褐色或浅红褐色			鲜艳的深红褐色，有光泽	红褐色或棕褐色，有光泽	红褐色或棕褐色	棕褐色
香气	浓郁的酱香及酯香气	较浓的酱香及酯香气	有酱香及酯香气		酱香浓郁，无不良气味	酱香较浓，无不良气味	有酱香，无不良气味	微有酱香，无不良气味
滋味	味鲜美、醇厚、鲜、咸、甜适口	味鲜，咸、甜适口	鲜咸适口		味鲜美，醇厚，咸味适口	味鲜美，咸味适口	味较鲜，咸味适口	鲜咸适口
体态	澄清							

（二）理化指标

表 2 – 15　酱油的理化指标

项目	指标							
	高盐稀态发酵酱油（含固稀发酵酱油）				低盐固杰发酵酱油			
	特级	一级	二级	三级	特级	一级	二级	三级
可溶性无盐固形物，g/100mL≥	15.00	13.00	10.00	8.00	20.00	18.00	15.00	10.00
全氮（以氮计），g/100mL≥	1.50	1.30	1.00	0.70	1.60	1.40	1.20	0.80
氨基酸态氮（以氮计），g/100mL≥	0.80	0.70	0.55	0.40	0.80	0.70	0.60	0.40

二、产品质量评价与记录

　　由食品专业人员组成评定小组，对样品从口感、风味、色泽等方面进行综合打分，再取其平均值；取混合均匀的适量试样于感官检验的器皿中，在自然光线或相当于自然光线的感官评定条件下，采用视觉法鉴别色泽和体态；采用嗅觉法鉴别香气；采用味觉法鉴别滋味，详见表 2 – 16。

表 2 – 16　酱油感官评价表

感官	评定指标	得分
色泽（10 分）	色泽鲜艳适中，色泽光亮	8 ~ 10
	色泽稍偏暗，色泽亮度不够	5 ~ 7
	色泽偏暗，色泽微亮	2 ~ 4
	色泽严重偏暗，色泽不好	1 分以下
滋味（30 分）	有特定酱味，鲜咸适合	24 ~ 30
	有轻微苦涩味，鲜咸适合	21 ~ 23
	有轻微苦涩味，鲜咸不适合	18 ~ 20
	苦涩，鲜咸不适合，存在异味	17 分以下

续表

感官	评定指标	得分
香气（20分）	具酱香味，味道纯正，无异味	16～20
	酱香味较淡，偏向于单一物质的风味，无异味	11～15
	酱香味很淡，偏向于单一物质的风味	6～10
	味道不协调，有微量异味	5分以下
组织形态（40分）	外观均匀，无分层现象	32～40
	有少量分层现象，但不明显	23～31
	有少量分层现象，有微小颗粒	14～22
	分层较严重，颗粒沉淀较多	13分以下

任务五　酱油开发方案的改进与提高

【学习活动八】酱油产品讨论分析与改进方案制定

产品开发方案评审对于确保产品的市场适应性、质量稳定性、成本效益和项目可行性非常重要。通过评审，可以在产品开发的早期阶段发现和解决问题，提高项目的成功概率和效果，降低项目风险，并最终实现产品的商业成功。评审过程应该由相关部门或专业人员进行，并记录评审结果和建议，以便后续的改进和决策。以下是一个示例的产品开发评审表（表2-17），用于评估和审查产品开发方案的可行性和有效性。

表2-17　产品开发方案评审表

评审项目	评审内容	评分标准	评分
产品目标	产品定位、特点、使用场景等是否明确	0～10	
市场需求	目标市场的需求和趋势是否充分调研	0～10	
竞争分析	竞争对手的产品特点和市场份额是否分析	0～10	
配方开发	配方的原料选择、比例和工艺是否合理	0～10	
品质控制	品质标准、质量检测和安全标准是否设定	0～10	
包装设计	包装材料、外观和适用性是否符合要求	0～10	
用户反馈	是否考虑用户反馈和持续改进	0～10	
成本效益	预估的成本和预期的利润是否合理	0～10	
时间计划	各个阶段的时间安排是否合理	0～10	
风险评估	项目实施过程中可能面临的风险和挑战	0～10	
总分			

以下是一个整改方案的示例表格（表2-18），适用于记录问题、整改措施、责任人和完成时间等信息。

表 2-18　产品整改方案

问题描述	整改措施	责任人	完成时间	整改状态	备注
酱油风味不稳定	调整发酵时间与温度，增加实验次数	张三	2024-11-01	进行中	需监控每批次风味
标签信息不全	更新标签设计，添加营养成分与有效日期	李四	2024-10-20	已完成	已送印刷厂
……	……	……	……	……	……

说明：
（1）问题描述　简要描述在研发过程中发现的具体问题。
（2）整改措施　针对每个问题制定的具体整改措施。
（3）责任人　负责该整改措施具体实施的人员。
（4）完成时间　预计完成整改的时间。
（5）整改状态　当前整改的完成状态（如未完成、已完成、进行中）。
（6）备注　提供额外的信息或注意事项。

PPT

产品二　果醋

任务一　明确果醋开发目的

果醋产品是一种以果实或果汁为原料，通过发酵制成的具有酸甜口感和独特风味的食品。在当前消费者对健康和天然食品的需求不断增加的趋势下，果醋产品具有广阔的市场前景。在果醋产品的开发过程中，可以从以下几个方面来确定产品的发展方向。

（1）原料多样性与创新　研究不同种类水果在果醋发酵过程中的生物化学变化，以及这些变化如何影响最终产品的风味和营养成分。探索非传统水果原料在果醋生产中的应用潜力。

（2）功能性成分的强化与利用　深入研究果醋中功能性成分如多酚、有机酸、维生素等的生物活性，以及如何通过发酵工艺的优化来增强这些成分的生物利用度和健康效益。

（3）微生物菌种的选育与应用　开展酵母菌和醋酸菌的选育工作，以获得具有高产酸能力、良好风味贡献和环境适应性的菌株。研究多菌种共发酵对果醋品质的影响。

（4）发酵工艺的优化与创新　采用现代发酵工程技术，如固态发酵、液态发酵、固定化细胞技术等，对果醋的发酵工艺进行优化，以提高生产效率和产品品质。

（5）产品形态的多样化　研究果醋在不同产品形态下的应用，如饮料、调味品、保健品等，以及如何通过配方和工艺的调整来满足不同产品形态的需求。

（6）质量控制与安全性研究　建立果醋产品的质量评价体系，包括感官评价、理化分析和微生物安全监测等，确保产品的安全性和稳定性。

（7）环境适应性与可持续性研究　探讨果醋生产过程中的废弃物处理和资源回收利用，以及如何通过绿色生产技术实现果醋产业的可持续发展。

任务二　果醋开发方案的制定

【学习活动一】明确果醋开发总体思路

明确果醋产品开发的总体思路需要从多个角度进行考虑，以确保产品能够满足市场需求、符合消费者口味、保证产品质量，并具有市场竞争力。以下是一些关键步骤和考虑因素（表2-19）。

表2-19　果醋产品研发的基本流程

序号	阶段	描述	详细步骤
1	市场调研与需求分析	确定市场需求和目标消费群体	收集市场数据；分析消费者偏好；确定产品定位
2	原料选择与评估	选择合适的水果原料	筛选适合酿醋的水果种类；评估原料的营养价值和成本
3	菌种选育与发酵工艺开发	选育合适的酵母菌和醋酸菌，开发发酵工艺	筛选和培养酵母菌和醋酸菌；优化发酵条件（温度、pH、时间等）
4	产品配方设计	设计果醋的配方	确定果醋的酸度、甜度和其他风味成分；考虑添加的营养成分和保健成分
5	小试生产	在实验室规模进行试生产	按照配方和发酵工艺进行小规模生产；检测产品质量和稳定性
6	中试生产	扩大生产规模进行中试	在中试车间进行更大规模的生产；进一步验证生产工艺的可行性和稳定性
7	产品测试与优化	对产品进行测试并根据反馈进行优化	进行感官评价和理化分析；根据测试结果调整配方和工艺
8	规模化生产	正式投入大规模生产	建立生产线；确保产品质量和一致性
9	包装设计与标签制作	设计产品包装和标签	设计吸引消费者的包装；制作符合法规要求的标签
10	市场推广与销售	推广产品并进行销售	制定市场推广计划；建立销售渠道；进行产品销售和分销
11	质量控制与持续改进	监控产品质量并持续改进产品	定期进行产品质量检测；收集市场反馈并进行产品改进

通过这样的表格，可以清晰地看到每个步骤的内容描述和步骤，有助于系统地规划和执行果醋产品开发的过程。

【学习活动二】原辅料及生产技术路线对果醋品质的影响规律

一、生产原料

在果蔬资源较为丰富的地区，可以利用这些果蔬作为原料来制作醋。一些常见的水果，比如梨、柿子、苹果、菠萝和荔枝，它们中的残次品、落地果或者在加工过程中产生的副产品，如果皮、碎屑和果核等，都可以用来酿制醋。此外，一些蔬菜，如番茄、菊芋、山药和各种瓜类，也是酿造醋的合适原料。这些果蔬中含有较多的糖分和淀粉，这使得它们成为酿醋的优质选择。

通过发酵过程制成的果醋，不仅能够达到食用醋所需的酸度水平，还能保留水果的天然香气。这种醋的原料可以是各种水果或水果加工过程中产生的副产品。利用现代生物技术，果醋成为一种既富含营养又具有独特风味的酸性调味品，它结合了水果和醋的健康益处。果醋的生产能够充分利用当地的水果资源，有助于解决果农面临的产量增加而收入不增的问题。同时，多样化的果醋产品可以形成市场竞争力，共同开拓市场空间。

根据不同水果的特性，可以选择适宜的生产工艺来研发果醋系列产品。目前市场上较为流行的有苹果醋和葡萄醋，也有如柿醋等其他类型的产品。在生产过程中，应避免使用未成熟或含有过多果胶的果实，因为这会影响发酵液的澄清。同时，应避免使用已经腐败或有明显损伤的果实，以保证果醋的品质。

（一）含糖果实

1. 苹果　选择糖分含量较高的苹果品种是制作苹果醋的理想选择。红玉苹果的糖分和酸度平衡适中，而国光苹果则糖分丰富，酸度较低，两者都是制作苹果醋的优质原料。在西方国家，如美国、英国和加拿大，苹果醋非常受欢迎。在北美，人们通常将苹果醋简称为"醋"。苹果不仅作为苹果醋的主要原料，其利用率可高达 95%，而且其残渣和果皮还可以进一步开发成富含膳食纤维的健康食品，进一步提高原料的利用效率。

2. 葡萄　葡萄种类繁多，遍布中国各地，包括新疆的无核葡萄、河北的白牛奶葡萄、山东的龙眼和玫瑰香葡萄、四川的绿葡萄等。虽然葡萄主要用于酿酒，但它们同样适合用来酿造果醋。在欧洲，尤其是葡萄酒生产大国如意大利、法国、西班牙和希腊，使用葡萄酒作为原料来生产果醋是一种常见的做法。

3. 山楂　以其酸甜口味和温和的性质而闻名，具有促进消化、健胃、活血化瘀和降低血压等健康益处。山楂果醋色泽澄清，呈褐色，味道柔和且持久，带有山楂特有的香气。

4. 桃　以其细腻的果肉和丰富的汁液，以及浓郁的香味和营养而受到人们的喜爱。桃制成的果醋色泽如琥珀，光泽亮丽，具有浓郁的醋香和桃子特有的芬芳，酸味温和，口感上佳，且液体澄清透明。

5. 沙棘　属于胡颓子科沙棘属的植物，沙棘含有丰富的类黄酮、超氧化物歧化酶（SOD）、维生素 C 等营养成分。沙棘果醋不仅营养价值高，还具有预防高血脂和降低胆固醇等健康功效。

6. 猕猴桃　被誉为"维生素 C 之王"，猕猴桃原产于中国，分布广泛，营养丰富。由猕猴桃制成的果醋含有多种氨基酸和维生素，酸味柔和，带有猕猴桃特有的香气。

（二）果汁

在某些情况下，直接购买现成的果汁可能更为便捷和合适。当选择使用购买的果汁作为原料时，需要对其进行糖分和酸度的测定，以确保其适合后续的加工过程。

1. 苹果汁　选择成熟度较高且糖分含量丰富的苹果作为原料。首先进行筛选，确保果实质量，然后彻底清洗以去除杂质。接着使用锤磨或其他合适的破碎设备将苹果破碎，以便榨汁。在一些国家，有直接使用破碎后的苹果进行乙醇发酵的做法。在这一过程中，每吨破碎的苹果会加入 40~80L 处于活跃发酵阶段的苹果酒，发酵持续 2~3 天。如果发酵过程提前停止，将导致乙醇产量低，从而影响产品的最终质量。

2. 葡萄汁　葡萄酒根据颜色分为红葡萄酒和白葡萄酒，同样，用于制醋的葡萄汁也有红白之分。使用果胶酶可以增加出汁率。如果是红葡萄汁，为了使红色色素更好地溶解出来，在榨汁前，应将葡萄在 60~70℃ 下加热 5 分钟。破碎后的葡萄应与果肉和果皮混合，进行乙醇发酵以充分提取色素，之后进行醋酸发酵。果汁的浓缩可以通过真空低温浓缩或冷冻浓缩法实现。如果需要保存超过 24 小时，可以采用杀菌或冷冻储存的方式来保持果汁的新鲜度和品质。如果使用的是已经酸败的葡萄或葡萄酒，还需要注意其二氧化硫（SO_2）的含量。二氧化硫是一种常用的防腐剂，但在过高的浓度下，它可能会抑制酵母的生长和乙醇的发酵过程。因此，在采用这类原料时，控制 SO_2 的含量至关重要，以保证发酵过程的顺利进行。

（三）蔬菜类

南瓜不仅在食疗方面具有显著的功效，比如预防动脉硬化、糖尿病和胃肠溃疡，还能帮助排除体内的重金属。使用南瓜制作的果醋呈现出金黄色的外观，口感上酸中带有一丝甘甜，澄清透明，且带有南瓜特有的余香。除了南瓜，其他蔬菜如黄瓜、番茄，也适合用来制作蔬菜醋，它们各自独特的风味和营养价值为蔬菜醋增添了不同的风味和健康益处。

二、原料预处理

（一）原料选择

优质产品始于优质原料。在果汁加工中，选择适合榨汁的原料至关重要。理想的原料应具备以下特点：成熟度适中、香气浓郁、色泽鲜艳、出汁率高、糖酸比例恰当以及营养丰富。此外，用于生产的原料应保持新鲜、清洁、健康且成熟，加工时应去除任何腐烂、霉变、受病虫害影响的果实，以及未成熟的果实和树枝、叶片等杂质，以确保最终产品的品质。

（二）原料清洗

清洗原料是果汁加工过程中的一个关键步骤，它能有效去除果蔬表面的尘土、泥沙、微生物、农药残留以及附着的枝叶等。清洗方法主要分为物理法和化学法两大类。物理法包括浸泡、鼓风、喷洗和摩擦搅动等；化学法则涉及使用洗涤剂、消毒剂和表面活性剂。在生产过程中，通常需要对果蔬原料进行多次清洗。根据原料的具体情况，还可以添加清洗剂，如稀酸（例如盐酸、枸橼酸，常用浓度为 $0.5\% \sim 1.0\%$）、稀碱（常用浓度为 $0.5\% \sim 1.0\%$）以及消毒剂（如 0.06% 漂白粉和 0.05% 高锰酸钾）等。

（三）榨汁

果醋的生产过程始于果汁的准备，随后通过乙醇发酵和醋酸发酵两个阶段来完成。提取果汁的过程与水果的特性密切相关。为了提取出既富含营养又具有良好感官特性的果汁，人们采用了多种预处理方法。这些方法旨在优化果汁的提取效果，同时确保其品质。通过这些预处理手段，可以在提取过程中最大程度地保留果汁的营养价值和感官特性，为后续的发酵阶段打下坚实的基础。

1. 取汁前的预处理

（1）破碎　果蔬汁液主要存在于其组织细胞之中，要释放这些汁液和可溶性固体物质，必须先破坏细胞壁。因此，只有经过破碎处理的原料才能达到较高的出汁率。对于那些皮肉结构紧密、需要通过浸提方式提取汁液，或者体积较大的果蔬，破碎过程尤为重要。同时，破碎的程度需要恰到好处：如果破碎后的果块过大，会降低压榨时的出汁率；若果块过小，则外层的汁液迅速被压榨出，形成厚皮，阻碍内层汁液的流出，同样影响出汁率。此外，在制作澄清果汁时，过度破碎会导致果肉含量增加，增加澄清工序的负担。

果蔬破碎的方法多种多样，包括磨碎、打碎、压碎和打浆等。水果破碎通常采用挤压、剪切、冲击、劈裂和摩擦等方式。机械破碎效率高，易于实现自动化生产，且工艺操作相对简单。在果汁加工中，常用的破碎机有辊式破碎机和锯齿式破碎机，它们都是通过机械方法实现原料的破碎。此外，还可以采用冷冻破碎法、超声波破碎法等技术。

对于加工草莓汁、桃汁、山楂汁等浑浊果汁，打浆机是一种广泛使用的设备。当果蔬原料中果胶含量高、汁液黏稠、汁液含量低，或者压榨得到的果汁风味较淡时，打浆法是一个有效的选择。

在破碎过程中，由于果肉细胞中酶的释放，它们在有氧环境下与底物结合，可能会引发酶促褐变和其他氧化反应，这些反应会损害果蔬汁的色泽、风味和营养成分。为了防止这些不良反应，可以采取一些措施，如在破碎时加入维生素 C 或异维生素 C，或在密闭环境中充氮破碎，以及通过加热来钝化酶的活性。

（2）热处理　破碎后的果蔬会释放出其中的酶，这些酶的活性会显著增强，尤其是多酚氧化酶，它们会导致果蔬汁的颜色发生改变，这在果蔬汁的加工过程中是不希望看到的现象。为了控制这一问题，可以通过加热的方式来降低酶的活性，这样做还可以软化果蔬的组织结构，破坏细胞膜，打开细胞通道，从而促进细胞内可溶性物质的释放，包括固形物、色素和风味物质等。恰当的加热还能促使胶体物质凝聚，减少果蔬汁的黏性，使榨汁过程更为顺畅，进而提升出汁率。

在榨汁或浸提前，应根据最终产品的需要来设定加热的温度。如果使用酶解法来榨汁，水果只需加热到 25～30℃。对于生产水果浓缩汁，尤其是澄清型的，应避免过高的加热温度。一般热处理的适宜温度范围是 60～80℃，最佳温度在 70～75℃，加热时长为 10～15 分钟。还可以使用瞬时加热技术，将温度提升至 85～90℃，保持 1～2 分钟，这样既能灭活酶类，也能达到杀菌的效果。在带皮橙类榨汁时，为了降低汁液中果皮精油的含量，可以预先加热 1～2 分钟。对于宽皮橘类，为了便于去皮，也可以将其在 95～100℃ 的热水中烫煮 25～45 分钟。

需要注意的是，对于果胶含量较高的果蔬浆料，加热会促进果胶的水解，转化为可溶性果胶，这会增加果汁的黏度，并可能堵塞排汁通道，使得榨汁变得困难，还会给过滤和澄清等后续工艺带来挑战。因此，对于这类水果，推荐使用常温破碎的方法。由于果蔬中含有的果胶酯酶和半乳糖醛酸酶等，它们具有分解果胶的能力，可以在较短的时间内显著降低高分子果胶和水溶性果胶的含量，从而减少果浆的黏度，这对于生产澄清型果汁来说是一个明显的优势。

（3）酶处理　为了提升榨汁效率，工业生产中常通过添加酶制剂来处理果蔬浆料，目的是分解其中的果胶，从而增加出汁率。应用一种称为最佳果浆酶解工艺（optimal mash enzyme，OME）的技术，能够使出汁率提高 5%～15%。最新型的酶解果浆工艺，即 AFP 工艺，通过结合果胶酶和纤维素酶的使用，能够使果蔬完全液化，之后通过旋转式真空过滤器将果渣与果汁分离。这种方法不仅省略了压榨步骤，减少了果渣的产生，还有助于降低酶制剂的使用成本。AFP 工艺与 OME 工艺的主要区别在于，AFP 工艺的果胶酶解温度略高（20～25℃），酶解时间较长，可达 120 分钟，并且在酶解过程中需要进行搅拌。采用 AFP 工艺加工的苹果汁，其总酸含量有所增加（主要是半乳糖醛酸的增加），导致 pH 下降了 0.20%～0.25%。同时，食物纤维的含量也有所提升。

2. 取汁　果蔬汁的提取是果蔬加工过程中至关重要的一环，它不仅决定了出汁率，还直接影响到最终产品的质量和生产的效率。根据所使用的原料和预期的产品类型，提取果蔬汁的方法主要分为两大类。

（1）压榨法　是一种在工业生产中广泛使用的取汁技术。它通过施加一定的压力来榨取果蔬中的汁液。压榨过程可以采用不同的温度条件，如冷榨、热榨或冷冻压榨。例如，在制作浆果类果汁时，为了保持更好的色泽，通常会选择在 60～70℃ 的条件下进行热榨，这样有助于更多的色素溶解到汁液中。

（2）浸提法　是另一种普遍应用于果蔬汁提取的方法。它特别适用于那些干制的果蔬原料，或者像山楂这样含水量较低、难以通过压榨法提取汁液的原料。此外，即使是通常采用压榨法的苹果和梨等水果，在希望减少果渣中有效物质残留、提高提取率的情况下，有时也会选择使用浸提法。浸提法的工作原理是利用果蔬原料中可溶性固形物的浓度与浸提液之间的差异，促使这些物质扩散到浸提液中。浸提法有多种实现方式，包括单次浸提、多次浸提、灌注式逆流浸提和连续式逆流浸提等。

3. 粗滤　除了打浆法之外，其他提取果蔬汁的方法往往会在汁液中留下许多悬浮颗粒，比如果肉纤维、果皮碎片和果核等。这些颗粒的存在可能会对产品的外观和口感产生负面影响，因此需要被有效去除。去除这些悬浮颗粒的过程可以在榨汁过程中同步进行，也可以作为一个独立的步骤来操作。

在工业生产中，通常采用 50~60 目的筛滤机来进行初步的过滤，以去除较大的悬浮颗粒。这些筛滤机可能包括水平筛、回转筛或振动筛等类型。粗滤是确保果蔬汁质量的重要步骤，它有助于提升产品的外观和口感。通过这一过程，可以有效地降低果蔬汁中的悬浮物含量，从而提高最终产品的整体品质。

4. 澄清　对于果醋的原料和最终产品来说，澄清和精滤是不可或缺的步骤，它们的目的是为了去除产品中的浑浊，提升其视觉品质。果蔬汁的浑浊通常由多种因素造成，包括蛋白质、果胶、树胶、单宁等成分，以及这些成分之间可能发生的相互作用，例如蛋白质与多酚结合形成的浑浊。

在澄清过程中，通过去除各种颗粒物质，比如植物碎片、酵母细胞和细菌细胞，以及一些较小的化合物如蛋白质，可以显著改善产品的外观和提高其稳定性。这一步骤确保了果醋的清澈度和透明度，从而增强了其市场吸引力和消费者接受度。通过这种方式，澄清和精滤不仅提升了产品的外观，还有助于保持其长期的物理稳定性。

（1）自然澄清法　在果汁生产过程中，将经过破碎和压榨得到的果汁存放于密封容器内，让其静置较长时间。这样，悬浮物质会因重力作用而逐渐沉降至容器底部。同时，果胶物质会慢慢水解，蛋白质和单宁也会形成不溶性沉淀物。然而，长时间静置的果汁容易变质或发酵，因此在这一过程中需要添加适量的防腐剂。自然澄清法主要适用于那些使用亚硫酸进行半成品保存的果汁生产。

（2）酶澄清法　果蔬汁中的胶体物质主要由果胶、淀粉和蛋白质等大分子构成。通过添加果胶酶和淀粉酶，可以分解这些大分子物质，从而破坏它们在果蔬汁中形成的稳定体系。随着稳定体系的瓦解，悬浮物质也会随之沉淀，使果蔬汁变得清澈。在生产中，常用的是复合酶，它含有果胶酶、淀粉酶和蛋白酶等多种活性酶。如果苹果汁将用于进一步制作苹果酒，使用酶法还可以控制发酵速度。

（3）澄清剂法　澄清剂通过与果蔬汁中的某些成分发生物理或化学反应，使浑浊物质形成络合物，进而絮凝和沉淀。常用的澄清剂包括明胶、硅胶、单宁、膨润土、PVPP 等。澄清剂可以单独使用，但多数情况下是组合使用，例如明胶与单宁的组合，或者明胶、硅胶和膨润土的组合。澄清剂还可以与酶制剂联合使用，以获得更佳的澄清效果。具体的澄清剂组合使用方式可以在表 2-20 找到详细说明。

表 2-20　澄清剂组合使用的方法

组合方案	添加顺序	用量及使用方法
单宁-明胶	先单宁后明胶	明胶用量 10~20g/100L，单宁量为明胶量的 1/2，先配制成 1% 的溶液搅拌后在常温下静置 6~8 小时，用于单宁含量低的果蔬汁
酶-明胶	加酶 1~2 小时后加明胶	酶用量 4~50g/100L，45~55℃，1~2 小时。明胶用量 5~10g/100L，静置 3~4 小时，用于果胶和单宁含量稍高的果蔬汁
硅胶-明胶	先硅胶后明胶	硅胶加量 10~20g/100L，一般配制成 15% 溶液，澄清温度 20~50℃，明胶与硅胶比例为 1：20，硅胶与明胶协同作用，去除多酚类化合物
膨润土-明胶	先膨润土后明胶	膨润土加量 50~100g/100L，2 小时处理后加明胶快速去除果蔬中的蛋白质
明胶-硅胶-膨润土	按明胶、硅胶、膨润土	膨润土用量 50~100g/100L，作用温度 35~40℃，澄清过程中间歇搅拌 20~30 分钟。可与酶组合使用，酶反应后各澄清剂可分批加入

（4）冷热处理澄清法　通过温度处理，可以改变果蔬汁中胶体物质的结构，促使其凝聚并沉淀，从而实现果汁的澄清。

1）冷冻澄清　采用急速冷冻的方法处理果汁，可以导致果蔬汁中的胶体物质浓缩并脱水，进而改变其性质。在这个过程中，部分胶体物质会因为结构被破坏而转变为不定型沉淀，这些沉淀在果汁解冻后可以通过过滤去除；而那些仍然保持胶体特性的物质，则可以通过其他澄清方法进一步去除。这种方法特别适合于处理呈现雾状浑浊的果蔬汁，如苹果汁，使用此法可以获得良好的澄清效果。

2）加热澄清　通过交替的冷热处理，可以促使果蔬汁中的胶体物质凝聚，同时使蛋白质发生变性并沉淀。具体操作是，将果汁在 1~2 分钟内加热至 80~82℃，然后迅速在同样短的时间内冷却至室温。这个过程可以使蛋白质和果胶等成分变性、凝聚，并通过静置实现沉淀。加热澄清法的优点在于，它能够在对果汁进行巴氏杀菌的同时完成加热处理，从而提高效率。

（5）超滤澄清法　超滤技术是一种基于膜分离原理的机械性过滤手段。它通过超滤膜的筛选特性，在压力作用下，将溶液中的微粒、悬浮物、胶体、大分子与小分子溶剂分离。这种技术能够分离分子量在 1000~50000 范围内的溶质分子。超滤的优势在于它不涉及相变过程，因此挥发性芳香物质的损失较小，且整个过程在封闭系统中进行，避免了氧气的影响，同时还能实现生产的自动化。如今超滤技术已被成功应用于苹果、梨、菠萝、柑橘等水果汁以及番茄、芹菜、冬瓜等蔬菜汁的澄清工艺中，尤其是在苹果汁的澄清上得到了广泛的应用。

在当前的果蔬汁生产实践中，通常采用的是酶澄清与超滤技术相结合的复合澄清方法。其他类型的澄清技术则多作为辅助手段，需要与主要的澄清技术配合使用以提升澄清效果，或者在一些规模较小的企业中得到较多的应用。

5. 精制　当采用果胶酶进行果汁的酶法澄清处理时，果胶物质会被酶分解，导致果汁的黏度下降。这一过程会促使形成絮状的沉淀物，这些沉淀物随后可以通过过滤的方式从果汁中移除。为了进一步提升果汁的澄清度，可以向果汁中添加一些特定的化合物，比如明胶或膨润土，这些物质能够与果汁中的不需要的颗粒结合。

然而，这种精制过程的主要不足在于，它可能会降低对果汁的香气和风味贡献极大的多酚类物质。多酚类物质是影响最终产品感官品质的关键因素，因此在进行精制处理时需要谨慎，以避免不必要的品质损失。

6. 浓缩生产和稀释　浓缩技术在水果饮品的制作中扮演着重要角色，它不仅可以提升饮品的含糖量，还能增强其香气和口感。各种水果，包括橙子、芒果、樱桃和香蕉等，都适合用来制作浓缩果汁。制作过程中，首先将水果捣碎以榨取果汁，然后通过加热的方式进行浓缩，直至糖度达到 28~40°Bx，接着在进行乙醇发酵之前对果汁进行巴氏杀菌处理。乙醇发酵后，离心除去酵母和固体，用无菌水稀释以获得所需的乙醇浓度，并接种醋酸菌以启动醋酸发酵过程。

例如，在生产苹果醋的过程中，浓缩苹果汁同样是一个关键环节。苹果酒的制作过程中，可以在乙醇发酵前或醋酸发酵前对浓缩苹果汁进行稀释。浓缩苹果汁本身含有 60%~72% 的总可溶性固形物。为了制作苹果醋，需要用水或苹果汁将其稀释至 10%~13% 的总可溶性固形物含量。如果苹果酒的乙醇浓度过高，还需要进一步用水稀释，以达到 7%~8% 的乙醇含量（体积分数）。之后，将稀释后的苹果酒与上一批醋酸发酵后得到的苹果醋混合，这样做可以作为接种醋酸菌的一种方式，有助于防止不良微生物的生长。

总的来说，在乙醇发酵过程中使用浓缩果汁是一种推荐的做法，因为更高的糖分含量可以增加乙醇的产量，而随后的醋酸发酵则可以赋予醋产品更强的抗氧化特性。果蔬汁浓缩方法主要有以下3种。

（1）真空浓缩法　大多数果蔬汁属于对热敏感的食品，如果在高温条件下长时间加热浓缩，可能会对其色泽、香气和味道造成负面影响。为了尽可能保留果蔬汁的原始品质，浓缩过程应在较低温度下进行。通常采用真空浓缩技术，即在减压环境下加速果蔬汁中水分的蒸发，由于浓缩时间较短，这种方法有助于保持果蔬汁的品质。一般而言，浓缩温度控制在 $25 \sim 35℃$，最高不超过 $40℃$，真空度大约为 $0.096Mpa$。然而，这样的温度条件可能促进微生物生长和提高酶活性，因此在浓缩前应进行适当的杀菌处理。在果蔬汁中，苹果汁的耐热性较好，因此在浓缩时可以使用稍高的温度，但同样不应超过 $55℃$。

在真空浓缩过程中，由于可能会损失一部分芳香物质，通常需要在浓缩前或浓缩过程中回收这些物质，并将回收的芳香物质重新添加到浓缩后的果蔬汁中，或者作为果蔬汁饮料的香精使用。此外，为了补偿浓缩过程中可能损失的芳香物质，也可以添加一些新鲜果汁。对于葡萄汁的浓缩，由于在浓缩过程中容易出现酒石沉淀，导致葡萄浓缩汁变得浑浊，因此在浓缩前应对葡萄汁进行冷冻处理以去除酒石。而在生产高浓度的浓缩汁时，由于果汁中含有果胶，可能会在浓缩过程中发生胶凝现象，影响浓缩的顺利进行，因此在浓缩前需要进行脱胶处理。

（2）冷冻浓缩法　冷冻浓缩是一种基于冰与水溶液固液相平衡原理的分离技术，它通过水的固态冰形式来实现浓缩。在果蔬汁的冷冻浓缩过程中，首先果蔬汁被降温至其冰点，此时果蔬汁中的部分水分会转化为冰晶并析出，从而提高了果蔬汁的浓度。随着冰点的降低，当温度进一步下降至新的冰点时，已经形成的冰晶会增大。通过这一反复的降温和冰晶增长过程，果蔬汁的浓度逐步提高。最终，当温度降至共晶点或低于共熔点时，溶液中的所有水分都转化为冰晶，完成了浓缩过程，详见图 2-1。

果蔬汁→冷却→结晶→固液分离→浓缩汁

图 2-1　果蔬汁的冷冻过程

与真空浓缩技术相比，冷冻浓缩技术有其独特的优势。它不依赖于热量和真空环境，因此不会引起材料的热变性，也不会产生加热过程中可能出现的不良气味，同时能最大限度地减少芳香物质的损失，从而确保产品质量远超真空浓缩的产品。此外，冷冻浓缩的热能消耗相对较低。

然而，冷冻浓缩也存在一些局限性。①经过浓缩后的产品需要在冷冻条件下储存或通过加热处理来保持其稳定性；②在浓缩和分离过程中可能会导致果蔬汁的一定损失；③对于黏度较高、浓度较大的果蔬汁，分离过程可能会更加困难；④冷冻浓缩受到溶液本身浓度的限制，通常浓缩后的浓度不会超过 $55°Bx$。

目前，冷冻浓缩技术主要应用于那些对热敏感且富含芳香物质的果蔬汁，如柑橘、草莓、菠萝等果汁的浓缩过程。这些果汁在传统的浓缩方法中容易损失其特有的香气和风味，而冷冻浓缩则能更好地保留这些宝贵的品质。

（3）反渗透浓缩法和超滤浓缩法　作为膜分离技术的两种形式，反渗透（reverse osmosis，RO）和超滤（ultra filtration，UF）都通过利用压力差来实现溶质与溶剂的分离。在果蔬汁加工领域，反渗透技术特别适用于对果蔬汁进行预浓缩处理。与传统的蒸发浓缩方法相比，反渗透和超滤技术具备以下显著优势：它们无需通过加热来进行浓缩，可以在室温下操作，避免了物质因加热而发生相变；由于不涉及高温处理，这有助于减少挥发性芳香物质的损失；整个浓缩过程在封闭的管道系统中完成，有效避免了氧气对果蔬汁品质的潜在影响；这两种技术在能源消耗方面更为经济，符合节能的要求。为了实现更优的浓缩效果，反渗透技术通常与超滤、真空浓缩技术联合应用。这种综合应用的方法能够进一步提升浓缩效率，并确保最终产品的品质达到理想状态。

三、果醋的发酵

果醋是通过两个阶段的发酵过程制成的：第一阶段是所有类型可发酵糖的乙醇发酵，第二阶段是醋酸发酵（乙醇氧化）。

（一）乙醇发酵

在果醋的制造过程中，乙醇发酵阶段通常进展迅速，并在开始后的前三周内，大部分可发酵的糖分会被消耗殆尽。在这一阶段，酵母菌（例如酿酒酵母）将可发酵的糖分转化为乙醇。乙醇发酵本质上是一个微生物在缺氧环境下分解有机物质以产生细胞能量（三磷酸腺苷）、二氧化碳（CO_2）和乙醇的自然代谢过程。

任何含有直接可发酵糖分的原料都可以用来生产果醋。对于那些含有淀粉或二糖（例如蔗糖和乳糖）的原料，在进行发酵之前，需要先经过水解过程。

乙醇发酵的总化学式：

$$C_6H_{12}O_6 \rightarrow 2C_2H_5OH + 2CO_2$$

理论上，1g 糖可产出 0.51g 乙醇和 0.49g CO_2。然而，乙醇发酵的实际产量较低（葡萄酒发酵中通常产出约 0.46g 乙醇和 0.44g CO_2）。

酿酒酵母因其出色的耐受性而成为发酵过程中的首选微生物，它能够适应高糖分、高乙醇含量、低 pH、低温、高压以及二氧化硫（SO_2）的环境。在乙醇饮料的生产中，如啤酒或葡萄酒，酿酒酵母能够在典型的发酵条件下高效地将糖分完全转化为乙醇。

在自然发酵的过程中，如传统葡萄酒和果醋的制作，会涉及多种酵母菌的参与。这些酵母菌在发酵过程中所占的主导地位，会受到多种因素的影响，包括原料的组成、生产过程中的具体条件以及工艺流程的不同阶段。这意味着在自然发酵中，并非总是酿酒酵母起主导作用，其他种类的酵母也可能在特定条件下发挥重要作用。

（二）醋酸发酵

1. 菌种　醋酸发酵是果醋生产中的一个关键步骤，这一过程由醋酸菌来完成。醋酸菌是一类特殊的好氧细菌，它们具有将乙醇和糖部分氧化成有机酸的能力。醋杆菌属（*Acetobacter*）和大多数的葡糖酸醋杆菌属（*Gluconacetobacter*）中都能利用乙醇进行生长，并通过不完全氧化作用积累乙酸。但当乙醇这一底物耗尽时，这些细菌可能会通过增强三羧酸（TCA）循环酶和乙酰辅酶 A 合成酶（ACS）的活性，将积累的乙酸完全氧化，这一现象被称为乙酸的过度氧化，它在果醋生产中是不希望发生的。

醋酸菌是乙酸发酵阶段的主要微生物，它们广泛存在于空气中，种类多样，对乙醇的氧化速率和醋化能力各有差异。在果醋生产中，选择的醋酸菌应具备快速且强效的乙醇氧化能力，同时分解乙酸的能力要弱，耐酸性要强，以确保产品具有优良的风味。生产果醋为了提高产量和质量，避免杂菌污染，采用人工接种的方式进行发酵。

国际上一些厂家采用混合醋酸菌进行果醋的发酵，这样做的好处是发酵速度快，能够产生多种有机酸和酯类物质，从而增加产品的香气和固形物成分。在中国，常用的醋酸菌包括 AS1.41 和沪酿 1.01 两种菌株。AS1.41 是由中国科学院微生物研究所分离并保藏的菌种，在果醋生产中已有多年的应用历史，具有较高的产酸率和较好的质量，是一种优质的菌株。它的最佳培养温度范围是 23~31℃，最佳产酸温度是 28~33℃，最适宜的 pH 是 3.5~6.0，能耐受的乙醇含量不超过 8%，最高产酸量可达 7%~9%

（乙酸）。沪酿1.01则是由上海市酿造科学研究所和上海醋厂分离得到的菌种，也已在生产中使用多年，具有稳定的高产酸率，也是一种优质的菌种。它的最佳生长温度是30℃，最适宜的发酵温度是32～35℃，最适宜的pH是5.4～6.3，能够耐受高达12%的乙醇含量，在pH为4.5时具有较强的乙醇氧化能力。

2. 影响醋酸发酵的因素

（1）氧气　在果醋的生产过程中，氧气扮演着至关重要的角色，但其溶解度却受到多种因素的显著影响，包括生物反应器的设计、通气系统的选择、工艺温度的设定以及底物的具体组成。为了实现醋酸发酵的最佳效果，必须确保并维持一个适宜的溶解氧水平，这对发酵速率、产量以及最终产品在感官上的品质都有着直接的影响。

在传统的表面醋酸发酵技术中，通常不采用强制方式来增加溶解氧。氧气的传递主要依赖于在发酵醋的表面形成的醋酸菌膜与桶顶空间中空气之间的自然交换。而在现代工业的深层发酵操作中，由于溶解氧的浓度对醋酸菌的生长极为关键，因此必须通过强制通气的方式来供应空气。不过，需要注意的是，过高的溶解氧浓度可能会对醋酸菌的生长产生抑制作用。在半连续发酵过程中，研究已经确定了1～3mg/kg作为最佳溶解氧浓度的范围。

（2）温度　醋酸菌这类微生物偏好温暖的环境，它们生长在25～30℃的温度范围内最为适宜。当环境温度超过这个最佳范围时，醋酸菌可能会遭遇一系列问题：必需的酶可能因变性而失去活性，细胞膜可能会受损，导致细胞内部成分的流失，同时，乙酸的毒性作用增强，这些都可能导致细菌活性的丧失。由于不同醋酸菌种类之间存在差异，以及培养基成分的影响，确定醋酸菌生长的最低和最高温度具有一定的难度。通常，在没有温度控制设备的系统中（如传统工艺），春季和夏季的温度条件更适合醋酸菌的活性。

在工业层面的深层发酵生产中，醋酸菌的最佳工作温度大约是30℃。醋酸发酵作为一个热力学上有利的需氧过程，会伴随着热量的产生（大约每升乙醇氧化产生8.4MJ的能量）。这个过程中产生的热量会导致醋酸菌的代谢功能受到不可逆的损害，因此，对温度进行严格控制是非常必要的。研究已经发现，在超出果醋工业生产常规温度上限的情况下，存在一些耐热的醋酸菌株，它们甚至能在38～40℃的环境中氧化乙醇，且没有明显的滞后现象。例如，热带假丝醋杆菌和巴氏假丝醋杆菌这两个菌株，已证明能在40℃和45℃的温度下生长，它们被认为非常适合用于手工蒸馏酒醋的生产。由于乙醇氧化是一个放热反应，耐热的醋酸菌具有减少冷却成本的潜力，这使得耐热性成为它们在果醋工业中的一个优势特性。

（3）pH　醋酸菌偏好在pH介于5.0～6.5的环境中生长，这是它们生长最旺盛的pH范围。不过，某些醋酸菌株展现出了对更低pH的适应能力，在传统香脂醋的制作过程中，当pH低于3时，仍可观察到醋酸菌的活动。此外，醋酸菌也能从pH仅为2.0～2.3的乙酸盐培养基中被分离出来。

醋酸菌对低pH的耐受性受到多种因素的影响，包括乙醇和氧的浓度。具体来说，在乙醇浓度较高和氧浓度较低的条件下，醋酸菌对低pH的耐受性会有所下降。这意味着在乙醇含量较高或氧气供应不足的环境中，醋酸菌在低pH条件下的生长能力可能会受到抑制。

四、陈酿

果醋的品质评价主要基于其色泽、香气和味道这三个关键要素。这三个要素的形成过程相当复杂，不仅受到发酵阶段所产生风味的影响，陈酿过程的后熟同样扮演着重要角色。

（一）色泽变化

在果醋的储存过程中，醋中的糖分与氨基酸之间会发生一种称为氨基羰基反应的化学反应，生成类黑色素等物质，这会导致果醋的色泽逐渐变深。采用固态发酵法制作的醋更容易出现色泽加深的现象，这是因为固态发酵过程中通常会使用大量的辅料，如麸皮和谷糠，这使得果醋中含有较多的糖和氨基酸，从而使得其色泽比液态发酵法制作的醋更深。此外，果醋的储存时间越长，储存温度越高，其色泽也会变得越深。

（二）风味变化

果醋中富含多样的有机酸，这些有机酸能与乙醇反应生成酯类化合物。在果醋的陈酿过程中，随着存放时间的延长，酯类物质的数量会逐渐增加。酯的形成不仅与时间有关，还受到温度和前体物质浓度等条件的影响。在较高的温度下，酯化反应的速度会加快，生成的酯类物质也会更丰富。固态发酵的醋醅中，由于含有更多的酯前体物质，因此其酯含量通常高于液态发酵的醋。

在果醋的储存过程中，水分子和乙醇分子间的缔合作用会增强，这种作用会降低乙醇分子的活度，从而使果醋的口感变得更加柔和。为了保证果醋的品质，新制成的醋通常需要经过至少一个月的储存期，不宜直接销售。经过一段时间陈酿的果醋，其风味会得到显著地提升和改善。

> **知识链接**
>
> ### 果醋浑浊现象的问题分析
>
> 果醋浑浊分为生物性和非生物性浑浊。生物性浑浊主要由微生物引起，包括发酵过程中的霉菌、酵母和细菌等。开放发酵易受空气污染，会导致浑浊和异味。非生物性浑浊则源于原料未充分分解，如淀粉、蛋白质、果胶等大分子物质残留，接触氧气后发生化学反应形成沉淀。此外，辅料中的脂肪与金属离子结合也会促成浑浊，解决方法如下。
>
> （1）生物性浑浊　①维护环境清洁，规范操作流程；②使用高效杀菌技术，减少杂菌污染；③原料预处理，浸泡、清洗以降低微生物负荷；④合理添加二氧化硫，抑制有害微生物生长。
>
> （2）非生物性浑浊　发酵前对果汁进行预处理，去除果胶和蛋白质等大分子物质，降低浑浊风险。

五、果醋酿造工艺

（一）全固态发酵法生产果醋

1. 工艺流程　工艺流程详见图 2-2。

原料→选料清洗→破碎→加少量稻壳、酵母菌→固态乙醇发酵（加麸皮、稻壳、醋酸菌）→

固态醋酸发酵→淋醋→灭菌→陈酿→成品

图 2-2　全固态发酵法工艺流程图

2. 工艺特点　在这种制醋工艺中，需要将大量的疏松物质混合入醋醅中，这样做的目的是增加醋醅的透气性，为微生物提供充足的氧气。由于在发酵过程中使用了较多的辅料和填充料，与液态发酵法相比，这种方法的基础物质更为丰富，从而促进了微生物的繁殖，并产生多样的代谢产物。这导致最终产品中醋酸、氨基酸和糖分的浓度较高，使得制成的醋具有柔和的酸味、回甘、浓郁的香气、明显的果香、醇厚的口感和良好的色泽,这些都是传统制醋法的特点。

然而,这种方法也存在一些不足之处,包括卫生条件可能不理想、劳动强度较大、生产周期较长、原料的利用率不高、生产效率较低。此外,这种方法的出醋率也较低,产品质量的稳定性也难以保证。这些因素可能限制了这种方法在现代工业化生产中的应用。

(二)全液态发酵法生产果醋

1. 工艺流程 工艺流程详见图2-3。

原料→选料清洗→打浆→酶解→过滤→加入酵母菌→液体乙醇发酵→加入醋酸菌→

液体醋酸发酵→澄清→过滤→灭菌→陈酿→成品

图2-3 全液态发酵法工艺流程图

2. 工艺特点 液体深层发酵技术在果醋制造中的应用,涉及将淀粉质原料经过液化和糖化处理,转化为酒醪或酒液后,在发酵罐中进行醋酸发酵的连续过程。这种方法摒弃了传统制醋中使用的谷糠、麸皮等辅料,实现了生产过程的高机械化、优越的卫生标准、高达65%~70%的原料利用率、缩短的生产周期以及稳定的产品质量,预示着果醋产业的未来趋势。然而,这种方法也带来了一些挑战,尤其是在醋的风味上,由于依赖于纯种菌种的培养,导致微生物种类和酶系的多样性不足,加之较短的酿造周期,这些因素共同作用,使得液体深层发酵制醋在风味上可能不如传统方法丰富和复杂。

(三)前液后固发酵法生产果醋

1. 工艺流程 工艺流程详见图2-4。

原料→选料清洗→打浆→酶解→过滤→加入酵母菌→液体乙醇发酵→加麸皮、稻壳、醋酸菌→

固态醋酸发酵→淋醋→灭菌→陈酿→成品

图2-4 前液后固态发酵法工艺流程图

2. 工艺特点 前液后固发酵法是一种结合了固态和液态发酵特点的制醋技术,它通过固态翻醅发酵和固态浇淋发酵两种方式实现。这种方法在提升果醋风味的同时,相较于全固态发酵法,能够缩短生产周期并提高卫生条件。然而,与液态发酵法相比,前液后固发酵法的操作更为复杂,生产周期也较长,这要求人们不断探索和改进工艺。

该方法的显著特点包括提高原料利用率、淀粉质利用率、糖化率和乙醇发酵率。它采用了液态乙醇发酵与固态醋酸发酵相结合的工艺流程。在醋酸发酵池的设计上,通过在池壁上开设通风洞和设置假底,促进空气流通,确保醋酸菌获得充足的氧气,实现均匀发酵。此外,通过假底下积存的低温醋汁进行定时回流喷淋,有效调节发酵温度,保障发酵过程在适宜的温度下进行,从而提高果醋的整体质量和生产效率。

【学习活动三】果醋原辅材料用量计算

进行果醋产品的原辅材料用量计算需要根据具体的配方和生产工艺来进行。进行果醋原辅料用量计算时,可以按照以下步骤进行。

(1)确定目标酸度 这取决于产品的口感和风味要求,一般来说,果醋的酸度通常在4%~7%。

(2)确定果汁量 根据所需制作的果醋的容量,以及果醋中果汁的比例,计算所需的果汁量。

(3)计算菌种用量 根据所需制作的果醋的容量,以及果汁量和菌种的比例,计算所需的菌种用量。

(4)考虑其他原辅料 根据产品的口味需求,考虑是否需要添加糖、酸度调整剂或其他调味料等。

根据产品配方和目标口感，计算相应的用量。

（5）考虑水或果汁的添加　根据产品的浓度要求，可能需要添加适量的水或果汁来稀释或调整果醋的浓度。根据产品配方和目标浓度，计算添加量。

需要注意的是，上述计算仅为示例，实际计算需要根据具体的配方和产品要求进行调整。建议在进行实际生产之前，进行小规模的试验和调整，以确保最终产品的质量和口感符合预期。以下是一个示例的果醋原辅料用量表（表2-21），用于计划和记录果醋制作中各种原辅料的用量。

表2-21　原辅料用量表

目标生产量（公斤）：

项目	配方比例（%）	原料用量（kg）	损耗率（%）	损耗量（kg）	实际用量（kg）
水果					
糖					
……					
其他辅料					
总计					

说明：
（1）目标生产量　期望生产的果醋总量（例如，1000kg）。
（2）配方比例　每种原料在配方中所占的比例。
（3）原料用量　根据配方比例和目标生产量计算出的每种原料的用量。
（4）损耗率　根据历史数据或行业标准设定的原料损耗率（例如，5%）。
（5）损耗量　根据损耗率计算出的损耗量。
（6）实际用量　损耗后的最终用量，确保在生产过程中能够满足需求。

在填写原辅料用量表时，具体的用量根据实际的配方和生产情况进行填写。用量可以按照重量、体积或其他适当的单位进行记录。通过原辅料用量表，可以清楚地了解每种原辅料在果醋生产中的用量和成本，为成本控制和采购管理提供依据。此外，还可以通过对原辅料成本的分析，优化配方和生产工艺，以降低成本并提高产品的竞争力。

【学习活动四】 果醋成本核算

通过成本核算，可以评估果醋产品的成本效益和盈亏情况，并帮助制定合理的定价策略。同时，及时记录和跟踪各项成本，有助于管理和控制成本，提高产品的竞争力和盈利能力。

进行果醋产品的成本核算可以按照以下步骤进行（表2-22）。

表2-22　产品生产成本估算表

产品名称（　　　　） 年产量（　　　　）		
成本项目	说明	金额（元）
原辅料成本	生产所需的原辅料成本，包括原料、辅助原料等的采购成本。根据实际采购价格和用量，计算每个原辅料的成本，并将其累加得到总原辅料成本	
劳动力成本	考虑生产过程中所需的劳动力成本，包括工人工资、社会保险费用等。根据实际工人数量和工作时间，计算劳动力成本	
生产设备和设施成本	包括购置、折旧、维护等费用。根据设备的购置价格和使用寿命，计算折旧费用	

续表

成本项目	说明	金额（元）
生产能耗成本	包括水、电、蒸汽等的消耗成本。根据实际能耗和能源价格，计算能耗成本	
包装材料和包装成本	包括瓶子、标签、包装盒等的成本。根据实际采购价格和用量，计算包装材料的成本	
其他费用	如运输费用、仓储费用、包装薄利等。根据实际情况，计算其他费用	
总成本	将以上各项成本累加得到总成本	

产品名称（　　） 年产量（　　）

【学习活动五】 确定果醋开发方案（果醋典型工作案例）

苹果醋产品开发方案如表 2 – 23 所示。

表 2 – 23　苹果醋产品开发方案

苹果醋

产品配方

序号	原料名称	重量	序号	原料名称	重量
1	苹果	2000g	4	酸菌种	250mL
2	白砂糖	250g	5	胶酶	0.5g
3	活性干酵母	3g			

工艺流程图：

苹果 → 挑选 → 清洗 → 切块破碎 → 榨汁 → 果汁 → 酶解 → 灭酶 → 澄清过滤 → 灭菌 → 调整糖度 → 乙醇发酵 → 醋酸发酵 → 过滤 → 杀菌 → 灌装 → 成品

产品操作工艺：

（1）原料选择　选择苹果时，应优先考虑那些汁液丰富且成熟度达到九成以上的品种，以减少苦涩味。

（2）水果清洗　将收集来的水果放入清洗池或缸中，用清洁的水流彻底冲洗，去除泥沙和杂质，同时小心避免水果受到挤压或破碎，并确保清洗后的水果完全沥干。

（3）水果切割与预处理　清洗后的水果需切成 5~8mm 厚的小块，并进行 3~5 分钟的沸水热烫处理。使用果蔬破碎机时，应分批适量加入原料，并根据需要进行一次或多次破碎。

（4）榨汁　使用榨汁机前，需彻底清洗设备以维护卫生标准。榨汁时，添加相当于果蔬原料两倍体积的纯净水，并连续加入 0.1% 的维生素 C 和 0.1% 的枸橼酸混合溶液以保持颜色。注意，不同水果的榨汁率有显著差异，苹果榨汁率在 70%~75%。

（5）果汁处理　榨出的果汁应立即转移到已清洁并消毒的三角瓶中，并加入果胶酶进行酶解处理，按 200mg/L 计，在 40~50℃ 下保温 2~3 小时，以提高澄清度。酶解后，将果汁加热至 85℃ 进行灭酶处理，灭酶时间 15~20 分钟。

（6）过滤与灭菌　灭酶后的果汁通过双层纱布过滤，去除细小颗粒。然后，将果汁置于灭菌锅中灭菌，灭菌温度 100℃，灭菌时间 15 分钟。

（7）糖度调整　灭菌并冷却后的果汁需检测糖度，若糖度不足，应加入适量白砂糖，确保发酵前初始糖度达到 16°Bx。

（8）菌种制备　在 1000mL 的三角烧瓶中，制备 500mL 含有 10% 蔗糖的溶液。将溶液在电磁炉上加热至沸腾，随后让其自然冷却至大约 30℃。当温度降至 30℃ 左右时，向溶液中加入 5g 的活性干酵母，并充分摇动以确保酵母均匀分布。之后，将烧瓶放入 30℃ 的恒温培养箱中进行培养，培养时长为 2~3 小时。

在开始醋酸发酵的前一天，需要准备好醋酸菌的扩大培养和活化工作。准备一份培养基，其成分包括 1.0% 葡萄糖、1.0% 酵母膏、2.0% 碳酸钙以及 3.0% 无水乙醇，总体积为 500mL。将培养基加入事先经过 30 分钟蒸汽常压灭菌处理的 1000mL 三角烧瓶中，以确保无杂菌污染。然后，将保存的醋酸菌种接种到培养基中，并在 30℃ 的恒温振荡器中进行摇床通气培养，培养时间为 24 小时。

（9）发酵　将调整好糖度的果汁与酵母菌液混合，添加量为苹果汁的 10%，接种后在 28~32℃ 下进行 7 天的乙醇发酵。经过 7 天发酵，发酵醪乙醇含量为 5%~8%，酸度为 1%~1.5%，表明乙醇发酵基本完成。随后，在乙醇发酵结束的果汁中加入醋酸菌种，接种量为苹果汁的 10%，进行醋酸发酵，成熟醋酸发酵醪的酸度在 5%~5.8%。

（10）成品制作　醋酸发酵完成后，迅速过滤去除沉淀物，并通过巴氏杀菌法进行灭菌，温度控制在 68~70℃，保持温度 30 分钟。最后，将果醋趁热装瓶，使用 75% 乙醇清洗并晾干的玻璃瓶进行灌装，自然冷却后即得到成品果醋。灌装过程中，保留部分样本用于品质分析。

编制/日期：	审核/日期：	批准/日期：

任务三　果醋开发方案的实施

产品开发方案要求如表2-24所示。

表2-24　产品开发方案要求

方案内容	内容要求	验收方式
原材料要求	分析特性，确定原辅料、添加剂、包装种类和数量	
设备、工器具要求	确认设备、工器具要求	
工艺流程	根据产品的设计要求和功能，确定工艺流程	
工艺参数和实施要点	基于工艺流程，描述工艺参数及实施要点	材料提交、成果展示
产品性质	描述指标限量和检测方法	
产品标签	形成产品标签	
成本核算	核算单位产品的成本	

【学习活动六】　果醋的制作

果醋生产制作记录填入表2-25。

表2-25　果醋生产制作记录表

生产日期	原料清单	原料重量（g）	糖比例	发酵时间	发酵温度（℃）	过滤时间	装瓶时间	……

(1) 生产日期　记录果醋开始制作的日期。
(2) 原料清单　列出制作果醋所需的所有原料。
(3) 原料重量(g)　记录每种原料的具体重量。
(4) 糖比例　记录糖与其他原料的比例。
(5) 发酵时间　记录果醋发酵所需的时间。
(6) 发酵温度(℃)　记录发酵过程中的理想温度范围。
(7) 过滤时间　记录果醋发酵完成后的过滤日期。
(8) 装瓶日期　记录果醋装瓶的日期。

任务四　果醋开发方案的评价

结合产品效果，对果醋产品设计和实施方案进行评价，详见表2-26。

表2-26　产品开发方案的评价

评分项目	评价等级	评分标准	评分
目标市场和消费者需求	是否准确把握了目标市场和消费者的需求，是否能够满足他们的口味偏好和购买习惯	0~20	
配方和原料选择	评估方案中所选配方和原料的合理性和优劣性，考虑是否能够提供良好的口感、颜色和香气等特点	0~20	
工艺流程	评估方案中的工艺流程是否合理且可行，是否能够确保产品的稳定性和质量标准	0~20	

续表

评分项目	评价等级	评分标准	评分
生产成本	考虑生产成本和效率，以确保方案的可持续性和经济性	0 ~ 20	
市场竞争和差异化	评估方案在市场竞争中的差异化程度，是否能够与竞争对手区分开来，吸引消费者的注意力和忠诚度	0 ~ 20	

【学习活动七】 果醋质量评价与记录

一、理化指标

（1）澄清度　分光光度法。
（2）总酸　酸碱滴定法。
（3）pH　用 pH 计测定。
（4）固形物含量　折光法。

二、感官品评

由食品专业人员组成评定小组，对样品从口感、风味、色泽等方面进行综合打分，再取其平均值；感官分析方法见表 2 – 27。

表 2 – 27　果醋感官评定标准

感官	评定指标	得分
色泽（10 分）	色泽鲜艳适中，色泽光亮	8 ~ 10
	色泽稍偏暗，色泽亮度不够	5 ~ 7
	色泽偏暗，色泽微亮	2 ~ 4
	色泽严重偏暗，色泽不好	1 以下
滋味（30 分）	有浓郁苹果香气，酸味适合	24 ~ 30
	苹果风味过重，酸味适合	21 ~ 23
	苹果风味过重，酸味不适合	18 ~ 20
	口感欠佳，酸味不适合，存在异味	17 以下
香气（20 分）	具果香味，味道纯正，无异味	16 ~ 20
	果香味较淡，偏向于单一物质的风味，无异味	11 ~ 15
	果香味很淡，偏向于单一物质的风味	6 ~ 10
	风味不协调，无清新感，有微量异味	5 以下
组织形态（40 分）	外观均匀，无分层现象	32 ~ 40
	有少量分层现象，但不明显	23 ~ 31
	有少量分层现象，有微小颗粒	14 ~ 22
	分层较严重，颗粒沉淀较多	13 以下

任务五 果醋开发方案的改进与提高

【学习活动八】 果醋产品讨论分析与改进方案制定

产品开发方案评审对于确保产品的市场适应性、质量稳定性、成本效益和项目可行性非常重要。通过评审，可以在产品开发的早期阶段发现和解决问题，提高项目的成功概率和效果，降低项目风险，并最终实现产品的商业成功。评审过程应该由相关部门或专业人员进行，并记录评审结果和建议，以便后续的改进和决策。

以下是一个示例的产品开发评审表，详见表 2-28，用于评估和审查产品开发方案的可行性和有效性。

表 2-28 产品开发方案评审表

评审项目	评审内容	评分标准	评分
产品目标	产品定位、特点、使用场景等是否明确	0~10	
市场需求	目标市场的需求和趋势是否充分调研	0~10	
竞争分析	对竞争对手的产品特点和市场份额是否分析	0~10	
配方开发	配方的原料选择、比例和工艺是否合理	0~10	
品质控制	品质标准、质量检测和安全标准是否设定	0~10	
包装设计	包装材料、外观和适用性是否符合要求	0~10	
用户反馈	是否考虑用户反馈和持续改进	0~10	
成本效益	预估的成本和预期的利润是否合理	0~10	
时间计划	各个阶段的时间安排是否合理	0~10	
风险评估	项目实施过程中可能面临的风险和挑战	0~10	
总分			

以下是一个整改方案的示例表格（表 2-29），适用于记录问题、整改措施、责任人和完成时间等信息。

表 2-29 产品整改方案

问题描述	整改措施	责任人	完成时间	整改状态	备注
产品酸度不符合标准	重新调整发酵时间与温度，增加实验次数	张三	2024-11-01	未完成	需要额外实验设备
标签信息不全	更新标签设计，添加营养成分与保质期	李四	2024-10-20	已完成	已送印刷厂
……	……	……	……	……	……

说明：
(1) 问题描述 简要描述在研发过程中发现的具体问题。
(2) 整改措施 针对每个问题制定的具体整改措施。
(3) 责任人 负责该整改措施具体实施的人员。
(4) 完成时间 预计完成整改的时间。
(5) 整改状态 当前整改的完成状态（如未完成、已完成、进行中）。
(6) 备注 提供额外的信息或注意事项。

答案解析

简答题

1. 酱油发酵中发生的生化变化有哪些?

2. 在酱油酿造过程中,制曲的作用是什么?

3. 高盐稀态法工艺与低盐固态法工艺有何不同?

4. 简述果醋生产的基本步骤流程。

5. 苹果醋陈酿前后,产品品质方面有何变化?

项目三　饮料类制品的加工与开发

PPT

产品一　即饮咖啡

任务一　明确即饮咖啡开发目的

一、即饮饮料

即饮（ready - to - drink，RTD）饮料也被称为速饮饮料，意为随时随地、直接打开即可饮用的饮料，包括各种易拉罐、瓶装等包装的含乙醇或不含乙醇的饮料，是近些年来全世界酒类行业乃至整个饮料行业都非常关注的一类产品。比如，含乙醇即饮饮料是经预调好，开瓶即可饮用的含乙醇预调饮料，包括预调鸡尾酒、葡萄酒风味饮料、含乙醇的苏打饮料、含乙醇的咖啡/茶饮等；非乙醇即饮饮料则包括各种运动和能量饮料、果汁和蜂蜜、乳饮料、碳酸饮料、茶和咖啡等。目前，即饮饮料在各个国家的发展都十分迅速，消费者的需求更加多元化，消费场景也变得更多样，旧产品的升级、新产品的创新，都在推动着、顺应着即饮饮料行业的发展。

二、即饮咖啡

（一）概念

咖啡饮品主要包括速溶咖啡、即饮咖啡与现磨咖啡三大类。即饮咖啡主要以糖浆、乳粉、咖啡为主要成分，辅以奶油香精、食品添加剂构成不同风味的咖啡类饮料。国内在售即饮咖啡一般采用的国家标准为《咖啡类饮料》（GB/T 30767—2014），包括浓咖啡饮料、咖啡饮料、低咖啡因咖啡饮料、低咖啡因浓咖啡饮料等，规定咖啡饮料和浓咖啡饮料的咖啡因含量须≥200mg/kg。常见的即饮咖啡多以小容量为主，大多在200～300mL，多使用铝瓶或者PET瓶装。在常温下保存即可，仅有部分添加了鲜牛奶的产品需要冷藏保存，这在一定程度上方便了消费者饮用。与速溶咖啡和现磨咖啡相比，即饮咖啡不需要冲泡、磨粉、加热等预先步骤，携带和饮用方便。成为新晋咖啡产品聚集领域。

（二）种类

即饮咖啡的种类按照风味可分为纯咖啡与风味咖啡。纯咖啡不附加任何辅料、糖浆，如黑咖啡、美式咖啡。风味咖啡添加辅料（如牛奶、豆蔻、肉桂）、糖浆（香草、焦糖、摩卡）等，将纯咖啡调制成带有风味的咖啡，如香草拿铁、摩卡咖啡、焦糖玛奇朵等，主要的品类如下。

1. 拿铁　是一种加入牛奶的咖啡饮品，通常由一份浓缩咖啡和三份牛奶混合而成。拿铁的口感较为柔和，带有浓郁的牛奶味和咖啡香气。

2. 美式咖啡　通常由一份浓缩咖啡和三份热水混合而成。美式咖啡的口感比较清淡，带有一定的苦涩味和咖啡香气，适合喜欢比较淡口感的人饮用。

3. 卡布奇诺　是一种由浓缩咖啡、蒸煮牛奶和奶泡混合而成的咖啡饮品。它的口感柔和、丝滑，带有浓郁的牛奶味和咖啡香气，奶泡的厚度和纹路也是卡布奇诺品质的标志。

4. 摩卡咖啡　由浓缩咖啡、巧克力酱、鲜奶油和牛奶混合而成的咖啡，具有浓厚的巧克力味和牛奶味。

5. 焦糖玛奇朵　由浓缩咖啡、牛奶、香草、焦糖混合而成的咖啡饮品，具有香甜醇厚的口感。

此外，还有以咖啡品种命名的，即饮咖啡，如蓝山风味咖啡、曼特宁风味咖啡等。以功能命名的，如低因咖啡、生酮咖啡、胶原蛋白咖啡、益生菌咖啡等。

（三）即饮咖啡的开发

随着人们的消费观念快速提升，在选择咖啡时会更加关注口感、品牌等要素，驱动着头部咖啡市场的升级，高质量的咖啡豆原料和丰富的精深加工产品成为贯穿中下游产业链的一大核心要素。从现阶段来看，虽然即饮咖啡目前在份额上落后于速溶咖啡，但即饮咖啡作为细分产品，成本低、利润高，且其健康性和功能性符合当下的消费潮流。因此，需要对这一品类的风味、成分和特色进行不断挖掘，升级或开发出满足消费需求的新产品。

1. 满足消费需求　随着饮料市场的不断变化，社会不断发展，人们的需求也不断升级，需要开发新产品以开拓更大的市场。

2. 满足客户期待　当企业发展到一定程度时，为了满足客户的期待，需给用户全新的产品。

3. 保持市场优势　市场竞争较大，开发新产品是保持竞争力、与竞争对手对抗的重要手段。

4. 保持产品创新　开发新产品、改进老产品是企业不断发展壮大的根本途径，也是企业提高经济效益的重要手段。

（四）咖啡研发岗位职责

咖啡研发岗位要求如下：根据公司发展规划及客户需求，负责公司咖啡饮品配方的创新研发与现有产品改良；进行市场调研与分析，研究同行及行业发展状况，定期进行市场预测及情报分析，为公司产品决策提供依据；负责产品原料供应商的开发与合作，协调相关资源；负责公司咖啡饮品口味、品质把关与产品效益评估，合理控制产品成本；负责产品制作 SOP 输出及培训，保障公司各门店产品口味的稳定性；了解行业最新动态和发展趋势，挖掘具有竞争力的产品，根据市场需求提出研发新产品、开拓新领域的建议。

任务二　即饮咖啡开发方案的制定

研究、试制能满足用户需求的新一代即饮咖啡产品，并改进老产品，提高质量，加速产品的升级换代。根据产品研发目的和岗位职责，制定和提交即饮咖啡产品策划方案（表 3 - 1）。

表 3 - 1　即饮咖啡产品策划方案要求

方案内容*	内容要求	验收方式
市场调研	设计问卷，调研消费者需求、市场空缺和发展	
友商分析	调研竞争对手产品信息	
产品构思	基于对上述数据的分析和评价，筛选新产品构思，明确产品用途及特征。注意结合法律法规、设备情况等背景	材料提交、成果展示
产品概念	描述产品的名称、品质、具体用途、外形包装、优点、价格、提供给消费者的利益等	
卖点挖掘	描述产品创新点，目标市场的规模、结构和消费者行为，新产品在目标市场上的定位	
利润分析（可选）	估计开发的速度和包装是否适合当前及长期消费，销售量、成本和利润，判断是否满足企业开发新产品的目标	

* 包括但不限于列举方面。

【学习活动一】 明确即饮咖啡开发总体思路

一、即饮咖啡的开发关键要素

营养价值、口感和味道、色泽、保质期、成本和市场需求是即饮咖啡配方是否成功的关键影响因素，需要充分考虑每个方面，并平衡他们之间的关系。

（一）配料设计

配料设计是产品成功的基础，通过把主体原料和各种辅料配合在一起，组成一个多组分的体系，其中每一个组分都起到一定的作用，从而形成食品最初的档次和形态，体现产品的性质和功用。即饮咖啡一般分为黑咖啡和牛奶咖啡两种。黑咖啡一般是用速溶咖啡粉或者咖啡豆研磨成粉的萃取液后添加水、白砂糖、合成香精调和。牛奶咖啡是使用速溶咖啡粉或者咖啡豆研磨成粉的萃取液后添加水、白砂糖、全脂奶粉、植脂末、乳化剂、增酸剂、香精、调色剂、增稠剂等食品添加剂调和加入符合国家标准含量的食品添加剂可延长保质期。配料的选择原则如下。

1. 匹配性　符合既有设备和工艺的可能性。

2. 多样性　选用时应尽可能多选择几种原料，注重产品系列化，加工多元化。

3. 经济性　因地制宜、就地取材，原料基地化。

4. 安全性　符合食品安全的国家相关法律法规和标准。

（二）调香设计

即饮咖啡的香气是由多种挥发性的气味物质表现出来的，由酸、醇、乙醛、酮、酯、硫黄化合物、苯酚、氮化合物等数百种挥发成分复合而成。如果咖啡的香味消失了，就意味着品质变差。咖啡香气可以分为甜味、果味、花味、坚果味、巧克力味等，其主要的挥发性化合物包括呋喃类和吡啶类、吡嗪类、酮类和酚类、醚类、醛类、酯类、噻吩类、含硫和含氮化合物，以及萜烯类化合物等。其中糠基硫醇有强烈香气，吡嗪化合物具有坚果特征香气，它们是咖啡香味主要来源。

1. 调香步骤

（1）确定所调香要解决何种问题　明确是解决产品香气不够丰满，还是解决杂味较重，还是余味问题。

（2）确定调制香精用于哪个工艺环节，考虑挥发性问题。

（3）确定调制的香气类型。

（4）确定产品的档次，选择不同的香料。

（5）选择合适的香精、香料。

（6）拟定配方及实验过程。

（7）观察并评估效果。

2. 调香应注意的问题　应注重产品主要原料的品质，调香是锦上添花，不能改变产品的本质。

（1）香料种类的选择　根据工艺要求（如温度）、产品的状态，选择合适类型的香精。

（2）确定最适宜的用量。

（3）选择添加时机。

（4）注意添加的顺序。

（5）加香的密封熟成。

（6）香精和香辛料的和谐配比。

（7）包装的保香性。

（8）香精的保存。

（三）调味设计

即饮咖啡的口感包括酸度、苦味、甜味和口感等方面，不同的咖啡豆和烘焙方式会带来不同的口感。例如，哥伦比亚的咖啡豆口感比较清淡，带有柑橘和巧克力的口感；肯尼亚的咖啡豆则口感比较浓郁，带有莓果和柠檬的口感。无论是哪种口感的咖啡，都可以让人们感受到咖啡的味道，让人们享受到美味的口感。即饮咖啡的口味是判断产品质量高低的重要依据，也是市场竞争的一个重要突破口。即饮咖啡的呈味成分主要来自咖啡豆原料自身，也可通过甜味剂、酸味剂、鲜味剂等调味料进行单独添加或复配组合，产生令人愉悦的风味。

（四）调色设计

颜色可以影响消费者对于饮料的整体感觉和品质。即饮咖啡是以棕色为主色调的饮料。优质咖啡通常颜色深沉，色泽鲜亮，反映出咖啡豆的成熟度和品质。咖啡色泽的主要化学成分为含氮化合物，如咖啡因、三甲基黄色素和三唑林等，另外还有咖啡酸、绿原酸等酚类化合物。即饮咖啡的色泽一般来源于自身咖啡原料，少量产品可能添加焦糖色等色素。

（五）质构改良设计

食品质构（texture）也称为食品的质地，它是食品的一个重要属性。美国食品技术协会（Institute of Food Technologists，IFT）关于食品质构的定义为：指眼睛、口中的黏膜及肌肉所感觉到的食品的性质，包括粗细、滑爽、颗粒感等。质构是在食品加工中很难控制的因素，却是决定食品档次最重要的关键指标之一。

除了色、香、味的不同之外，不同种类的即饮咖啡品种也具有不同的质构特性。一般通过加入各种增稠剂、稳定剂来改良即饮咖啡的质构。咖啡口感的主要术语如下。

1. 醇度 饮料的物理特质。在喝咖啡的中间和喝下之后，舌头和口中皮肤的质感。

2. 黄油味 表明在咖啡中，油性悬浮物较多。大多数在压力作用下煮制出的咖啡，如浓缩咖啡，经常会有这种口感。压力作用使豆纤维里的油质被充分提取。

3. 乳脂状 由悬浮在咖啡中一定的油性物质引起。产生乳脂状是因为在生咖啡豆里有大量的脂肪。

4. 厚重 描述咖啡的醇度。浓厚表明在咖啡里有中等以上数量的固体悬浮物——咖啡纤维小颗粒及非水溶性的蛋白质大量存在。

5. 轻 描述咖啡的醇度。表明在咖啡里有中低数量的固体悬浮物。这种情况的出现，通常与制作咖啡时咖啡与水比例较低有关。

6. 顺滑 由悬浮于咖啡里的中低数量的油性物质引起，是生豆里存在中等数量脂肪的结果。

7. 稠 咖啡里有数量相对较多的固体悬浮物引起的感觉，浓缩咖啡经常具有这样的特点，这是大量豆纤维微粒和非水溶性蛋白质存在的结果。

8. 薄 咖啡里有数量相对较少的固体悬浮物引起的感觉，是咖啡纤维微粒和非水溶性蛋白质数量少的结果，用过滤纸制作咖啡时由于咖啡与水的比例过低会出现这种情况。

9. 水味   咖啡中油质悬浮物较少引起的感觉。生豆里只有少量的脂肪会出现这样的结果。极低的咖啡和水比例所制成的咖啡经常具有这一特点。

（六）保质设计

即饮咖啡属于易变质的食品。因此需要使用适当的杀菌技术、防腐剂和包装材料来保持饮料的新鲜度。避免因保质期短，影响商品化流通及经济效益最大化。选择防腐剂的种类和用量时，应严格按照GB 2760—2024，注意以下问题：①用量超标；②超范围使用；③对限制范围误解；④没有进行配合防腐，单靠防腐剂防腐；⑤使用违禁用品或非食用类添加剂。

（七）功能性设计

功能性是近年来饮料产品开发的主要方向之一。随着市场不断细分，新的功能概念也在不断增多，如增强免疫力、体能补充、肠道免疫、低糖低卡、身材管理等需求产品，都有发展空间。咖啡本身具有提神醒脑、提高代谢、利尿的功效。在其自身功效的基础上，出现了大量"功能＋"即饮咖啡，如代谢咖啡、生酮咖啡、健脑咖啡、益生菌咖啡、维生素咖啡、植物基咖啡、抗氧化咖啡等，细分消费者需求和场景，优化升级产品，成为咖啡行业的创新趋势。

✐ 知识链接

生酮咖啡

生酮咖啡是一种特殊的咖啡饮品，它通常由黑咖啡作为基础，加入椰子油、黄油、重奶油或其他高脂乳制品等成分制作而成，具有高脂肪、低碳水的营养特点，与生酮饮食相辅相成。

生酮饮食是一种通过大幅限制碳水化合物的摄入，促使身体产生酮体作为燃料，从而进入脂肪燃烧模式的饮食计划。生酮咖啡作为生酮饮食的一部分，旨在帮助人们提高油脂摄入，同时保持低碳水化合物的摄入。具有促进脂肪代谢、提高饱腹感、利尿和兴奋神经等作用，适量饮用生酮咖啡对人体具有一定的减肥作用。但需注意的是，过量饮用可能会引起失眠、心悸等不良反应，而且大量摄入脂肪和卡路里可能会导致体重增加。因此，建议根据个人身体情况和营养需求适量饮用。

【学习活动二】原辅料及生产技术路线对即饮咖啡品质的影响规律

一、原辅料

（一）咖啡

1. 咖啡豆的种类及特点

（1）按品种分类   世界上咖啡豆大致可以分为三大类：阿拉比卡、罗布斯塔、利比里亚，其中阿拉比卡豆和罗布斯塔豆最为重要。世界上种植的大部分（70%～80%）商业咖啡树都是阿拉比卡树。阿拉比卡咖啡豆的原生种主要有两个：铁皮卡和波旁。阿拉比卡豆具有特殊的风味，有巧克力、焦糖、坚果风味，还有果酸味。由于产量低、质量高、风味好，由阿拉比卡咖啡豆制成的咖啡一般价格更高。罗布斯塔豆缺乏天然糖分，咖啡因含量高，对抗疾病具有很高的耐受性（如咖啡浆果病、咖啡叶锈病），产量比较高，并且其种植成本要低得多。因此，罗布斯塔豆是速溶咖啡和即饮咖啡的最佳选择。罗布斯塔有着木质、坚果及泥土的风味，口感更加强烈、更苦。

（2）按产地分类　目前市面上主流的咖啡豆主要产自拉丁美洲、非洲和印度尼西亚及太平洋岛屿地区。拉丁美洲的咖啡豆产地主要包括巴西、哥伦比亚、哥斯达黎加、巴拿马、墨西哥等地。通常这里出产的咖啡豆浓郁度较低，冲泡后的咖啡呈轻盈的质感，带有甜美香气，口味平衡，有一定酸度，适合进行轻度至中度烘焙。非洲的咖啡豆产地主要包括埃塞俄比亚、肯尼亚、马达加斯加等地。非洲的咖啡豆冲泡而得的咖啡质感浓醇，甚至可接近糖浆的质感，冲泡的咖啡带有浓郁的香味，比如黑巧克力味等，有些品种会带有果香及花香。非洲出产的咖啡豆适合进行深度烘焙后获得其特有的浓郁风味。印度尼西亚及太平洋岛屿地区的咖啡豆通常酸度较低，冲泡出的咖啡质感浓醇，风味浓郁，香气浓厚，没有特别另类的口感，可以品尝到较为传统纯正的咖啡香。

（3）按等级分类　通常会依据瑕疵率、豆粒大小、海拔、生豆密度、处理标准等进行分类。

（4）按生豆处理方式分类　咖啡果实去除果皮、果肉、果胶、羊皮层和银皮，最后剩下的部分称为生豆。去除一系列物质的这个过程就叫生豆处理。主要的处理方式包括日晒法，风味更加浓烈，有酒香般的发酵味且带有甜味；水洗法，酸香味和明亮感较佳，风味干净无杂味；蜜处理，相对水洗、日晒来说更为甘甜；此外还包括半日晒、半水洗和动物体内发酵法等。

（5）按烘焙程度分类　按咖啡豆颜色从浅到深可分为十种，烘焙时间、口感和风味特点各有不同，适合不同的冲煮方法（表3-2）。

表3-2　咖啡烘焙程度与特征

烘焙度	颜色	Agtron 值*	风味特征	推荐用途
极浅烘焙	浅肉桂色	100～95	豆子未熟，有生豆的青味	不适合研磨饮用，一般用作试验
浅度烘焙	肉桂色	90～85	青草味已除，酸质强烈、略带香气	法压壶、滴滤和手冲等
中度烘焙	栗子色	80～75	口感清淡、偏酸带苦、香气适中	法压壶、滴滤和带奶类的饮品
中度微深烘焙	浓茶色	70～65	酸苦均衡，喉韵出现苦，醇度高，回甘强，余韵饱满	蓝山、乞力马扎罗咖啡等
中深度烘焙（城市烘焙）	浅棕色	60～55	口感明亮活泼、酸苦平衡间酸质又偏淡	浓缩咖啡和黑咖啡等
深度烘焙	深棕色	50～45	熟豆深褐色点状出油。苦味突出，层次感强，无酸，黑巧克力、黑糖、香料类的余韵强劲持久	浓缩咖啡和法式咖啡等
法式烘焙	黑褐色	40～35	豆子的表面油脂量更多，口感带有烤焦和微苦的味道	牛奶咖啡、意式咖啡
意式烘焙	黑色	30～25	油脂几乎覆盖了豆子表面，苦味强劲，焙烤味、烟熏味突出	牛奶咖啡、意式咖啡

*红外线焦糖化测定器技术（Agtron）测量咖啡豆的色泽。

2. 咖啡原料　一般选用咖啡豆和（或）咖啡制品（研磨咖啡粉、咖啡的提取液或其浓缩液、速溶咖啡等）作为即饮咖啡的原料。既可以选择单一品种的咖啡豆来源，也可以按产品需要选择不同品种及烘焙度的拼配豆来源。一般来说，咖啡豆的种类和质量决定了咖啡风味。精品阿拉比卡豆质量最高，风味丰富。罗布斯塔豆通常价格低廉，但口感单一，偏苦。如果选择咖啡制品（咖啡萃取液或速溶咖啡粉）为原料，咖啡萃取液的效果最佳，咖啡萃取液混合速溶咖啡粉次之，而纯速溶咖啡粉可能损失较多的风味。

（二）奶

牛奶咖啡中可加入乳粉、生牛乳或炼乳赋予产品奶味和丝滑醇厚的口感，既可以单独添加，也可以搭配添加。乳粉的种类包括脱脂乳粉、全脂乳粉及脱乳糖乳粉。一般来说，生牛乳的口感好于乳粉。此外，对于纯素饮食、乳糖不耐症或对牛奶过敏的消费者，可用植物奶替代牛奶，如燕麦奶或豆奶。

（三）其他原辅料

即饮咖啡中比较常见的辅料还有白砂糖、食用盐、香草提取物等。不同品类的即饮咖啡会加入不同的原辅料来突出产品特色。例如，摩卡咖啡可以加入巧克力、可可粉等；生酮咖啡可以加入黄油、椰子油、乳清粉等；生椰拿铁可以加入椰浆粉等。

（四）添加剂

即饮咖啡中一般含三种至十几种添加剂，在产品中主要起到改善口感和延长保质期的作用（表3-3）。

表3-3　常见即饮咖啡中各种食品添加剂的作用

种类	作用	常见添加剂举例
乳化剂	保证易溶于水和易溶于油的物质融合在一起；起到不发生严重分层和沉淀的目的	单双甘油脂肪酸酯、酪蛋白酸钠、乙酰化单双甘油脂肪酸酯、聚甘油脂肪酸酯、蔗糖脂肪酸酯、单硬脂酸甘油酯、甘油
增稠剂	丰富黏稠滑口的口感	卡拉胶、瓜尔胶、结冷胶、黄原胶
稳定剂	维持饮料体系稳定	羧甲基纤维素钠、微晶纤维素、
酸度调节剂	控制产品中的pH	六偏磷酸钠、枸橼酸钠、磷酸氢二钾、磷酸氢二钠、碳酸钾、三聚磷酸钠、碳酸氢钠
甜味剂	赋予产品甜味	赤藓糖醇、三氯蔗糖、天门冬酰苯丙氨酸甲酯
抗氧化剂	有效减缓咖啡氧化速度，延长保质期	维生素E、抗坏血酸钠
香精	用来提香，补救加工处理过程中消散的芳香物质，如奶香、焦糖香气、坚果香气等	咖啡香精
着色剂	普遍使用焦糖色调色剂，满足消费者对于咖啡的大众印象	焦糖色素
防腐剂	杀灭微生物或抑制其繁殖作用，减轻食品在生产、运输、销售等过程中因微生物而引起的腐败	山梨酸钾、苯甲酸及其盐、对羟基苯甲酸丙酯、乳酸链球菌素和纳他霉素

二、即饮咖啡生产工艺

1. CIP 清洗系统（cleaning in place，CIP）即就地清洗系统，又称清洗定位或定位清洗，被广泛地用于饮料、乳品、酒类等机械化程度较高的食品生产企业中。指不用拆开或移动装置，采用高温、高浓度的洗净液，对设备装置加以强力作用，把与食品的接触面洗净，对卫生级别要求较严格的生产设备进行清洗、净化。

对应即饮咖啡的生产设备，主要的CIP清洗程序包括：冷管路及其设备清洗程序、热管路及其设备清洗程序、巴氏杀菌或超高温瞬时（ultra-high temperature，UHT）杀菌系统清洗程序等。冷管路主要包括配料管线、原料贮存罐等设备；热管路主要包括混料罐及受热管路等。在生产前、后或间歇需对设备做全面清洗。操作流程为：启动CIP电源总开关，在酸液罐、碱液罐内配制好清洗液，并核实其浓度。在水罐内灌水，各贮罐贮液量维持在全容积的80%左右；校正各仪表的正确性，按工艺要求调整控制点数值；按冷管路及其设备、热管路及其设备，以及巴氏杀菌系统等的清洗工艺要求，设定好酸液、碱液和清水各自的持续清洗时间；将分配器连接到待清洗设备或待清洗管道系统。必要时，可加入消毒剂，进行就地消毒（sanitizing in place，SIP）。

在即饮咖啡的生产过程中，管道和罐体中不仅会存在上次生产的产品残留物，还会残留水垢、油脂、微生物形成的生物膜，必须使用 CIP 清洗生产的"内部"表面，以去除各种异物、溶液残留、食品残渣及微生物。如果不严格执行 CIP 清洗，将造成微生物污染，影响产品品质。

2. 咖啡 即饮咖啡的风味取决于使用的咖啡，可选择加入咖啡萃取液、速溶咖啡粉或咖啡浓缩液，咖啡的典型生产工序如下（图 3-1）。

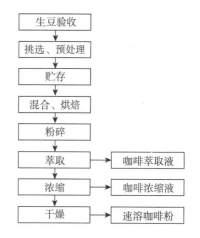

图 3-1 咖啡生产工艺

（1）验收 对咖啡生豆进行进料检验并存储。

（2）预处理和配料 对原料进行精选，咖啡生豆应该是豆味新鲜，色泽明亮，颗粒完整、均匀，无劣次豆（霉豆、发酵豆、黑豆、虫蛀豆、极碎豆等）及各杂质（种壳、土块、木块、石块、金属等）。一般采用振动筛、风压输送或真空输送等方式进行分离。配料是将不同品种和质量的咖啡豆按一定配比进行混合，在获得良好风味的同时，降低原料成本。

（3）烘焙 使用半热风直火式或热风式烘焙机烘炒筛选后的咖啡豆，生豆在焙炒过程中，由黄色或绿色变成不同程度的褐色。烘焙是咖啡风味和品质形成的关键工序，使咖啡豆获得较好的芳香并在萃取时取得较合适的风味。烘焙的温度和时间是关键控制因素，因咖啡的品种及类型而异，还取决于最终产品所要求的烘焙程度。应根据焙炒豆颜色、气味、体积变化及时调整焙炒火力，一般最高温度控制在 230~250℃，焙炒时间在 15 分钟左右。良好的焙炒条件必须根据产品色泽、香味、得率、经济效率以及生产设备设计条件来确定。烘焙程度对产品的影响包括：①焙炒程度浅则咖啡豆水分含量高，质软、酸味重、苦味弱，磨碎后较易浸提；②焙炒程度深则水分含量低，质脆、酸味弱、苦味重，磨碎后细粉较多从而影响浸提；③烘焙不足则香味形成欠缺，成品色泽差且提出率低；④烘焙过度则析出的油脂多，会妨碍提取并影响后续喷雾干燥。

（4）脱除银皮 烘焙后的咖啡豆必须立即冷却，防止内部的热量对咖啡豆进行持续加热。利用风力脱皮装置将烘焙后的咖啡豆脱除银皮。由于豆子在焙炒过程中产生大量的二氧化碳和其他气体，因此熟豆应在储豆罐静置 24 小时以上，让气体进一步挥发和释放，同时也充分吸收空气中的水分，使豆粒变软，从而有利于萃取。但不宜超过 1 个月，以防风味损失。

（5）粗磨 将脱除银皮后的咖啡豆通过辊式粉碎机粉碎为粗磨颗粒。

（6）精磨 通过气流冲击装置将所述粗磨颗粒粉碎为咖啡粉。一般咖啡粉的颗粒平均直径约为 1.5mm。研磨粒度的大小与后续的浸提设备有关，粒度越小，则用少量的水就可以实现高效率浸提，但会造成后续过滤困难；反之，则易过滤但难浸提，需要加大水的流量、提高萃取温度和压力，以提高萃取得率。

（7）萃取 是得到咖啡提取物的核心步骤。咖啡粉中可溶物约占 30%，包括：①有机酸和咖啡因，给咖啡带来轻快的水果风味；②脂质，以乳状物的形式被释放出来，带来顺滑的口感；③类黑素物质，迷人的棕褐色，脂质和类黑素物质同时为咖啡带来坚果、香草、巧克力等风味；④部分可溶于水的碳水化合物，带来甜感和泥土气息。

1）热萃 咖啡粉被浸泡在热水或蒸汽中，形成浓缩咖啡液。一般采用连续多管萃取的方式，由 6~8

个萃取罐以管道互相连接并可交替组成一个操作单元。在一个操作单元内以完成咖啡粉的浸润；可溶物的溶出；不溶性的碳水化合物受高热水解而部分转化溶出。同时，咖啡粉渣组成的滤层可以起到过滤作用，除去蜡质和脂肪。普通萃取时，萃取液浓度为10%~12%。如果生产速溶咖啡粉，则需要在压力和高温下进行咖啡萃取，萃取液浓度一般30%~32%。

萃取时的料水比一般为1∶（3.5~5.0），浸提时间为60~90分钟，浸提温度90℃以上。萃取过程中最直接的两个参数是温度和压力，其中温度起决定性因素。当萃取温度达到180℃时，可以使一些高分子碳水化合物提取出来，从而使萃取率提高10%~20%，高分子碳水化合物有利于芳香成分的结合，达到调整风味的效果；但温度高于190℃，会有不好的风味物质被提取出来。由于萃取水温较高，热萃咖啡的口感比较浓烈且苦涩，味道也更加复杂。

2）冷萃　将咖啡粉装入设有搅拌系统与超声系统的萃取装置内，将咖啡粉与冷水（0~10℃）长时间浸泡，一般需要6~12小时。冷萃咖啡是目前市场上比较流行的萃取方式，这种制备方法更加温和，降低了咖啡中的酸性物质含量，使得口感更为柔和。而且，咖啡粉在低温水中长时间浸泡，只有小分子风味物质被萃取，使得冷萃咖啡喝起来口感更顺滑、馥郁、层次分明，且回甘明显。

3）闪萃　对咖啡粉先进行热萃，萃取温度92℃。在热萃之后，用换热器进行快速冷却（0~7℃），可以更好地保留咖啡的挥发性物质。

各种萃取制备方式各有优缺点，如发现产品有酸味、苦味、涩味太重等现象，说明萃取率偏高，则下次运行时减少抽提量，反过来，可以适当增加抽提量，从而达到保证产品质量、提高产量的目的。

（8）低温浓缩　将咖啡萃取液接入反渗透浓缩装置，浓缩后得到咖啡浓缩液。

（9）过滤杀菌　将咖啡浓缩液通过滤膜过滤杀菌，得到过滤浓缩液。

（10）低温干燥　在真空环境中对过滤浓缩液进行冷冻干燥（-40℃），水分被冻结成细小的冰晶微粒，然后在真空条件下升华，并通过低温粉碎装置粉碎后，得到浓缩咖啡粉。传统速溶咖啡使用高温喷雾干燥技术，用高温（250℃）迅速让咖啡液中的水分蒸发，从而保留咖啡液里的提取物，但高温使咖啡风味流失严重。使用冷冻干燥工艺加工的浓缩咖啡粉，风味优于高温喷雾干燥。速溶咖啡中的咖啡因含量大于3%，水分含量小于4%。

3. 水处理　即饮咖啡大部分由水构成（90%以上），可采用多级过滤、反渗透、离子交换等工序满足咖啡净水要求。除符合《生活饮用水卫生标准》（GB 5749—2022）之外，还必须满足咖啡用水的要求，可参考精品咖啡协会（Speciality Coffee Association，SCA）咖啡用水标准（表3-4）。

表3-4　SCA 咖啡用水标准

特征	标准值	可接受范围
气味	干净、清新无异味	
颜色	无色	
总氯	0mg/L，不得检出	
TDS	150mg/L	75~250mg/L
总硬度	68mg/L	17~85mg/L
总碱度	40mg/L	接近40mg/L
pH	7.0	6.5~7.5
钠	10mg/L	接近10mg/L

4. 调配 按生产要求分别加入各种原辅料和添加剂，如乳粉、甜味剂、增稠剂、稳定剂、酸度调节剂、香精、色素或防腐剂等，正确计量每次配料所需的量，在调配缸中分别溶于水，过滤后按序与咖啡混合，定容后得到咖啡终糖浆。再经预热、脱气和均质，进入杀菌工序。

咖啡中含有多种有机成分，是一个比较复杂的混合体系。成品在存放过程中，容易发生胶凝、出现二次沉淀，造成饮料分层，另外还有开盖时发泡，在内壁形成乳酪圈等问题。咖啡渣容易沉底，造成饮料分层；同时，咖啡中含有的粗脂肪经开水冲泡后，容易上浮；在咖啡中加入牛奶等蛋白质含量较高的添加物时，蛋白质也容易随着时间的增长出现絮凝、沉淀等现象。使用脱脂奶粉可以避免油脂含量高而引起的浮油问题，但会影响牛奶咖啡的风味。

因此，需要添加乳化剂来改善咖啡饮料中粗脂肪与水的相互作用，添加适量的增稠剂改善其分层的不足。但是乳化剂和增稠剂选择不当或添加过量，也会影响产品的风味与口感。

5. 杀菌 咖啡终糖浆的杀菌可采用巴氏杀菌或超高温瞬时杀菌（UHT 杀菌）。巴氏灭菌法采用较低的杀菌温度，能够保留溶液中微量营养物质，在杀死致病菌的同时减少咖啡饮料风味的损失。现在比较常用的方法是 UHT 杀菌，将咖啡液体在 2~8 秒的时间内加热到 135~150℃，然后再迅速冷却到 30~40℃。瞬间高温可杀死咖啡内的细菌和微生物，由于加热速度快、时间短，咖啡质量受热发生化学变化小，对咖啡原有色香味的影响小。目前国内市场上的超高温瞬时灭菌设备主要以间接加热为主，根据不同工艺可分为波纹管式成套灭菌系统、板式成套灭菌系统等。

6. 灌装 经 UHT 杀菌后，为避免再次受到污染，一般直接使用无菌冷灌装工艺进行灌装。无菌冷灌装是指将经过超高温杀菌的无菌液体，在无菌的环境下使用无菌容器进行常温灌装、封盖的系统灌装。无菌灌装线上需要用到冲瓶机、冲盖机、连续杀菌机等来对包装容器进行杀菌，料液的灌装也需要用到无菌灌装机、旋盖机等设备，同时还需正压系统、高效过滤器等来保障无菌环境。

即饮咖啡根据包装可分为罐装咖啡、瓶装咖啡、杯装咖啡、盒装咖啡和袋装咖啡等。目前市场主流为瓶装咖啡，具有便携性好、容量大等优点。

【学习活动三】即饮咖啡原辅材料用量计算

一、原辅材料用量计算

（1）咖啡耗用量 具体视咖啡品种、生产工艺、产品要求而定。一般咖啡豆耗用量为 50~80kg/t 产品。

（2）白砂糖用量 视即饮咖啡要求而定，一般低于 10%。

（3）牛乳用量 视即饮咖啡要求而定，一般为 4%~6%。

（4）包装材料 包装材料包括各类容器（PET 瓶、两片罐、三片罐、玻璃瓶等）及纸箱、纸托盘等。其用量一般以吨产品消耗量加 0.1% 损耗计。

二、按生产用量计算

如生产多种产品，则以每一种产品进行计算，求得各产品用量后进行汇总。由此可确定各类仓库容量。

以小时原料投料量、原料利用率及各工序得率为计算基础进行物料计算。

如浓缩果汁的物料计算以小时投料量、各类水果原料的出汁率计算小时果汁得率，以果汁可溶性固形物含量及成品浓度要求计算浓缩果汁时的水分蒸发量及浓缩汁小时成品得率。按此物料计算配置浓缩果汁生产线及灌装设备。

【学习活动四】 即饮咖啡成本核算

原材料和燃料动力成本在饮料厂产品成本中占 50% ~ 70%。将产品的原、辅材料，燃料动力的消耗定额乘价格，可以得出饮料厂原材料和燃料动力成本，从而分析原材料和动力成本高低的价格因素和消耗数量因素；将工资总额和制造费用按照规定的分配方法分配给各类产品，则可求得单位产品的工资和制造费用。上述原材料和动力成本和单位产品工资与单位产品制造费用相加，可得单位制造成本。单位产品生产成本估算见表 3 – 5。

表 3 – 5　单位产品生产成本估算表

产品名称（ ）				年产量（ ）			
成本项目	规格	单位	单价（元）	税率（%）	消耗定额	金额（元）	年进项税额（万元）
原材料1							
原材料2							
原材料3							
原材料...							
燃料和动力							
工资和附加费							
制造费用							
副产品回收							
制造成本							

【学习活动五】 确定即饮咖啡开发方案（即饮咖啡典型工作案例）

拿铁风味咖啡饮料开发方案如表 3 – 6 所示。

表 3 – 6　拿铁风味咖啡饮料开发方案

拿铁风味咖啡饮料					
产品配方（每100g）					
序号	原料名称	重量（克）	序号	原料名称	重量（克）
1	水	88	5	卡拉胶、瓜尔胶	0.07
2	白砂糖	6	6	单双甘油脂肪酸酯	0.03
3	全脂奶粉	4	7	枸橼酸钠	0.1
4	速溶咖啡粉	1	8	咖啡香精	若干

续表

拿铁风味咖啡饮料

产品配方（每100g）

工艺流程图：

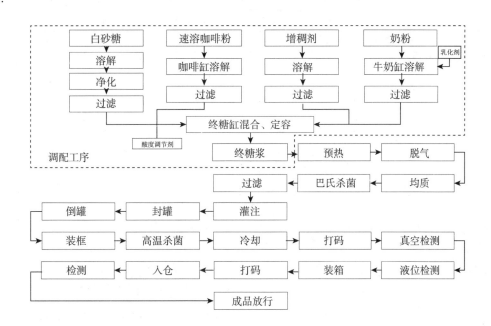

产品操作工艺：具体见表3-7。

表3-7 拿铁风味咖啡饮料原辅料调配工艺

工序	生产程序
牛奶缸	加入1200L 55℃热水
	加入乳化剂（单双甘油脂肪酸酯：酪蛋白酸钠=1∶1）750g，搅拌至充分溶解
	快速搅拌下加入奶粉100kg
	低速搅拌以防泡沫的生成
咖啡缸	加入600L常温反渗透（RO）处理水；预先在不锈钢桶中用3L热水（50℃）溶解酸度调节剂（磷酸氢二钠：枸橼酸钠=1∶1）2.5kg，搅拌至充分溶解
	慢速搅拌下加入速溶咖啡粉25kg
	快速搅拌2分钟后再持续慢速搅拌10分钟，加入酸度调节剂料液
调配缸	加入100L 75℃热水
	加入增稠剂（卡拉胶：瓜尔胶=2∶3）1.75kg
	搅拌至完全溶解
糖浆缸	在化糖锅加入80.6L水，白砂糖150kg，加热并不断搅拌，直到糖完全溶解并煮沸，保持煮沸状态5分钟左右，以确保糖浆的稳定性和杀菌效果
	经过滤器过滤
	经过热交换器冷却后，存于糖浆缸

续表

工序	生产程序
终糖缸	泵入适量体积的糖浆
	通过 40 目筛网将咖啡液泵入终糖缸，用约 100L 水冲洗咖啡缸，并将冲洗水并入终糖缸
	通过 100 目筛网将增稠剂溶液泵入终糖缸，用约 100L 水冲洗主剂溶解缸，并将冲洗水并入终糖缸
	搅拌 5 分钟
	过 100 目筛网及板式冷排将牛奶液（<20℃）泵入终糖缸。用约 100L 水冲洗牛奶缸，并将冲洗水并入终糖缸
	加处理水至距所需体积约 100L，搅拌 5 分钟
	计算总固形物含量
	与要求的总固形物（≥7.0Brix）比较
	若低于要求总固形物，计算补加糖量
	补加适量糖浆，加水定容至终体积。调整 pH 为 6.5~7.0，加入咖啡香精，搅拌 10 分钟后，取样

产品主要特性：

（1）感官要求　产品具有咖啡颜色且浑浊均匀，具有咖啡香气，有明显的奶香和甜感，口感醇厚顺滑，无异味和杂质。

（2）配料　pH 为 6.5~7.0。总固形物（Brix）≥7.0。咖啡因≥200mg/kg。

（3）产品标准代号　《咖啡类饮料》（GB/T 30767—2014）。

（4）其他理化、农业残留、污染物和重金属、微生物限量等指标　符合《食品安全国家标准 饮料》（GB 7101—2022）。

（5）保质期　9 个月。

（6）储存条件　置于阴凉干燥处。

（7）饮用建议　饮用前请摇匀，开启后立即饮用或者贮存于 4~6℃冰箱，于 6 小时内饮用完毕。瓶中悬浮物为牛奶成分，沉淀物为咖啡成分，并无品质问题。冷热饮均可，如热饮，加热温度不宜超过 55℃，请勿将本品置于明火或微波炉直接加热，以免发生危险。

（8）包装方式　内包装为马口铁罐，外包装为瓦楞纸箱。

编制/日期：	审核/日期：	批准/日期：

任务三　即饮咖啡开发方案的制定和实施

即饮咖啡开发方案要求如表 3-8 所示。

表 3-8　即饮咖啡开发方案要求

方案内容	内容要求	验收方式
原材料要求	分析特性，确定原辅料、添加剂、包装种类和数量	材料提交、成果展示
设备、工器具要求	确认设备、工器具要求	
工艺流程	根据产品的设计要求和功能，确定工艺流程	
工艺参数和实施要点	基于工艺流程，描述工艺参数及实施要点	
产品性质	描述指标限量和检测方法	
产品标签	形成产品标签	
成本核算	核算单位产品的成本	

【学习活动六】即饮咖啡的制作

即饮咖啡配料记录填入表 3-9，灭菌记录填入表 3-10。

表 3 – 9　配料记录

产品名称：

序号	投料时间	原辅料名称	配方重量（g）	记录人
1				
2				
3				
4				
5				
6				
7				
8				

表 3 – 10　灭菌记录

产品名称	灭菌温度（℃）	灭菌开始时间	预计灭菌时间（min）	灭菌完成时间	产品数量	记录人

任务四　即饮咖啡开发方案的评价

结合产品效果，对产品设计和实施方案进行评价，详见表 3 – 11。

表 3 – 11　产品开发方案的评价

评分项目	评价等级	评分标准	评分
产品功能	完全满足产品构思 基本上满足产品构思 部分满足产品构思	50 40 30	
利润率	>30% 20%~30% 15%~20%	25 20 15	
开发能力	现有条件能批量生产 需少量投资能批量生产 需较多投资能批量生产	25 20 15	

【学习活动七】即饮咖啡质量评价与记录

即饮咖啡质量评价与记录如表 3 – 12 所示。

表 3 - 12　即饮咖啡质量评价与记录表

项目		标准	记录
感官	香气	开瓶后的嗅觉体验，分值越高代表香气越明显，且有比较好的正向香气表现（如花果香、焦糖香、巧克力香等）	
	甜度	在甜咖啡中表示经过添加糖类物质而产生的甜感；在无糖咖啡中则表示咖啡中的某些物质与口腔中的酶发生反应后，所带来的甜感	
	苦度	苦味高表示口味浓郁，苦味低则口感更为清爽	
	醇厚度	代表了整体口感的好坏，醇厚度高、口感饱满、饮用体验好，醇厚度低、口感单薄、饮用体验较差	
	奶香	奶味强则分值高	
	顺滑度	奶咖在口腔的表现，牛奶融合得好则顺滑，反之则有涩感、颗粒感	
	口味	正常，无异味	
	色泽	产品应有的色泽	
	脂肪分离	无浮油，乳酪圈	
	沉淀	无沉淀	
理化	pH	同产品方案	
	Brix	同产品方案	
微生物	菌落总数	$n=5$，$c=2$，$m=10^2$，$M=10^4$	
	大肠菌群	$n=5$，$c=2$，$m=1$，$M=10$	
	霉菌	$\leqslant 20\text{CFU/mL}$	
	酵母	$\leqslant 20\text{CFU/mL}$	
	致病菌	不得检出	

任务五　即饮咖啡开发方案的改进与提高

即饮咖啡整改方案填入表 3 - 13。

表 3 - 13　即饮咖啡整改方案

整改项目	具体方案
问题分析	（分析产品存在的问题）
整改方案	（针对问题，制定整改方案）
整改计划	（制定实施的时间节点、责任人和具体措施）
整改效果评估	（整改完成后，如何对产品效果进行评估，评估结果）

【学习活动八】即饮咖啡讨论分析与改进方案

即饮咖啡改进提交工作单填入表 3 - 14。

表 3-14　即饮咖啡改进提交工作单

项目	描述	实施记录
质量改进目标 1		
质量改进目标 2		
质量改进目标 3		
质量改进目标 4		
质量改进目标……		

产品二　茶饮料

PPT

任务一　明确茶饮料开发目的

茶饮料产品开发的总目的是围绕企业的战略定位和品牌建设，优化产品矩阵，打造产品力。以创新为内核实现企业技术实力的提升，以用户为中心不断提升时尚潮流，以满足所面对的客户的当下和未来的需求，实现企业竞争差异化优势，从而赢得市场尊重。具体到茶饮料品类，其开发目的包含以下几点。

（1）政策持续利好茶饮料行业发展　互联网＋茶饮料、大数据与智能化应用均进入实质性落地阶段，且茶饮料行业政策体系日趋完善，开发茶饮料产品有助于抓住行业热点。

（2）市场广阔　广义上的茶饮料包括茶叶类、咖啡类、奶茶类、果茶类等，种类丰富，风味口感多样，消费群体广泛。茶饮料中丰富的茶多酚、氨基酸、维生素等物质对人体有好处，同时，我国的茶饮文化悠久深厚，可以吸引消费者。

（3）由消费者需求引导的产品更新迭代　茶饮料产品的开发要紧跟市场变化和趋势，如添加剂标准的变更、消费者对低糖饮品的需求、核心技术的深化等。

任务二　茶饮料开发方案的制定

【学习活动一】明确茶饮料开发总体思路

一、搜集信息，调研市场

掌握国内外食品市场动态和消费趋势，对竞争对手进行市场分析和竞争策略研究，同时了解消费者的口味偏好和需求，方法包含以下几种。

（1）通过访谈、焦点小组、观察使用产品等方式走访市场，从顾客处收集原始数据；筛选出目标受众，了解其需求、喜好、购买习惯、消费能力和其他相关属性，以此为依据判断产品设计、包装和营销通路。

（2）查阅行业报告，分析市场趋势，找到市场热门产品和未来的发展方向。

（3）通过检索 INNOVA、欧睿等数据库，关注茶饮产品的相关社交网络等方式了解实时的新品发布信息、产品动态、口碑和市场反应。

（4）搜集有关竞争对手的信息，包括他们的产品和服务价格、促销方式和销售地点等信息，以此作为本品牌策略制定的参考。

（5）进行实地考察、茶叶品鉴等，以便更全面地了解原料供应以及提高产品品质。

二、识别产品机会，制定茶饮料研发方案

（一）大致方案的确定

在市场调研数据的基础之上，结合自身的产品矩阵等因素，先确定新品创新的大体方案。这一步要大致确定新品的目标市场和产品定位，其中，目标市场包括消费者的年龄、性别、文化背景、消费习惯等，以便更好地符合消费者的需求。Ideation 方案产生路径如图 3-2 所示。

（二）配方及工艺开发

根据开发方案，确定产品原辅料的用料和工艺生产手段。

1. 配方灵感来源

（1）鸡尾酒　当下的调饮灵感很多都来自鸡尾酒体系，鸡尾酒的配方库有一万多到两万种，其相关知识可以帮助了解发酵、木质香气以及其与水果的搭配。

（2）茶　是茶饮料配方中的核心原料，茶叶品种、茶汁浸提工艺等对茶饮料风味的影响很大。同时，掌握丰富的茶文化知识可以帮助在产品的文化理念推广方面，更得心应手地去创作。

（3）工业原料　指以批量化生产出来的原料，包括固体饮料（冻粉等）、小料（固形物，如珍珠、椰果等）、罐头（如燕麦罐头、青提颗粒、西柚果粒等）、果汁（不带果肉的）、糖浆、果酱（带果肉的或者是在果汁基础上增稠的）、新鲜水果等。

（4）感官知识　目前，茶饮料的感官知识体系尚在搭建完善阶段，研发人员需在产品中更加灵敏地捕捉风味和口感，用更专业的术语去取代"好喝、好吃"，比如可以借鉴咖啡上对于"醇厚度"的感官评价标准。

确立目标，并对创新工作的一些边界条件进行说明

↓

挖掘并探索大量机会方案

↓

筛选机会方案

↓

开发有前景的机会方案

↓

选出最佳方案

图 3-2　Ideation 方案产生路径

2. 配方设计步骤　详见表 3-15，需要注意以下几点。

（1）成本控制前置化　在成本可控的前提下设计配方方案。

（2）营销方案前置化　茶饮料产品上新的成功与否与市场营销有很大的关系，需要进行合适的宣传和推广。在产品开发过程中应注意部门间的协作，提早确立市场推广和销售策略的大致方向，提高工作效率。

（3）配方简单化　每一种写在配方表中的原料都要有理论或实践的依据。同时，在确保产品风味的前提下，配方中还应考虑尽可能使用现有的原物料，以降低原物料呆滞的风险。

表 3-15　茶饮料产品配方设计步骤

步骤	要求
初步设计	基于产品方案的基础信息，得出对核心原料、糖酸比、主体风味口感等主要问题的初步结论
综合考虑香型和口感	香味和口感是茶饮料产品的核心元素。研发过程需要选用不同的鲜花香、果味、草药香、茶叶味、奶味以及酸甜味等成分，以实现良好的口感。 调香调味的设计顺序：咸、甜、鲜基础平衡，掩盖不良风味→设计特色口感风味及风味强化物添加→完善背景风味→最后添加香精来调香气口感

步骤	要求
比例计算和实验测试	通过平行试验、对照试验等方式，确定原辅料的用量及添加方式
	感官测试（可选） 1）内部测试　项目组内部人员品评，汇总问题针对性进行调整 2）内部消费者测试　公司内部人员感官测试（测试人数≥30人），常用测试方式包括三角检验、喜好度测试等 3）外部消费测试　门店消费者测试，常用测试方式包括喜好度测试等
稳定性验证	对产品风味的变化、色泽的变化、稳定剂稳定性的变化、理化指标的变化、添加功能因子的稳定性变化等进行观察和评估
SOP制定及成本估算	将小试方案扩大、规范化。现制茶饮产品出具水吧台的规范操作流程，预包装茶饮则移交生产车间中试，进一步确定配方及生产工艺。此外，进行研发端的成本估算，估算所有原辅料的成本
配方调整	茶饮料特别是现制茶饮料的配方不是一成不变的，根据市场的反馈、消费者的需求、成本控制的要求等，可能会进行多轮配方的优化

【学习活动二】原辅料及生产技术路线对茶饮料品质的影响规律

一、原辅料对茶饮料品质的影响规律

（一）茶叶

1. 茶叶的分类　在长期的生产实践中，我国劳动人民创造了各种不同的制茶方法，中国也是世界茶类最完备，品种、花色最丰富的产茶国家。由于分类的标准不同，茶类有着各种各样的分类方法。根据茶叶的加工工艺不同，可以将茶叶分为绿茶、红茶、黄茶、青茶、黑茶、白茶六大类。每一大类又可根据产地、生产季节、茶树品种等不同再分成若干品种，在各品种中又以其质量优劣细分为不同的等级。

（1）绿茶　是六大茶类之首，是一类不发酵茶。其制造过程为鲜叶→杀青→揉捻→干燥→绿毛茶→精制→绿茶。由于杀青方式或干燥方式不同，又可分为炒青、烘青、蒸青、晒青。目前，我国的绿茶生产以炒青和烘青为主。绿茶品质总的特点是外形色泽绿、汤色绿、叶底绿、香高味醇。另外，绿茶鲜叶采摘后及时进行的热处理，使酶的活性被破坏，其叶绿素破坏较少，茶多酚含量较高，茶汤涩味较重，是生产茶饮料的重要原料。

（2）红茶　是一种全发酵茶。其制造过程为鲜叶→萎凋→揉捻→发酵→干燥→红毛茶→筛制→挑剔→拼装→成品。在制茶过程中，鲜叶内的化学成分发生一系列的生物、化学变化，主要以茶多酚的酶促氧化为核心，使鲜叶失去绿色而呈红色，且失去苦涩味和部分收敛性而产生醇厚的滋味，形成了红茶红汤、红叶的独特品质特征。红茶的品种有红碎茶、工夫红茶和小种红茶三种。红茶汤色红艳，香气高爽浓烈、持久，滋味浓醇，是生产茶饮料的重要原料之一。

（3）黄茶　是我国特产的，分为黄芽茶、黄小茶和黄大茶三类。黄茶是新嫩茶叶经过杀青、揉捻、焖黄、干燥工序制成的。黄茶加工是在绿茶的基础之上增加了焖黄工序，这也是形成黄茶特点的关键。在此过程中叶绿素被破坏，多酚类化合物和其他内容物进行转化，形成黄茶特有的色、香、味。黄茶的品质特征为黄叶、黄汤，香气清悦，味厚爽口。

（4）青茶　又名乌龙茶，是由成熟的鲜茶叶经过萎凋、发酵、炒青、揉捻、干燥而成的，是一种半发酵茶。制造乌龙茶时先仿用红茶制法，使鲜叶局部发酵，接着又类似绿茶制法，用高温杀青，制止

其继续发酵。乌龙茶是介于全发酵的红茶和不发酵的绿茶之间的半发酵茶类，其具有汤色金黄、香高味厚、滋味干爽、绿叶红镶边的品质特点，也是茶饮料生产的重要原料之一。

（5）黑茶　也称老茶，属于全发酵茶，是鲜叶经过杀青、揉捻、渥堆、干燥而成的。通过渥堆做色，形成黑茶叶油黑或黑褐色、汤色深黄或褐红的特点。黑茶主要做紧压茶。

（6）白茶　成品茶的外观呈白色，属前轻微发酵茶，是鲜茶叶经萎凋、干燥而成的。白茶的加工工艺独特，不炒不揉，自然脱水，通过先芽萎凋，缓慢地、自然地氧化茶多酚，从而形成白色茸毛多、汤色清淡如水的特点。

不同茶叶的特点及口感区别见表 3 - 16。

表 3 - 16　不同茶叶的特点及口感区别

茶叶种类	特点	代表品种	产地	形状及口感特点
绿茶	绿茶是没有经过任何发酵处理的、最清新自然的茶叶品种，具有排毒祛火的作用	龙井	杭州西湖山区	叶质细小，柔软，叶片呈利剑状，冲泡后茶色清新翠绿，饮用时先苦后甜
		碧螺春	苏州洞庭山区	茶叶卷曲，叶质柔嫩，叶片顶端有白色的毫尖，冲泡后茶汤翠绿透澈，味道清香并伴随水果般的香气
		毛尖	河南信阳大别山区	叶片细长，有白色毛尖，茶汤颜色嫩绿，味道馨香醇厚，伴随熟板栗的香味，且经过多次冲泡仍能保持香味
红茶	红茶与绿茶截然相反，完全是经过发酵而制成的；由于茶碱和咖啡因含量很低，红茶是所有茶中最没有刺激性的一种；红茶性温热，有驱寒温中的保健功能	大吉岭红茶	印度北部喜马拉雅山麓大吉岭一带	茶叶青绿色或金黄色，茶汤色泽橙黄，有葡萄的香气
		祁门红茶	安徽祁门县	茶色乌泽秀丽，茶汤色泽红润，味道浓郁，伴随持久的果糖和蜜糖香味，也是调制奶茶的首选
		锡兰红茶	斯里兰卡山脉地带	茶叶细碎，呈红褐色，茶汤橙红，带有金色光圈，味道醇厚，带有铃兰和薄荷的味道，味道苦涩，可搭配柠檬和鲜奶来遮盖涩味
黑茶	属后发酵茶，由于其茶叶的颜色呈黑褐色而得名	湖北老青茶	湖北省咸宁、崇阳、通山等地	叶底肥软，色泽黄亮，稍透红色斑点，叶缘红明，汤色橙黄明亮，香气清香高长，有似于水蜜桃香
		云南普洱	云南省西双版纳、临沧、普洱等地	以优质的云南大叶茶树的嫩芽为原料，淋上清水发酵制成；叶形整齐肥大，颜色红褐油润，茶汤色泽红亮清透，味道浓郁，入口甘绵沁脾
		六堡茶	广西苍梧县六堡乡	叶片呈圆柱状，茶汤色泽浓红，香气浓厚并伴随槟榔和松烟的味道
白茶	白茶主产于福建，属轻微发酵的茶叶；银色白毫长满枝头，放眼望去一片雪白，故得名白茶；贡眉是白茶中产量最多的一种	白毫银针	福建福鼎、柘荣、政和、松溪、建阳等地	茶叶纤细、紧实、形状如银针，呈透明丰满的白色；茶汤杏黄透亮，气味馨香芬芳，入口醇厚清爽
		贡眉	福建福鼎、柘荣、政和、松溪、建阳等地	叶片整齐柔软，有白色绒毛；茶汤呈清澈的深黄或橙黄色，入口后香味持久
		白牡丹	福建福鼎、柘荣、政和、松溪、建阳等地	绿色的叶子中包裹着白色的嫩心，入水后如含苞待放的白牡丹；叶片丰满、自然纯白，茶汤橙黄，味道甘甜

续表

茶叶种类	特点	代表品种	产地	形状及口感特点
黄茶	发酵茶的一种，制作工序中有"闷黄"一步；黄茶又分为黄小茶、黄大茶和黄芽茶三种	君山银针	岳阳洞庭湖君山	属黄芽茶，芽头丰满、遍体白毫，茶汤呈杏黄色，香气芬芳，入口甘甜醇香
		北港毛尖	岳阳北港	属黄小茶，芽叶肥壮，茶汤呈清澈黄色，味道淡雅清香，入口清冽爽口
		广东大叶茶	广东韶关	芽叶丰满肥厚，色泽青黄，茶汤清透明黄，入口甘甜醇香
青茶	又称乌龙茶，产于台湾、福建、广东等地；属于半发酵茶，既有红茶的醇香浓烈，又有绿茶的清新爽口	铁观音	福建泉州安溪县	叶片卷曲呈圆球状，色泽墨绿，冲泡后茶汤清澈、绿中带褐，味道馨香，入口后苦涩，而后甘甜
		冻顶乌龙	台湾	外形呈半圆形，色泽墨绿，香气清新芬芳并伴随桂花和焦糖的香甜气息，而且经久耐泡
		武夷大红袍	福建武夷山	选用谷水至立夏期间鲜嫩的新芽，外形细致紧凑，色泽绿褐，炮制后茶汤清澈，颜色橙黄，香气醇厚悠远

2. 茶叶的感官品鉴　通常从其外形、香气（高低、强弱、纯正与否、香气保持时间等）、滋味（浓、强、鲜、醇、苦、涩、粗、异等）、汤色（色泽、亮度、浑浊度）、叶底（整碎、嫩度、色泽、匀度等）5 个方面来表述。在进行茶叶的感官品鉴时，先观察茶叶外形，再品茶汤。品鉴依据可参照中国茶叶学会于 2023 年发布的"茶叶感官风味轮"，其中包括颜色轮、香气轮、滋味轮和总轮，合计 155 个属性。

3. 茶叶的主要成分及生理功能　茶饮料长久以来受消费者广泛认可的营养价值主要源于茶叶经热水萃取并能溶解在水中的可溶性成分。目前已鉴定出的化学成分有 500 多种，其中有机物为干物总重的 93%~96%，是决定茶叶滋味、香气和汤色等品质特征、营养保健及功能性作用的主要物质，无机物含量为 4%~7%，矿物质多达 27 种。

（1）茶多酚　也称茶单宁，是茶叶中多酚类物质的总称。茶叶的多酚类物质主要有儿茶素、黄酮醇类、花青素、酚酸四类成分，其中主要是儿茶素。儿茶素由十多种成分组成，主要包括没食子儿茶素没食子酸酯（EGCG）、儿茶素没食子酸酯（ECG）、没食子儿茶素（EGC）和儿茶素（EC）。

茶叶中通常含有 20%~30% 的茶多酚，是茶叶化学组成中含量最多的可溶性成分，约占可溶性固形物总量的 60%，对茶汤的影响很大，它也是茶饮料中滋味鲜爽、浓厚的最主要成分之一。茶多酚的含量对于茶叶特别是红茶的颜色、滋味、香气等质量特性具有决定性作用，其含量及组成与茶树品种、叶片老嫩、季节和加工工艺等密切相关。

茶多酚具有很强的抗氧化功能，能起到清除人体自由基的作用，是一种天然、高效、安全的抗氧化剂。除此以外，茶多酚还具有抗衰老、抗癌、消口臭、降血压、降血脂、降血糖等作用。

（2）咖啡因　茶叶中的生物碱包括咖啡因、可可碱、茶叶碱等黄嘌呤类衍生物，其中咖啡因占 80%~90%，其余两种仅少量存在。茶叶中的咖啡因在茶汤中主要呈苦味，在制茶过程中会与多元酚类结合产生一种滋味和香气宜人的复合化合物，不但能使多元酚类的收敛性降低，而且使咖啡因的苦味减轻，是构成茶汤滋味的重要成分。但咖啡因若与茶黄素和茶红素结合，会产生一种不溶性胶质沉淀物，即所谓的茶乳。

咖啡因具有兴奋作用，能够刺激大脑的中枢神经系统，提高思维效率。咖啡因还能通过肾促进尿液中水的渗出率而起到利尿作用。此外，还具有强心解痉、助消化等作用。

（3）蛋白质和氨基酸　茶叶中的蛋白质含量一般在 20% 以上，其中溶于水的蛋白质仅有 3%~5%。

蛋白质与红茶发酵的关系密切，可以降低茶的苦涩味。茶叶中的氨基酸多达 28 种，包括人体必需的 8 种氨基酸，其中以谷氨酰乙胺的含量最高，其次是精氨酸、天门冬氨酸和谷氨酸。绿茶中的氨基酸含量明显高于红茶。茶的鲜爽甘甜来自氨基酸，饮茶为人们提供的氨基酸数量虽然不多，但是种类较多。

（4）可溶性糖　茶叶中的碳水化合物含量为 20%～30%，大多数是非水溶性多糖类，能被沸水冲泡出来的糖类不过 4%～5%，因此，通常茶饮料是一种低热能饮料。但其中，淀粉对茶汤的品质没有贡献，反而会引起茶汤浑浊，可溶性果胶也可引起茶汤沉淀。

（5）维生素和矿物质　茶叶特别是绿茶中富含多种维生素，如维生素 A、维生素 C、B 族维生素、维生素 E、维生素 K 和肌醇等。茶叶中含有 30 余种矿物质，在茶饮料中一般矿物质含量为 8.0～15.0mg/100mL，其中以钾的含量最高，占 50%～70%。含量在 200mg/100mL 以上的有磷、钾、硫等，含量为 50～200mg/100mL 的有镁、锰、氟、铝、钙、钠等，含量为 0.5～50mg/100mL 的有铁、砷、铜、镍、硅、锌、硼等，含量在 0.5mg/100mL 以下的有硒等。

（6）茶叶色素　含量约占干物质的 1%，主要有叶绿素、叶黄素、类胡萝卜素、黄酮类物质以及花青素、茶多酚的氧化产物。

茶叶的色素组分在不同的茶类中差异较大，绿茶中的色素主要由茶多酚类中呈黄绿色的黄酮醇类和花青素及花黄素组成。乌龙茶和红茶中的色素主要由茶多酚类的氧化产物，如茶黄素、茶红素、茶褐素等组成。茶黄素和茶红素不仅构成了产品色泽的明亮度和强度，而且是滋味鲜爽和浓度的重要组成之一。

（7）芳香物质　含量仅为 0.005%～0.03%，种类却多达 500 多种。它们大部分是在制茶加工过程中形成的，决定着茶叶千变万化的香气种类和强度。一般红茶的芳香物质主要来源于酶促氧化，以醛、酮、酸、酯及内酯等氧化物占优势，呈天然甜香；绿茶则有较多的热转化芳香产物，以含氯化合物和硫化物为主，呈典型的烘炒香气。

茶叶中的香气物质对温度十分敏感，在茶饮料的加工过程中，特别是杀菌过程中，香气物质会发生复杂的化学变化，造成茶饮料香气的严重恶化。因此，在茶饮料产品后续的加工过程中，应尽可能减少热处理时间，以保持茶叶的芳香，如采用超高压瞬时杀菌技术等。

（二）水

水是茶饮料配方中的最主要原料之一。另外，原料的清洗，生产设备的清洗，贮存与管道系统的清洗，瓶、罐等包装容器的清洗等也都需要用到水。目前，饮用水主要来自地表水、地下水、自来水三个方面。

1. 天然水的分类

（1）地表水　指地球表面所存积的水，包括江、河、湖、水库水等。地表水含有各种有机物质及无机物质，污染较为严重，需要经过严格的水处理才能够使用。

（2）地下水　是指经过地层的渗透及过滤，进入地层并存积在地层中的天然水，主要指井水、泉水等。地下水中含有较多的矿物质，如铁、钙、镁等，硬度和碱度都相对比较高。

（3）城市自来水　主要指地表水经过适当的处理工艺，水质达到一定要求并贮藏在水塔中的水，很多饮料厂以自来水为水源。

2. 水质对茶饮料品质的影响

（1）浊度　表示水中的悬浮物在光线透过时发生的阻碍程度。将 1L 蒸馏水中加入 1mg SiO_2 时的浊度规定为 1 度，一般自来水的浊度上限是 5 度，而软饮料加工用水的浊度不超过 2 度。

导致水浑浊的主要原因是水中含有悬浮物质和胶体物质等杂质。天然水中凡是粒度大于 0.2μm 的杂质统称为悬浮物质，包括泥土、沙粒之类的无机物质及浮游生物（如蓝藻类、绿藻类、硅藻类等）。

它们使水质呈浑浊状态，静置时会自行沉降。悬浮物质若不除去，会使成品茶饮料发生沉淀，在容器底部形成积垢或絮状沉淀的蓬松性微粒。胶体物质的粒度为 $0.001 \sim 0.2\mu m$，多为黏土性的无机胶体和高分子有机胶体，其中黏土性的无机胶体引起水质的浑浊。有机胶体包括腐殖酸、植酸质等，会使水质产生色变。

因季节和供水途径的变化，原水中含有杂质的状况也会随之变化，所以要求茶饮料生产企业经常检验加工用水的浊度变化。

（2）臭和味　用于饮料加工的水不能带有令人厌恶的臭味或异味。水中存在的异臭和异味会影响茶饮料的滋味和气味。臭味和异味主要来自有机物和无机物的异味、腥臭、腐败臭、碳氢化合物以及余氯的气味。此外，镁、钙、铜、铁、锌以及某些盐类也会引起水的滋味、气味的变化。

（3）硬度和碱度　水的硬度和碱度主要受溶解盐类的影响，包括 H^+、Na^+、NH_4^+、K^+ 以及 Ca^{2+}、Mg^{2+} 等的碳酸盐、硝酸盐、氯化物等。

硬度单位通常以相当于1L水中含有的碳酸钙、氧化钙的毫克数来表示。我国饮用水的总硬度一般在 $3.6 \sim 300mg/L$ 的范围内，但软饮料用水的总硬度不应超过 $100mg/L$。高硬度值会产生碳酸钙沉淀，水对茶的渗透性也越差，萃取的茶素和茶多酚也会受到限制，茶汤的颜色偏淡、口感偏苦。

水的碱度对茶叶的溶解也有着很大的影响。常规的茶叶浸泡，要求水的 pH 在 $7.0 \sim 8.0$，这样的条件下最适合茶叶的呈现。高 pH 的水将使茶中的咖啡因大量溶解，使茶汤带有一定的苦味和杂味，此外，还会中和茶饮料中添加的酸味剂，造成酸碱比失调，影响质量。

（4）微生物　也是引起茶饮料不稳定的因素之一。茶饮料含有丰富的碳、氮营养物质可供微生物生长繁殖，如果不经过严格灭菌，当细菌总数达到一定浓度就会变质发浑，产生絮状或块状沉淀物。一般来讲，1mL用水的菌落总数不能超过100CFU。

（5）溶解氧　适量的溶解氧可以帮助茶叶中的化学成分更好地溶解，提高茶汤的品质。然而，过高的溶解氧含量会导致茶叶氧化程度加快，使茶叶失去一些原有的口感和香气。此外，水中溶解氧可能会使铁、锰、铜以及含有氮、硫等的化合物进行氧化还原反应，从而加速茶饮料品质的劣变，如脂肪氧化、维生素的分解、色素的变化以及褐变等。

实践结果显示，溶解氧含量为 $6 \sim 8mg/L$ 的水冲泡出的茶汤具有最佳的品质。当溶解氧含量低于 $6mg/L$ 或高于 $8mg/L$ 时，茶汤的品质会受到一定程度的影响。

3. 茶饮料用水的水质要求　参考软饮料用水的水质要求详见表3-17。

表3-17　茶饮料用水指标

项目	指标
浊度（度）	<2
色度（度）	<5
味及臭气	无味无臭
总固形物含量（mg/L）	<500
总硬度（以碳酸钙计，mg/L）	<100
铁（mg/L）	<0.1
锰（mg/L）	<0.1
高锰酸钾消耗量（mg/L）	<10
总碱度（以碳酸钙计，mg/L）	<50
游离氯含量（mg/L）	<0.1

续表

项目	指标
细菌总数（个/mL）	＜100
大肠菌群（MPN/100mL）	＜3
霉菌含量（个/mL）	≤1
致病菌	不得检出

4. 水质处理　为达到用水要求，保持用水品质的稳定性和一致性，在作为原料加入产品前要进行适当水处理。过滤是改进水质最简单的方法。原水通过粒状介质层时，其中一些悬浮物和胶体物被截留在空隙中或介质表面上，不溶性杂质被分离。当然，过滤方法、过滤材料不同，过滤的效果也不同。软化水质有石灰软化法、离子交换软化法、反渗透法、电渗析法等，其中，反渗透技术是 20 世纪 80 年代发展起来的一项新型膜分离技术，现应用于各类净水设备中。它是以半透膜为介质，对被处理的水的一侧施加压力，使水穿过半透膜，从而达到除盐的目的。

（三）糖及甜味剂

1. 糖及甜味剂的作用

（1）调节茶饮料的甜度，使其口感更加愉悦和可口。

（2）适量的糖或甜味剂可以改善茶饮料的质地，使其更加丰满和顺滑。

（3）适量的糖或甜味剂可以强调茶饮料的风味特点，使风味更加浓郁突出。

（4）某些茶叶可能带有一定的苦涩味道，糖及甜味剂可以平衡这种苦涩，使茶饮料的风味更加平衡和易于接受。

2. 分类

（1）天然糖和甜味剂　天然糖是指自然界中存在的，由植物通过光合作用产生的糖类物质。它们是食品中的天然成分，常存在于水果、蔬菜、蜂蜜等天然食品中。人们通常所说的"糖"专指从甘蔗或甜菜中提取出来的糖，此类糖的化学名称叫"蔗糖"。除蔗糖外，常见的天然糖还有果糖、葡萄糖、麦芽糖、乳糖等。在茶饮料产品中经常使用的天然糖原料见表 3 - 18。

表 3 - 18　常用于茶饮料的天然糖原料

种类		制取方法及特性
蔗糖	白砂糖	从甘蔗或甜菜中提取，通过压榨取汁、蒸发浓缩、结晶分离等步骤制得。甜味纯正自然，加热后有焦糖香味
	二砂糖/冰糖	在白砂糖基础上，进一步煎炼、结晶处理后制得，通常呈现出透明或略带黄色的颜色。与普通的白砂糖相比，二砂糖的结晶过程更加细腻，晶体更大
	金黄糖/红糖/黑糖	通过蔗糖或甘蔗汁加热蒸发而制成，具有浓郁的焦糖风味和深棕色的外观
葡萄糖	葡萄糖浆、玉米糖浆	将淀粉在酶或酸的作用下进行水解，进一步纯化和浓缩制得
麦芽糖	麦芽糖浆	以淀粉质原料（如小麦、玉米、糯米等）通过发芽、糖化、发酵等过程制得
冬瓜糖		以冬瓜为主要原料，经过煮熬、糖化和结晶等步骤制成。外观通常呈现出淡黄色或白色，质地柔软而有弹性，具有冬瓜的清香味道和甜味，口感柔软而不黏腻
果葡糖浆		在葡萄糖异构酶的作用下，将部分葡萄糖转化为果糖，制得糖分主要为葡萄糖和果糖的糖浆，即为果葡糖浆。果葡糖浆澄清、透明、黏稠、无色，其甜度会因果糖含量多少而异，一般为蔗糖的 1.0 ~ 1.4 倍。主要有 F42 型、F55 型、F90 型三种果葡糖浆，果糖的含量分别为 42%、55%、90%。果葡糖浆的甜度与果糖的含量成正比

与天然糖对应，带有甜味的物质称为甜味剂，俗称"代糖"。

（2）营养性甜味剂和非营养性甜味剂　营养性甜味剂是指在同样甜度下，提供的热量达到蔗糖热量的2%以上，仍然会参与人体代谢，继而产生热量的甜味剂，包括糖醇类中的麦芽糖醇和木糖醇等。

非营养性甜味剂在同样甜度下，提供的热量是蔗糖热量的2%以下，甚至接近0，可以忽略不计。

（3）糖醇、天然代糖和人工合成甜味剂　根据甜味剂的来源和制备方式，通常将其分为糖醇、天然代糖、人工合成甜味剂三类（表3-19）。天然代糖是指来源于自然界的甜味物质，通常从植物中提取。人工合成甜味剂是指通过人工合成方法制造的甜味物质。许多糖醇在自然界中是存在的，而在商业生产中通常通过提取或合成的方法获得。

表3-19　常用于茶饮料的甜味剂

种类		甜度（蔗糖为1）	热量（kJ/g）	升糖指数	每日容许摄入量（mg/60kg体重）	最大允许使用量（mg/500g产品）
糖醇	山梨糖醇	0.5～0.7	16.7	4	无需规定	25000
	乳糖醇	0.3～0.4	8.4	6	无需规定	适量
	麦芽糖醇	0.75～0.9	8.8	35	无需规定	适量
	木糖醇	1	11	12	无需规定	适量
	赤藓糖醇	0.6～0.8	0.8	1	无需规定	适量
天然代糖	甘草酸	200～300	0	0	无需规定	适量
	甜菊糖苷	250～300	0	0	0～240	100
	罗汉果甜苷	266～344	0	0	无需规定	适量
人工合成甜味剂	糖精	240～500	0	0	0～300	75
	甜蜜素	30～40	0	0	0～660	330
	阿斯巴甜	150～250	16.7	0	0～2400	500
	安赛蜜	200	0	0	0～900	150
	三氯蔗糖	600	0	0	0～300	125

历史最悠久的人工合成甜味剂是糖精，最早从煤油中提取。此外，具有代表性的人工合成甜味剂还有阿斯巴甜、安赛蜜、甜蜜素、三氯蔗糖等。其中，三氯蔗糖被认为甜味纯正，口感最接近蔗糖。糖精和安赛蜜在浓度高时会呈现金属味和苦味，阿斯巴甜稳定性相对较差，高温下容易变苦，因此，人工合成甜味剂通常与其他甜味剂复配使用。

赤藓糖醇是目前世界范围内最流行的代糖成分之一，可由葡萄糖发酵制得，结晶性好，对热、酸十分稳定。它属于非营养性甜味剂，不会被人体所代谢。在口中溶解时有温和的凉爽感，且其甜味在口腔内的停留时间非常短暂。赤藓糖醇最早从地衣中提取制得，此外还存在于海藻、蘑菇、甜瓜、樱桃、桃等。但是由于赤藓糖醇的价甜比（价格和甜度之间的系数）很高，且其甜度只有蔗糖的0.6～0.8倍，因此，在茶饮料中，赤藓糖醇经常与甜度为蔗糖600倍的三氯蔗糖搭配出现。

甜菊糖苷是使用频率较高的一种天然代糖，从菊科植物甜菊的叶子中提取。具有清凉的甜味，浓度高时带有轻微的类似薄荷的苦涩味，但与蔗糖配合使用（如7∶3）时可减少或消失，与枸橼酸钠并用可改进味感。

（四）乳制品

乳制品是奶茶类茶饮料的一种重要原料，包括牛奶和植物基奶。

从口感上，牛奶分为全脂牛奶、低脂牛奶和脱脂牛奶三种。全脂牛奶脂肪含量在3.25%左右。全脂牛奶的味道浓郁，口感丰满。脱脂牛奶是指经过去脂处理的牛奶，其脂肪含量低于0.5%，适合需要减少脂肪摄入的人群。然而，脱脂牛奶在口感上相对较稀薄，缺乏全脂牛奶的浓郁味道。低脂牛奶的脂肪含量介于全脂牛奶和脱脂牛奶之间，通常在1%～2%，保留了一定的牛奶风味。

提纯乳的使用是现今奶茶饮料市场，尤其是现制奶茶饮料的趋势之一。提纯乳通常使用水分蒸发或膜浓缩的方法制得，其更高的脂肪和蛋白质含量使得奶香味更加突出，对于奶茶饮料的风味提升很有帮助。

植物基奶是以植物性原料制成的替代牛奶的饮品，通常以植物的谷类、豆类、坚果或种子等为主要原料，经过加工和调配制成。常见的植物基奶种类包括大豆奶、杏仁奶、椰奶、燕麦奶、植物蛋白奶等。近年来，植物基奶越来越受消费者的欢迎，因其可以提供与牛奶相似的口感和营养价值，适合素食主义者、乳糖不耐症人群和对乳制品过敏的人群，此外，还可以提供膳食纤维、抗氧化剂和植物化合物等有益成分。不少品牌也尝试将牛奶和植物基奶复配，打造"动物蛋白＋植物蛋白"双蛋白的概念。

（五）其他添加剂

1. 酸度调节剂

（1）作用　酸甜感的平衡在茶饮料的开发上尤为重要。酸度调节剂能够赋予茶饮料特定的酸味，改善和提升风味，增强消费者的感官体验。这种酸味可以增强茶叶本身清新的口感，掩盖或减轻茶叶中可能存在的苦涩味。此外，它还能够改善茶饮料中糖的甜度感知，使得甜味更加协调，不会过于单调。

酸味剂的加入可以降低茶饮料的 pH，从而抑制微生物，尤其是腐败菌和致病菌的繁殖，延长饮料的保质期。

酸味剂中的某些有机酸具有抗氧化作用，防止饮料中香精、油脂等的氧化分解，保证饮料的品质。

（2）种类　常用于茶饮料的酸度调节剂包括枸橼酸、枸橼酸单钠、枸橼酸三钠、焦磷酸、聚磷酸盐、碳酸氢钠、苹果酸、苹果酸钠、六偏磷酸钠、磷酸氢二钠等。

酸味剂常用于添加了甜味剂的茶饮料中，以实现酸甜感的平衡。在酸味剂中，枸橼酸的应用最为广泛。枸橼酸是一种天然有机酸，存在于柠檬、柑橘等柑橘类水果中。因其是天然来源的酸味剂，且酸味鲜明清爽，在茶饮料中使用枸橼酸符合消费者的偏好。此酸为无色透明晶体或白色结晶性粉末，易溶于水，酸感圆润爽快。GB 2760—2024 规定，枸橼酸可用于各类食品，根据生产需要适量使用。有些茶饮料的配方中会使用浓缩柠檬汁，在赋予酸味的同时，还能够提供柠檬的香气，但它的酸度调节能力不如纯枸橼酸。

其他酸味剂如苹果酸等，也可见于茶饮料的配方中。苹果酸易溶于水，主要存在于苹果等水果中，酸味相对轻盈柔和。苹果酸可单独使用或与枸橼酸合并使用，对使用人工甜味剂的饮料具有遮蔽后味的效果。饮料中的参考用量为 2.5 ~ 5.5 g/kg。

枸橼酸钠含有钠离子，可以提供一定程度的咸味，减轻枸橼酸的酸性感觉，使口感更加平衡和柔和。枸橼酸钠还具有一定的缓冲能力，减缓饮料在受到温度变化、添加剂或其他因素的影响时 pH 的变化，这也是为什么在茶饮料的配方中，枸橼酸和枸橼酸钠经常成对出现。

在不含甜味剂的茶饮料中，通常添加碳酸氢钠进行调味。碳酸氢钠是一种碱性盐，能够中和茶饮料中的部分酸性成分，特别是在乌龙茶和绿茶的茶饮料中，碳酸氢钠的加入可以中和一些茶底自身的苦涩感。此外，与枸橼酸钠相似，碳酸氢钠也能起到一定的缓冲作用，保证饮料较好的稳定性和口感一致性。

2. 香料和香精

（1）作用　香精对茶饮料的风味起决定性作用，添加香精可恢复甚至强化因加工中某些工艺而削弱的原有香味，矫正生产中的不良风味，人为地产生各种新的风味，增进食欲。对于某些特殊产品，如无糖或低糖的茶饮料，香精可以帮助弥补因减少糖分而可能损失的香气和风味。

此外，香精有助于工业中的标准化生产。茶叶本身的香气可能会因种植条件、采摘时间等因素而有所变化，而香精的使用可以确保茶饮料在不同批次中具有相似的香味，保持产品的稳定性和一致性。

不同香精的香味强度不同，不同基料（如茶水、果汁等）会影响香精的释放和感知，不同国家有不同的法规和行业标准，因此，茶饮料中香精的添加量通常需要综合考量香精类型和强度、饮料基料特性、目标风味、法规限制等因素。

（2）种类　在香料工业中，把一切来自自然界动植物的或经人工分离、合成制得的发香物质称作香料；由食品用香料与食品用香精辅料组成的用来起香味作用的浓缩调配混合物称为食品用香精。香精按照来源可分为提取来自天然植物、果实、花卉的天然香精和通过化学合成得到的合成香精；按照状态可分为液体香精和粉末香精；按照风味可分为茶香精、柑橘香精、柠檬香精、花香型香精等。

食品用香精中允许使用的辅料名单参考《食品安全国家标准　食品用香精》（GB 30616—2020），包括溶剂、乳化剂、稳定剂、抗氧化剂等。

3. 色素

（1）作用　茶饮料中添加色素主要起到提供颜色，使产品更具吸引力和识别度的作用。研究表明，视觉会影响味觉，尤其是明亮的暖色会促进肾上腺素分泌，增加血液循环。

（2）种类　食用色素分为食用合成色素和食用天然色素两种。食用合成色素通常以煤焦油为原料制成（煤焦油中的苯胺是合成色素的重要中间体），通常涉及一系列的有机化学反应，如硝化、还原、偶联、色淀化等步骤，或是以天然色素为基础通过化学改性，最终得到目标色素。一般来讲，合成色素色彩鲜艳、坚牢度大、稳定性好、着色力强，并且可以任意调色，使用起来比较方便，且成本低廉。常见的合成色素有胭脂红、苋菜红、柠檬黄、亮蓝等。

天然色素来源于天然资源，是多种不同成分的混合物。由于消费者对于食用天然色素的安全感较高，近年来发展较快。常见的天然色素如焦糖色素，是由糖类物质在高温下脱水、分解、聚合而成，可以提供从浅棕到深棕色的色泽，广泛应用于食品之中。其他天然色素包括存在于栀子果实中的栀子黄色素，存在于甜菜、红心火龙果、仙人掌果等植物中的甜菜红素，存在于姜黄中的姜黄素等。

一般来说，食用天然色素的性质不太稳定，耐光和耐热性相对较差，且颜色会随溶液 pH 而改变。在使用天然色素时要注意：①查询并遵守色素种类、使用范围和使用浓度方面的相关规定；②选择时要考虑该色素在特定产品中的溶解性、稳定性和着色力，坚牢度是衡量色素在其所染着的物质上对周围环境适应程度的一种量度，在调配时可通过长时间静置存放来判断其坚牢度；③特殊颜色可以通过拼色来实现。

4. 乳化剂

（1）作用　乳化剂是指减少乳化体系中各构成相之间的表面张力，使互不相溶的油（疏水性物质）和水（亲水性物质）形成稳定乳浊液的表面活性物质。

乳化剂在茶饮料产品中的应用非常广泛，主要目的是为了提高产品的稳定性、口感和品质，具体应用包括：①茶饮料中通常含有茶叶提取物、果肉颗粒、蛋白质等成分，这些成分与水混合时容易产生分层、沉淀现象。添加乳化剂能够帮助降低界面张力，确保产品在保质期内保持均匀稳定；②在茶叶提取物中添加乳化剂，可以使茶汤更加顺滑、减少颗粒感，提升饮用体验；③在含有果肉或茶叶碎片等悬浮物的茶饮料中，添加乳化剂可以增强悬浮物的分散性，避免它们沉积在瓶底，从而保持产品的一致性和美观；④乳化剂有助于茶叶中的油脂成分更好地分散在水相中，从而提高茶香和风味的释放；⑤在制作某些茶饮料时，如奶茶、牛乳中的油脂不稳定（易上浮），乳化剂可以帮助控制泡沫的形成；⑥乳化剂还具有一定的抗氧化和抗菌作用，帮助延长茶饮料的保质期。

（2）种类　在茶饮料中，常用的乳化剂包括单、双甘油脂肪酸酯（471），硬脂酰乳酸钠（481），蔗糖脂肪酸酯（473），琥珀酸单甘油酯（472c），酪蛋白酸钠（469），羧甲基纤维素钠（466），卵磷脂

（322）等。

单双甘油脂肪酸酯是单甘油脂肪酸酯和双甘油脂肪酸酯的混合物，这些化合物由甘油与脂肪酸反应形成，两种成分的组合能够使其在食品中发挥良好的乳化和稳定作用，在市售奶茶饮料中使用广泛。

硬脂酰乳酸钠是通过硬脂酸和乳酸反应制成的。通常，硬脂酸可以通过植物油或动物脂肪的水解获得，而乳酸则由发酵过程生成。反应过程中，硬脂酸的羧基与乳酸的羟基结合，形成乳酸盐。硬脂酰乳酸钠通常为白色或淡黄色的粉末或颗粒，易溶于水，能够帮助油和水的混合，防止分层现象，保持食品的均匀性。

卵磷脂是一种天然存在的混合物，主要来源于动植物组织和卵黄中，由多种磷脂成分构成。在化学结构上，卵磷脂具有由长链脂肪酸构成的亲油端和由胆碱等基团构成的亲水端。这种特殊的分子结构使其具有两亲性特性，是一种优秀的乳化剂。

由于复合乳化剂有协同效应，通常多采用复配型乳化剂，但在选择时亲水亲油平衡值（HLB）高值和低值相差不宜大于5，否则得不到最佳的稳定效果。

5. 抗氧化剂　可以防止茶叶中的活性物质与氧气接触后产生氧化反应，从而保护茶饮料的颜色、香味和营养成分，延长茶饮料的保质期。

茶饮料中常用的抗氧化剂有抗坏血酸及其钠盐、异抗坏血酸及其钠盐、茶多酚提取物等。枸橼酸、磷酸等有机酸对抗氧化剂有增效作用，在实际使用中可考虑与抗氧化剂的复配使用。不得使用茶多酚和咖啡因作为原料调制茶饮料。要注意抗坏血酸的添加量，添加过多，茶饮料容易呈现酸味；添加过少，则不能起到良好的抗氧化作用，甚至会加速茶饮料的氧化变色。

6. 防腐剂　在茶饮料中加防腐剂可以抑制微生物的生长和繁殖，延长保质期，防止茶饮料因微生物污染而变质或产生有害物质。如苯甲酸钠，其在 pH 为 3.5 的溶液环境中，0.05% 的浓度便可完全阻止酵母生长。

目前我国允许使用的防腐剂共 28 种。在茶饮料中常见的防腐剂有苯甲酸钠、山梨酸钾、对羟基苯甲酸丙酯、乳酸链球菌素等。

二、生产工艺对茶饮料品质的影响规律

茶饮料生产的基本过程包括原料的选择、浸提、过滤与澄清、调配、杀菌、灌装等基本工序。其中有些工序，如浸提、过滤与澄清等在茶饮料生产中较为特殊，也是较为重要的过程。

茶饮料生产的一般工艺流程如图 3-3 所示。

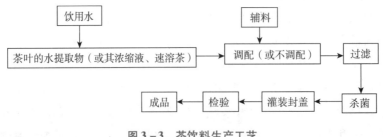

图 3-3　茶饮料生产工艺

1. 茶叶的采摘和预加工　不同茶叶的采摘和预加工流程如图 3-4 所示。

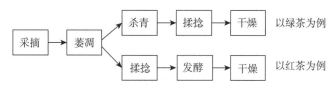

图 3-4　茶叶的采摘和预加工

（1）采摘、萎凋　茶叶的品种和品质会直接影响茶饮料的质量。采茶时通常采摘茶树的"两叶一芽"，它们是最新、最嫩的叶片，风味最佳。通常，采摘好的茶叶需尽快运往茶园附近的茶厂进行预加工和合理保存。新鲜采摘的茶叶要进行日晒萎凋，把茶叶摊开，通气透风，静置 12 小时以上，使得30% 左右的水分蒸发到空气中，同时褪去茶叶的青草气。

（2）揉捻　是茶叶加工过程中的一个重要工序，其主要目的如下。①通过物理手段破坏茶叶的细胞结构，使部分汁液和内含物质（如单宁、茶素等）释放出来，附于茶叶表面，便于氧化和聚合，使得茶叶的滋味更加浓郁。②塑形：使茶叶卷曲成条索状，有利于茶叶在干燥工序中固定外形，提高其商品价值。③改善冲泡效果：揉捻后的茶叶在冲泡时更容易释放出茶汁，使茶汤的口感更加醇厚。揉捻过程中产生的热量会促进茶叶中的单宁等物质氧化，因此需要控制好工艺参数，以防止过度氧化影响茶叶的品质。揉捻的温度和时间根据茶叶的嫩度和揉捻机的型号来确定，一般嫩叶揉捻时间较短，温度也较低。有些茶厂会将茶叶进行切、撕、揉变成细泥状，这样能有最大的表面积，进一步释放茶叶中的风味。

（3）杀青、发酵　不同种类的茶叶加工工序有所差异。绿茶在揉捻前，要在 100℃ 以上进行杀青，以钝化促氧化酶，终止其活性，使叶片保持绿色。杀青的方式包括蒸青、炒青、烘青、晒青等，不同杀青方式所对应的茶汤风味也略有差异。

红茶则要在揉捻操作后进行发酵，发酵的原理是茶叶中的多酚类物质在氧化酶的作用下发生氧化聚合反应，茶多酚的构成发生改变。在这一过程中，茶叶的绿色会逐渐变为红色，形成红茶特有的红叶红汤、风味醇厚的品质特点。发酵的条件，如温度、湿度和氧气量，都需要严格控制，以确保红茶的品质。

（4）干燥　最后，要将预处理的茶叶烘干，使叶片中的水分降到 3% 以下，便于储存。干燥方式有很多种，如使用竹制烘笼烘干，通常分为两次进行，中间还需要进行摊晾，以固定茶形，使茶叶的香气和滋味得到充分展现。

2. 茶叶的选择和拼配　根据气候、土壤条件、加工工艺的不同，每个国家、每个地区甚至每个茶园，茶叶的风味都不同。因此，根据所要开发的产品的要求，选择合适的茶叶非常重要。

用于加工茶饮料的茶叶通常应符合以下基本要求：当年加工的新茶，品质优良，无烟、焦、酸、馊和其他异味；不含茶类夹杂物及非茶类物质；干茶色泽正常；无金属及化学污染，无农药残留物质或不超过标准。

购入的茶叶原料应很好地贮存，贮存不当会产生不良风味，甚至引起变质。高温、日光照射等因素会加速茶叶的氧化，在贮存过程中可采用真空包装、充氮包装或脱氧剂包装等方式。

通常，茶饮料工厂设有品评拼配部。拼配的根本目的是提高品质和控制品质，主要包括以下几个方面：①可以将不同茶叶的优点相结合，比如某些茶叶香气突出，而另一些滋味醇厚，通过拼配可以形成香气与滋味兼备的优质茶叶；②由于不同季节、不同产地茶叶的差异性，通过拼配使茶叶品质保持相对稳定，避免某一批次原料的波动影响到最终产品的质量；③单一品种的茶叶生产量有限，通过拼配可以结合多个品种，以满足市场的大量需求，有时也可以降低成本；④拼配技术可以满足消费者对口感、香气、色泽等方面的多样化需求。

茶叶拼配后从样本放大到规模生产也是一个复杂且需要精细操作的过程。通常工厂在实施新的配方前，会进行小规模的生产试验，以检验拼配配方在生产过程中的可行性，并根据结果适当调整工艺参数。进料后茶叶会先振动经过较长的斜坡过筛，以筛掉茶叶中的杂质（泥土、钉子等），筛子孔径由所选用的茶叶决定，一般控制在 40~60 目。过筛后的茶叶通过自动化拼配系统进料，进入滚筒式搅拌鼓拼配。

3. 茶叶焙火 根据最终产品的要求和预期的风味，一些茶饮料在生产时会加入茶叶焙火的步骤。焙火是一个可选的、非必要的步骤，通常用于黑茶、乌龙茶、普洱茶等茶饮料的生产，以及香味品质较差的中低档茶叶或在储存过程中品质劣变的茶叶，主要通过加热使茶叶中的水分进一步蒸发，同时促进茶叶内部化学反应，增强茶叶的香气和口感。焙火过程中，茶叶中的糖分和氨基酸会发生美拉德反应，产生独特的焦糖香和烘焙香，除去异味成分；茶叶中的色素也会发生转化，使得茶汤的色泽更加稳定；焙火还可以改变某些成分的物理和化学性质，减少茶饮料中的沉淀物。

如果生产的是追求原茶风味的茶饮料，焙火操作可以增加想要的茶叶香气和层次感。但是，对于果味奶茶或茶汽水等混合型茶饮料，通常不需要进行焙火操作，因为这些产品的风味主要来自其他成分，且焙火会增加生产成本。

控制焙火条件很重要。不同焙火条件的效果示例如表 3-20 所示。焙火不足，不能达到提高茶叶香味的效果；焙火过度，则反而会降低茶叶的品质。对于中低档茶叶，焙火温度一般控制在 100~120℃。

表 3-20 不同焙火条件的效果（以乌龙茶为例）

温度和时间	效果
100℃，2~6 小时	色泽变化很小，带有宜人的焙火香味，可改善香味品质
120℃，2~4 小时	茶叶带有轻微的酸味
140℃，1 小时	
120℃，6 小时	茶叶产生焦味，香味损失较多
140℃，2 小时	
>120℃，>6 小时	茶叶的可溶性成分和儿茶素含量明显下降，品质劣变

4. 茶叶浸提 浸提是茶饮料生产中最关键的作业之一，是将水加入茶叶中，在一定温度下，茶叶可溶性成分溶出的过程。浸提所得的茶汁的品质是茶饮料生产中最重要的因素，因此，对浸提工艺和浸提设备的选择非常重要。

（1）热浸提 使用热水，温度一般在 60~100℃，浸提时间相对较短，一般在几分钟到十几分钟不等，能够快速有效地提取茶叶中的茶多酚、咖啡因、氨基酸等成分，使茶汤味道变得浓郁。热浸提的条件一般受到以下因素的影响。

1）茶叶 不同的茶叶不仅外形、大小、粗细、轻重均有较大的不同，而且茶叶内含成分也存在较大的差别，茶叶中各种成分的浸出速率及浸出量等指标具有较大的复杂性，需在生产实践中通过试验判断。就茶叶品种来说，绿茶一般在 60~80℃ 的较低温度下慢慢浸提，可获得涩味和风味相平衡的茶汁。乌龙茶由于茶叶粒度大，而且呈揉捻状，需要 80℃ 以上的高温才能浸出香气和滋味。红茶与乌龙茶一样，需采用较高温度浸提。

2）水 当水中含有 Ca^{2+}、Mg^{2+}、Fe^{3+}、Cl^- 等离子时，对茶汤的色泽和滋味不利。浸提用水的 pH 也会对茶汁色泽有一定影响。因此，浸提用水应进行去离子处理，同时将其 pH 控制在 6.5 左右，即微酸性至中性范围。此外，可采用加热煮沸法等方式去除水中溶解的氧。

3）茶水比 是茶叶与水的质量体积比（单位 g/mL），一般情况下，茶水比在 1∶40 到 1∶100。在实际生产中，考虑到生产动力消耗等问题，一般按 1∶（8~20）的比例生产浓缩茶，在调配茶饮料时再稀释。

4）浸提温度和时间 浸提时选择合适的温度和时间是非常重要的。茶叶主要化学成分的萃取率被定义为 100kg 原料茶中被萃取出的可溶性固形物质量。随着萃取温度的升高和萃取时间的延长，萃取率增加。但是，若浸出温度过高，茶黄素和茶红素等色素会被分解，类胡萝卜素和叶绿素等色素结构也会发生变化，茶汁色泽受到影响。高温浸出还易造成茶叶香气成分的散逸，成本也较高，而长时间萃取又易造成茶汤成分氧化，或形成茶乳。以一项实际生产为例，茶水比 1∶50，用 70~100℃ 的水浸提 20 分钟后，茶叶中 80% 的可溶性成分会被提取出来，时间继续延长，浸提效果不再显著。

浸提的工艺参数需要经过大量的试验对比，并结合成本等因素综合决定。作为参考，绿茶的浸提温度一般是 70~80℃，白茶是 80~85℃，红茶是 85~90℃，黑茶是 95~100℃。

（2）冷浸提 "冷泡茶"概念的茶饮料在市面上所占的比例越来越高，这类茶饮料所采用的浸提技术称为冷浸提。冷浸提使用的是冷水或低温水，温度一般在 4~10℃。低温下茶叶的成分释放速度缓慢，因此冷浸提所需时间较长，通常需要 10 小时左右，甚至更长。一般而言，冷浸提更适合低发酵的茶叶，如绿茶。

冷浸提能够提取出与热浸提相似的成分，但咖啡因和单宁酸的含量相对较低，这使得冷泡茶的口感更加柔和。此外，冷泡的方法还有助于茶叶中的热敏感成分免遭破坏，如维生素 C。

5. 茶汤过滤和澄清

（1）过滤 浸泡后的茶汁需经过滤设备进行过滤，以去除茶渣和其他杂质。茶浸出液的过滤常采用多级过滤的方式，逐步去除茶液中的固体颗粒物质。

一般经过两次过滤，第一次为粗滤，即将浸出茶汁与茶渣分离；第二次过滤去除茶汁中的细小颗粒，这一步也可以使用离心机分离。生产中常用的茶汤过滤方式如下。

1）粗滤 主要目的是滤除茶汁中明显的悬浮物质，通常采用 80~200 目金属网或尼龙、帆布、无纺布。在生产中常使用双联过滤器和板框过滤机。

2）精滤 采用细小孔径的过滤介质去除茶汁中粒径大于 0.05μm 的微粒子。常采用 1~70μm 的微孔滤膜、醋酸纤维微孔膜或硅藻土过滤。在生产中常采用管式微孔精滤过滤器、板框式过滤器等。

3）超滤 利用半透膜作为过滤介质，以截留溶液中的大溶质分子。一般超滤作业分离的物质的相对分子质量在 1000~300000，分子的颗粒度在 0.001~0.15μm。

（2）澄清 通过物理的过滤方法能使茶浸出液暂时澄清，但是无法达到稳定或完全澄清的效果。这是因为浸出液在加工过程中，由于茶多酚、咖啡因、氨基酸等在一定条件下会发生聚合、缩合反应，形成大分子络合物，茶浸出物中的蛋白质、果胶质、淀粉在一定条件下也会产生浑浊和沉淀。这些浑浊或沉淀的物质被称为"茶乳"。因此，过滤后的茶汤需要进一步去除"茶乳"，使其更加清澈。常用的澄清方式如下。

1）添加沉淀剂 在茶汁中加入阿拉伯胶、明胶等大分子化合物，使之与茶汁中的茶多酚物质在冷却条件下络合形成沉淀（如用 1/8~4 份的明胶逐次添加到 100 份的茶及 200~2500 份的热水中），然后通过离心去除。

2）酶处理法 在茶汁中添加单宁酶、纤维素酶等，使茶汁中的大分子物质降解，破坏茶乳络合物的形成，从而减少浑浊现象的发生，提高茶汁的澄清度。

3）膜过滤法 利用微滤、超滤、反渗透等技术使茶汤中的风味物质通过膜，而将特大分子物质和已形成的沉淀截留住,从而提高茶汁的澄清度。

（3）均质　生产含乳茶饮料时,一般在过滤后、加热前还会进行一步均质操作（通常采用高压均质机）,使产品更具稳定性,不易分层。

6. 茶汤浓缩　与直接使用茶叶进行提取相比,许多茶饮料工厂会直接购入茶汤浓缩液作为生产原料。浓缩液因为水分较少,在运输和储存过程中占用的空间更小,且不易变质,这为茶饮料生产商提供了更多的便利。此外,浓缩液可以批量生产,使用时根据需要稀释,这样便于生产商根据市场需求调整浓度和口味,快速响应市场变化。有些生产浓缩液的厂商采用更先进的提取技术,如特种膜分离系统,可以更好地保留茶叶中的营养成分和香气,避免传统提取方法可能造成的茶叶中茶多酚等有效成分的损失,减少茶叶原料在提取过程中的损耗。

茶汁的浓缩最好采用反渗透法。为了保持一定的通量,常在茶汁中加入 5 ~ 10g/L 的纤维素粉,再与茶汁一起进入反渗透浓缩系统中。可以先用部分茶汁浸渍待用的纤维素,以尽量避免纤维素吸附茶汁中的部分香味物质。在用反渗透法浓缩茶汁时,先用高压泵将混合纤维素的茶汁泵入反渗透装置,茶汁通过反渗透膜进入储水槽内,被截留的部分返回原料储槽,反复循环直至茶汁浓缩至规定浓度后,再用过滤或离心的方法去掉茶汁中的纤维素,即可获得浓缩茶汁。

7. 茶饮料的调配　茶饮料的风味调配是从原料茶经浸提、过滤等工艺后向成品茶饮料过渡的关键工序,也是理化及感官品质指标控制的关键点。

对纯茶饮料而言,风味品质基本是由原料品质、提取及过滤澄清工艺技术决定的,调配过程中只是为了防止茶饮料色泽发生褐变,需要添加抗氧化剂,有时也会添加少量糖或甜味剂;对调味茶饮料而言,还应根据配方设计添加不同比例的甜味剂、酸味剂、食用香精、抗氧化剂、果汁及奶等各类辅料。

（1）调配方法　糖浆是茶饮料调配过程中的最主要辅料。其他辅料（如甜味剂、香精、色素等）根据其用量和溶解度等性质,可以混合与糖浆一同调配,也可以在单独的溶解罐中调配。

溶糖通常采用热溶法,糖和水同时经过管道进入罐中,混合并加热至55℃左右,使糖充分溶解后形成黏稠的糖浆。

最后,在混合车间,将精滤茶汁或澄清浓缩茶汁基料用水稀释,所有原辅料（水、茶汁、糖浆、食品添加剂等）经过精确计量后送到定量进料器,输送至巨大的混合罐混匀,常见的食品添加剂投料顺序如图 3 - 5 所示。混匀后通常会再进行过滤操作,除去可能存在的沉淀物质。

图 3 - 5　茶汁调配常用的投料顺序

（2）调配注意事项

1）水　调配时,水"宜少不宜多",加入量不足可通过配比计算继续添加,而加入量过多则很难进一步调整。

2）酸味剂　先加糖,而后边搅拌边缓慢加入溶解的酸味剂（如柠檬酸）,以防止因形成不溶性酸沉淀物而导致最终产品中产生絮状物。此外,调配时应注意不同呈味物之间的互作效果。

3）防腐剂　为了防止细菌和霉菌的生长,防腐剂液一般在早期加入。同种防腐剂因加入条件和时间不同,效果可能不同。一定要首先保证食品本身处于良好的卫生条件下,并将防腐剂的加入时间放在细菌的诱导期,加入得早,效果好,用量也少。

4）香精　调香时,对于柠檬香精等添加剂,由于其在高温下易挥发,因此应在室温或冷却温度下添加。香精液体要先用滤纸过滤再倒入配料容器,搅拌均匀。有些乳化型香精应先使用适当的乳化剂和稳定剂使香基在水中分散成微粒，再添加。若在果汁粉中使用水溶性香精，可在调粉时添加。

5）色素　色素用量少，一定要用精密仪器准确称量，以免成品有色差。当改用强度不同的色素原料时，需要经过折算和试验确定新的添加量，以保持产品品质的稳定性。直接使用色素粉末不易分布均匀，可能形成颜色斑点，因此色素通常配制成 1%～10% 的溶液再使用。配制色素的水需是经过去离子化处理的，否则化学反应可能导致染料的褪色。此外，溶解色素时宜用玻璃、陶瓷、塑料等容器，以避免金属离子对色素稳定性的影响。

6）乳化剂　分散一定要充分，否则难以起作用，而且乳化剂本身可能浮于饮品的表面，大大影响饮品的稳定性。此外，要注意溶解用水，硬度太大的水，会严重影响乳化剂的乳化效果。

7）抗氧化剂（如维生素 C）　通常最后添加，并充分溶解、分散。添加过早不仅起不到抗氧化的作用，反而由于其自身易被氧化的特性而加速茶饮料的氧化。抗氧化剂对紫外线敏感，应当避光保存。

📎 **知识链接**

超临界流体萃取

超临界流体萃取（supercritical fluid extraction，SFE）是一种利用超临界状态下的流体作为溶剂进行物质分离和提取的技术。该技术在提取植物中的活性成分（如多酚类、氨基酸和挥发性香气化合物）方面具有优势，符合"清洁标签""零香精"等市场需求。

超临界流体是指在其临界温度和临界压力以上，液体和气体的性质相结合的状态。在这个状态下，流体具有较低的黏度和较高的扩散性，可以更有效地溶解和提取目标物质。此外，这种方法能够减少传统溶剂提取中热敏感成分的损失，保留更多的营养成分。二氧化碳是最常用的超临界流体。

目前技术成熟，且应用产品较多的是鲜花香气提取液，但对于果胶、纤维及相关生产成本还没有很好的解决方案。

8. 灌装与杀菌

（1）作用　①抑制微生物生长，延长产品货架期；②酶也是引起茶饮料品质变化的重要因素，一般认为杀菌所用的热处理强度足以钝化所有的酶。

（2）选择杀菌条件时的影响因素

1）微生物　按照微生物种类，酵母和霉菌比起细菌，耐热性较差，因此杀菌时一般考虑细菌。此外，不同生长状态的微生物耐热性也不同，比如处在繁殖状态的耐热菌比处于休眠期的芽孢耐热性差得多。

2）糖　对微生物的耐热性影响也很大。当糖浓度很低时，对微生物耐热性影响较小；浓度越高，耐热性越强；当糖浓度高到约 60% 时，高渗透压环境下会抑制微生物的生长。

3）pH　在罐藏食品中，通常根据食品 pH 进行划分，以 pH 4.6 为界限采用不同的杀菌条件。原因是在 pH 小于 4.6 的酸性环境下，肉毒梭状芽孢杆菌的生长受到抑制，不会产生毒素。若某些低酸性食品物料因为感官品质的需要，不宜进行高强度的加热，则可以加入适量的酸性物质，如枸橼酸、醋酸等。

4）期望的产品性质　热处理会引起产品的营养价值降低（维生素 C 等）；热敏性色素物质变化，色泽减退；成分挥发，原有风味减弱或异味出现；果肉组织软烂，液体黏度改变等。因此，需要根据期望的产品属性选择最合适的热处理方式。

5）其他　包材、初始温度等。

（3）方式　根据产品需求，可采取巴氏杀菌法、超高温瞬时杀菌法、无菌包装法等不同的方式。以下是以可常温保藏的茶饮料为例的工序。

1）PET瓶　先杀菌后灌装。利用高温瞬时灭菌机或超高温瞬时灭菌机对茶汁进行灭菌处理（135℃，3～6秒）。而后，对于耐热的PET瓶，将茶汁冷却到85～87℃后趁热灌装，将已密封的PET瓶倒置30～60秒，用余热对瓶盖进行杀菌；对于非耐热性的PET瓶，则将茶汁冷却到40℃左右进行灌装，最后自然冷却至室温。

2）易拉罐　先灌装后杀菌。在茶汁灌装后，采用板式热交换器将茶汁加热至90～95℃，以除去茶汁中的氧气，随后封口。封口后，在121℃下高温杀菌处理7～15分钟。最后用喷淋冷水的方法将茶汁冷却至室温即可。

3）利乐包等纸包装　先杀菌后灌装。利用板式热交换器或UHT将茶汁加热进行灭菌，随后冷却至25℃左右的常温，在无菌条件下进行灌装。这里使用了常温灌装，茶汁受热的时间相对较短，可使茶汁保持较好的新鲜度。

> ✎ 知识链接
>
> ### 高压处理技术
>
> 　　高压处理技术（high pressure processing，HPP）是一种非热处理技术，常用于饮料的保鲜和杀菌。HPP技术将瓶装或包装的饮料置于密闭高压容器内，通常采用水作为传递介质。处理过程中的压力通常在100～600MPa，持续时间从几分钟到半小时不等。高压环境下，微生物细胞结构受到破坏，其生长和繁殖受到抑制。
>
> 　　HPP在延长产品货架期的同时，能有效保持饮料的营养成分（如维生素和抗氧化物质）、风味和颜色，避免了传统热处理法可能导致的成分损失，目前更多应用于果汁饮料的生产。研究表明，HPP处理的茶饮料在保持良好风味和营养成分的同时，有效抑制了细菌和酵母的生长，茶饮料中的多酚类化合物（如儿茶素）和其他抗氧化剂的活性得以保持，茶香更鲜明。

【学习活动三】茶饮料原辅料用量计算

一、确定浸提条件

浸提参数包括浸提茶水比（浸泡过程中茶叶和水的比例）、浸提温度和时间。在设计配方时，可采用三因素三水平设计正交试验，以茶汤的感官评分为指标确定最佳浸提条件。感官评分标准如表3-21所示。

表3-21　茶汤感官评分标准（以绿茶为例）

指标	评分标准	评分区间（分）
色泽（35分）	嫩绿明亮，浅绿明亮	35～30
	尚绿明亮或黄绿明亮	29～25
	深黄或黄绿欠亮或浑浊	24～20

指标	评分标准	评分区间（分）
香气（25分）	嫩香、嫩栗香、清香、花香	25~20
	清香、尚香、火工香	19~15
	尚纯、熟闷、老火或清气	14~10
口感（40分）	鲜醇、甘鲜、醇厚鲜美	40~35
	清爽、浓厚、尚醇厚	34~30
	尚醇、浓涩、青涩	29~25

二、稀释水量

如果使用的是浓缩茶汁，则首先需要用水稀释合适的倍数，但要注意稀释后茶多酚和咖啡因的含量应满足规定值（表3-22）。

表3-22 各类茶饮料茶多酚和咖啡因含量指标［《茶饮料》（GB/T 21733—2008）］

项目		茶饮料（茶汤）	调味茶饮料						复（混）合茶饮料
			果汁	果味	奶	奶味	碳酸	其他	
茶多酚（mg/kg）≥	红茶	300	200		200		100	150	150
	绿茶	500							
	乌龙茶	400							
	花茶	300							
	其他茶	300							
咖啡因（mg/kg）≥	红茶	40	35		35		20	25	25
	绿茶	60							
	乌龙茶	50							
	花茶	40							
	其他茶	40							

三、风味调整

1. 宏观设计 设计配方时应围绕茶类间的风味特点进行总体设计，如绿茶设计成清雅型的、红茶设计成浓郁型的。此外，不同地区人们的消费习惯不同，同一地区不同年龄、不同性别的嗜好也不同。

2. 甜度 一般而言，绿茶、乌龙茶总甜度控制在2%~4%，冰红茶、冰绿茶、梅子绿茶、水蜜桃绿茶等总甜度控制在8%~10%。在选用不同甜味剂时应注意其甜度（常见甜味剂与蔗糖甜度的对比如表3-23所示）及不同甜味剂配比下口感的变化。

表3-23 常见甜味剂与蔗糖甜度对比表

名称	甜度
蔗糖（白砂糖）	1
葡萄糖	0.7
果葡糖浆 F55	0.9
果葡糖浆 F42	0.7
山梨糖醇	0.6

名称	甜度
赤藓糖醇	0.6 ~ 0.8
阿斯巴甜	150 ~ 250
三氯蔗糖	600
甜菊糖苷	200 ~ 300
安赛蜜（AK 糖）	200
甜蜜素	30 ~ 50
糖精钠	300 ~ 450
L – 阿拉伯糖	0.5

3. 酸度　甜味剂与酸味剂配合使用效果较好，适当的甜酸比可使茶汤酸甜可口。例如，柠檬冰绿茶甜酸比一般控制在（40 ~ 80）：1 时风味最佳，而梅子冰绿茶甜酸比一般控制在（50 ~ 55）：1 时风味纯正自然。枸橼酸是软饮料中应用最广的酸味剂，一般使用量为 0.05% ~ 0.25%。在选用酸味剂时应注意其甜度（常见酸味剂与蔗糖甜度的对比如表 3 – 24 所示）及不同配比下酸甜感的变化。

表 3 – 24　常见酸味剂与枸橼酸酸度对比表

名称	酸度
枸橼酸	1
苹果酸	1.2
乳酸	1.2
酒石酸	1.2 ~ 1.3
葡萄糖酸	0.5
六偏磷酸钠、磷酸氢二钠等	无机盐，在水溶液中可以形成弱酸性环境，但并不直接表现为酸，酸味强度由其在水中的解离程度、浓度等决定

4. 香精　在茶饮料中的使用量虽然很少，但对增加饮料的香气和气味起着决定性的作用，且使用量微小的差异对香味效果好坏的影响很大。由于香精产品、制造商、习惯使用量不同，必须通过反复的加香试验，最后才能确定最适合消费者口味的用量。

香精的添加量根据香精的类型有所不同，通常，柠檬香精、绿茶香精的最大添加量为 0.1%，桃子香精的最大添加量为 0.2%。

要注意的是，如果饮料生产中其他原料的质量差，如水处理不佳、使用粗制糖等，也会对香味效果造成一定的影响。

5. 确定风味配方　在设计配方时，可以取定量的茶汤，用不同浓度的甜味剂、酸味剂、香精设计三因素三水平正交试验。对不同配方的茶饮料进行感官测试，评分标准可参考表 3 – 25（各指标满分均为 10 分）。

表 3 – 25　茶饮料感官评分标准（以绿茶饮料为例）

指标	评分标准	评分区间（分）
气味	茶香味太浓	1 ~ 4
	无茶香味	5 ~ 7
	有清淡的茶香味	8 ~ 10

指标	评分标准	评分区间（分）
滋味	茶味重或甜度重	1～4
	茶味太轻，甜度大	5～7
	具有清淡茶味，甜度适中	8～10
颜色	太重	1～4
	偏重	5～7
	基本无色且透明	8～10

四、其他添加剂用量

在计算原辅材料用量时，合规性是底线，要严格按照相应的标准（GB 2760—2024），尤其是针对食品添加剂和新食品原料。在合规的基础上，其他添加剂的用量应综合考虑香型和口感，进行比例计算和试验测试，以确保呈现最佳的产品品质。用量标准可参考表 3-26。

表 3-26 其他常用添加剂推荐用量及最大用量

类别	推荐添加量（%）	添加剂举例	最大添加量（%）	备注
色素	—	柠檬黄	0.1	通常复配调色
		番茄红素	0.015	
		β-胡萝卜素	2.0	
		亮蓝	0.02	
		焦糖色	10	
乳化剂、稳定剂	0.01	单、双甘油脂肪酸酯	适量使用	选择复配乳化剂时，亲水亲油平衡值（HLB）高值和低值相差不宜大于5
		酪蛋白酸钠	适量使用	
		蔗糖脂肪酸酯	适量使用	
抗氧化剂	0.03～0.07	抗坏血酸钠	适量使用	—
		维生素 E	0.2	
防腐剂	—	乳酸链球菌素	0.2	为产生协同效应，一般将同类型的防腐剂配合使用，如酸性防腐剂与其钠盐，或是同种酸的几种酯
		苯甲酸和苯甲酸钠（以苯甲酸计）	0.1	
		山梨酸和山梨酸钾（以山梨酸计）	0.5	

【学习活动四】 茶饮料成本核算

一、茶饮料总成本计算

茶饮料总成本计算填入表 3-27。

总成本(TC) = 原料成本 + 劳动力成本 + 设备与设施成本 + 包装与运输成本 + 管理与销售费用

表 3 - 27 茶饮料总成本计算

成本要素		计量单位	数量	单价（元/单位）	总成本（元）
原料成本（RM）	原材料 1（茶叶）				
	原材料 2（水）				
	原材料 3（白砂糖）				
	原材料…				
劳动力成本（DL）	采茶阶段				
	加工阶段				
	包装阶段				
设备与设施成本（OE）	设备折旧费用				
	设备维护费用				
包装与运输成本（OP）	包装材料 1				
	包装材料 2				
	包装材料…				
	包装工艺费用				
	运输费用				
管理与销售费用（OM）	管理人员工资				
	销售费用				
	市场推广费用				
单位重量总成本					

二、茶饮料成本核算指标

（一）单位成本

单位成本是指每生产一单位茶饮料所需的成本，可用下式计算。

$$单位成本 = 总成本 / 产量$$

（二）成本构成比例

分析各成本要素在总成本中的占比，以了解成本结构和影响成本的关键因素。

（三）成本控制与管理

成本控制与管理是指通过合理控制各项成本，包括降低原材料成本、提高生产效率等，以降低总成本，同时建立完善的成本管理体系。可能的话，将不同原材料生产出来的相同产品的经济价值进行比较是件重要的工作，然后选择较低价值的配料，以获得相近口感的茶饮料，从而有效降低成本。

【学习活动五】确定茶饮料开发方案（茶饮料典型工作案例）

绿茶饮料产品开发方案见表 3 - 28，奶茶饮料产品开发方案见表 3 - 29。

表 3-28　绿茶饮料产品开发方案

冰绿茶

产品配方

序号	原料名称	重量	序号	原料名称	重量
1	绿茶	6kg	4	山梨酸钾	0.5kg
2	蔗糖	30kg	5	枸橼酸钠	1kg
3	甜蜜素	2.8kg	6	三聚磷酸钾	0.2kg

工艺流程图：

浸提 → 调配 → 热装罐 → 杀菌 → 成品检验

产品操作工艺：

（1）浸提　茶水比例为 1：20，浸提时间 60 分钟，温度保持在 100～110℃，离心过滤得茶汁，茶汁冷却后装入干净消毒的储罐密闭，置冷凉处保存。

（2）调配　按配方往茶汁中加入溶解过滤后的蔗糖、甜蜜素、山梨酸钾、枸橼酸钠、三聚磷酸钾等溶液，充分搅拌均匀。

（3）热装罐　将调配好的汁液加热至 75℃，迅速装罐，以防香味损失过多，立即密封。

（4）杀菌　杀菌温度为 100℃，保持 15 分钟，迅速冷却。

（5）成品检验　产品存放一定时间后，对其稳定性进行检验。

质量标准：

（1）感官指标　产品外观澄清，无杂质，茶香浓郁，无异味。

（2）理化指标　可溶性固形物≥3.5%；茶多酚≥2mg/kg；类黄酮≥0.012%。

注意事项：

茶饮料很容易出现冷后浑浊，用三聚磷酸钾可有效地防止沉淀出现。

编制/日期：	审核/日期：	批准/日期：

表 3-29　奶茶饮料产品开发方案

香浓奶茶

产品配方

序号	原料名称	重量	序号	原料名称	重量
1	白砂糖	30g	9	山梨糖醇	10g
2	果葡糖浆	20g	10	六偏磷酸钠	0.03g
3	全脂乳粉	20g	11	异维生素 C 钠	0.15g
4	炼乳	10g	12	焦糖色素	适量
5	红茶粉	2g	13	红茶香精	0.4g
6	植脂末	1g	14	奶香精	0.2g
7	稳定剂 RE2	3.5g	15	碳酸氢钠	适量
8	甜赛糖 TL50	0.1g			

工艺流程图：

奶基底配制 → 辅料分批溶解 → 调节 pH → 升温均质 → 杀菌 → 成品检验

产品操作工艺（饮料总量为 1000mL）：

（1）将称量好的全脂乳粉与炼乳加入 200mL 的纯净水中，水浴 50℃下搅拌 10 分钟使其充分溶解，备用。

（2）将称量好的异维生素 C 钠、红茶粉和六偏磷酸钠加入 100mL 的纯净水中，在常温下稀释搅拌溶解，备用。

（3）将称量好的植脂末、甜赛糖 TL50 与山梨糖醇加入 200mL 纯净水中，水浴 60℃下搅拌使其充分溶解，备用。

（4）将称量好的白砂糖、果葡糖浆和稳定剂混合均匀后，加入 300mL 的纯净水中，水浴 70～80℃下剪切 15～20 分钟使其充分溶解，备用。

（5）将溶解好的奶液、茶液、植脂末液和稳定剂混合并充分搅拌。

（6）将香精加入混合好的料液中，然后将焦糖色素用 50mL 常温水稀释后加入混合料液中搅匀。

（7）将料液加水定容至 1000mL，搅匀，用适量碳酸氢钠调节 pH 至 6.8～7.2 范围内。

（8）将调配好的料液升温至 70℃后进行均质。均质二级压力位 5～10MPa，一级压力位 30～35MPa。

（9）将均质后的料液灌装后，进行高温瞬时杀菌（121℃，15～20 分钟）。

（10）成品冷却至中心温度 40℃以下，贴标，装箱。

质量标准：

（1）蛋白质含量≥0.5%

（2）卫生指标应符合 GB 7101—2022 的规定。

编制/日期：	审核/日期：	批准/日期：

任务三　茶饮料开发方案的实施

【学习活动六】茶饮料的制作

不同茶叶品鉴结果填入表3-30。

表3-30　不同茶叶品鉴表

序号	名称	外形	香气 （高低、强弱、纯正 与否、持久时间）	滋味 （浓、强、鲜、醇、 苦、涩、粗、异）	汤色 （色度、亮度、 浑浊度）	叶底 （整碎、嫩度、 色泽、匀度）
1						
2						
3						
4						
5						

茶汤因素与水平填入表3-31。

表3-31　茶汤因素与水平

水平	因素		
	温度（A）（℃）	茶水比（B）（g/mL）	时间（C）（min）
1			
2			
3			

茶汤感官审评正交试验结果填入表3-32。

表3-32　茶汤感官审评正交试验结果

试验号	因素			感官评分（分）			
	A	B	C	色泽	香气	口感	总分
1	1	1	1				
2	1	2	2				
3	1	3	3				
4	2	1	2				
5	2	2	3				
6	2	3	1				
7	3	1	3				
8	3	2	2				
9	3	3	1				

茶饮料因素与水平填入表3-33。

表 3 - 33　茶饮料因素与水平

水平	因素		
	蔗糖（A）（g）	枸橼酸（B）（g）	绿茶香精（C）（mL）
1			
2			
3			

茶饮料感官审评正交试验结果填入表 3 - 34。

表 3 - 34　茶饮料感官审评正交试验结果

试验号	因素			感官评分（分）			
	A	B	C	气味	滋味	颜色	总分
1	1	1	1				
2	1	2	2				
3	1	3	3				
4	2	1	2				
5	2	2	3				
6	2	3	1				
7	3	1	3				
8	3	2	2				
9	3	3	1				

最终配方记录填入表 3 - 35。

表 3 - 35　最终配方记录表（以 1L 茶饮料为基准）

原料	用量	单位
（水）		（mL）
（茶叶）		（g）
（蔗糖）		（g）

工艺流程设计填入表 3 - 36。

表 3 - 36　工艺流程设计表

步骤	工艺名称	工艺参数	技术要点
1			
2			
3			
4			
5			
6			

任务四　茶饮料开发方案的评价

【学习活动七】茶饮料质量评价与记录

茶饮料产品开发方案评价见表 3 –37。

表 3 –37　茶饮料产品开发方案评价表

评分项目	评分标准及参考分值			自我评价
创新性 （20分）	概念创新 配方创新 工艺创新 包装创新 故事背景及营销创新	满足 1 项	0 ~ 4 分	
		满足 2 项	5 ~ 8 分	
		满足 3 项	9 ~ 12 分	
		满足 4 项	13 ~ 16 分	
		满足 5 项	17 ~ 20 分	
甜酸度 （20分）	极甜或极酸		0 ~ 4 分	
	过甜或过酸		5 ~ 8 分	
	较甜或较酸		9 ~ 12 分	
	稍偏甜或稍偏酸		13 ~ 16 分	
	甜酸度适中		17 ~ 20 分	
香味 （20分）	无香味，气味刺鼻		0 ~ 4 分	
	无香味，带少许刺激性气味		5 ~ 8 分	
	香味淡，带少许杂味		9 ~ 12 分	
	香味稍浓，无异味		13 ~ 16 分	
	香味浓郁，协调		17 ~ 20 分	
口感 （20分）	苦涩感极度明显，难以下咽		0 ~ 4 分	
	口感差，苦涩味重		5 ~ 8 分	
	口感一般，带有苦涩味		9 ~ 12 分	
	口感较好，无苦涩味		13 ~ 16 分	
	酸甜可口，无苦涩味		17 ~ 20 分	
色泽 （20分）	色泽极不均匀，杂色很深		0 ~ 4 分	
	色泽局部不均匀，杂色明显		5 ~ 8 分	
	色泽均匀，局部带有少许杂色		9 ~ 12 分	
	色泽均匀		13 ~ 16 分	
	色泽纯正均一		17 ~ 20 分	
总分				

任务五　茶饮料开发方案的改进与提高

【学习活动八】茶饮料讨论分析与改进方案

茶饮料整改方案填入表 3 –38。

表 3 - 38 茶饮料整改方案

整改项目	具体方案
问题分析	(分析产品存在的问题)
整改方案	(针对问题，制定整改方案)
整改计划	(制定实施的时间节点、责任人和具体措施)
整改效果评估	(整改完成后，如何对产品效果进行评估，评估结果)

答案解析

简答题

1. 简述即饮咖啡、速溶咖啡和现磨咖啡的区别和联系。
2. 如果即饮咖啡的产品菌落总数超标，试分析原因。
3. 我国常见的茶叶分为哪几种？不同茶叶的主要区别在哪里？
4. 茶叶发酵时，多酚类化合物被氧化，会引起哪些变化？
5. 为什么纯茶饮料的热量通常被标注为"0 卡"？
6. 绿茶和红茶在预加工处理方式上的区别及其目的是什么？
7. 简述水的矿化度和 pH 对茶叶浸提效果的影响。
8. 常见的用于茶饮料的糖醇、天然代糖和人工合成甜味剂分别有哪些？
9. 使用甜味剂时，需要注意哪些事项？
10. 为什么绿茶的浸提温度通常比红茶低？

项目四　乳制品的加工与开发

发酵乳是以生牛（羊）乳或乳粉为原料，经杀菌、发酵后制成的 pH 降低的产品。在国标 GB 19302—2010 发酵乳标准中根据菌种类型可分为酸乳和发酵乳，根据添加辅料类型可分为酸乳和风味酸乳，以下学习内容中统称为酸奶类产品。

任务一　明确乳制品开发目的

酸奶类产品开发的总体目的是围绕企业的战略定位和品牌建设，优化产品矩阵，打造产品力。以创新为内核实现企业技术实力的提升，以用户为中心不断提升时尚潮流，以满足所面对客户当下和未来的需求，实现企业竞争差异化优势，从而赢得市场尊重。具体到酸奶类品类，其开发目的包含以下几点。

（1）响应国家健康战略　随着人们健康意识的增强，对食品的营养价值和健康属性提出了更高的要求。酸奶作为一种发酵食品，富含蛋白质、钙、益生菌等有益成分，可以改善肠道微生物环境，增强人体免疫力。酸奶产品的开发也是响应国家关于提高国民健康水平、促进健康中国建设的战略需求。

（2）满足市场多样化需求　酸奶产品的开发旨在满足不同消费者的喜好，包括更高的营养价值（如增加特定的益生菌种，强化某些维生素和矿物质），不同的口味、质地、包装形式（如自立袋、可降解材料包装）等。酸奶赛道发展迅猛，通过不断的产品创新和品质提升，增加产品的市场竞争力，以在激烈的市场竞争中脱颖而出。

（3）促进食品科技和加工技术的进步　酸奶产品的开发往往伴随着新技术、新工艺的应用，推动了食品科技和加工技术的进步。

任务二　乳制品开发方案的制定

【学习活动一】明确乳制品开发总体思路

一、搜集信息，调研市场

掌握国内外食品市场动态和消费趋势，对竞争对手进行市场分析和竞争策略研究，同时了解消费者的口味偏好和健康需求，方法包含以下几种。

（1）通过访谈、焦点小组、观察使用产品等方式走访市场，从顾客处收集原始数据；筛选出目标受众，了解其需求、喜好、购买习惯、消费能力和其他相关属性，以此为依据判断产品设计、包装和营销通路。

（2）查阅行业报告，分析市场趋势，以此找到市场热门产品和未来的发展方向。

（3）通过检索 INNOVA、欧睿等数据库，关注酸奶产品的相关社交网络等方式了解实时的新品发布信息、产品动态、口碑和市场反应。

（4）搜集竞品信息，包括产品卖点、产品矩阵、消费群体、营销方式等，在产品策略制定时作为参考。

（5）进行实地采菌、原辅料工厂溯源等，以便全方位提高产品品质，打造"自有菌株"等差异化卖点。

二、制定研发方案

酸奶类产品研发步骤如表 4 - 1 所示。

表 4 - 1　酸奶类产品研发步骤

步骤		要求
产品雏形阶段	确定产品定位和目标群体	根据上述市场调研结果，确定产品定位，包括目标人群（如儿童、老年人、轻食群体等）、消费场景、特定功能和宣称等，明确产品定位便于后续的产品开发和市场营销
小试阶段	配方研发	配方组成通常是优质牛乳（或植物基乳）+ 乳酸菌 + 其他辅料；尝试多种不同的原料组合和配方比例，结合菌种类型，以获得理想的口味和口感
	生产工艺研发	根据配方，通过多轮优化改进，开发最合适的发酵等工艺环节
	样品感官测试	通常进行内部专业品评小组评价或小规模的内部消费者测评，测试方式包括喜好度测试、三角测试等；生成测试报告，并收集主观反馈意见，根据结果决定配方是否进行调整和优化
中试阶段	工厂中试	在确定最满意的小试样品配方后，进行大规模生产前的验证，确保生产线能够稳定生产出符合产品配方和规格的产品工艺
	感官测试	通常采用外部消费者测试，结果可成为决定是否上市的重要依据之一
上市后阶段	产品迭代和更新	不断关注市场反馈和消费者需求的变化，进行产品的改进和迭代；保持对市场趋势的敏感度，及时调整产品定位和营销策略，以保持竞争优势和市场份额

需要注意的是：

（1）成本控制前置化　在成本可控的前提下设计配方方案。

（2）营销方案前置化　茶饮料产品上新的成功与否与市场营销有很大的关系，需要进行合适的宣传和推广。在产品开发过程中应注意部门间的协作，提早确立市场推广和销售策略的大致方向，提高工作效率。

（3）配方简单化　每一种写在配方表中的原料都要有理论或实践的依据，符合 GB 19302、GB 2760、GB 14880 和新资源食品等相关法规标准。同时，在确保产品风味的前提下，配方中还应考虑尽可能使用现有的原物料，以降低原物料呆滞的风险。

【学习活动二】原辅料及生产技术路线对乳制品品质的影响规律

一、原辅料对乳制品品质的影响规律

（一）生牛乳

1. 成分　生牛乳呈弱酸性，pH 介于 6.5 ~ 6.7。生牛乳中的主要成分及含量见表 4 - 2。

表4-2　生牛乳中主要成分及含量

主要成分	范围（%）	平均含量（%）
水	85.5~89.5	87.0
全乳固体	10.5~14.5	13.0
脂肪	2.5~6.0	3.9
蛋白质	2.9~5.0	3.4
乳糖	3.6~5.5	4.8
无机盐	0.6~0.9	0.8

（1）乳脂肪　是牛乳的主要成分之一，含量一般为2.5%~6.0%，具有营养和经济价值。乳脂肪不溶于水，以微小的脂肪球状态分散于乳中，呈一种水包油（O/W）型的乳浊液。脂肪球可携带脂溶性维生素A、维生素D、维生素E和维生素K，并占全脂牛奶约一半的热量。

大多数乳牛会在冬天分泌更多的脂肪，因为冬天进食较为密集，且接近哺乳期的尾声。特定的乳牛品种，特别是来自英法海峡群岛的更赛牛和娟姗牛，其生产的牛奶特别浓郁，脂肪球也更大。水牛奶所含的脂肪含量高达普通全脂乳的2倍。

乳脂肪主要由甘油三酯（98%~99%）、少量的磷脂（0.2%~1.0%）、甾醇（0.25%~0.4%）等组成。包裹脂肪球的膜由磷脂及蛋白质形成，使得脂肪微滴彼此分离，避免聚集在一起成为大的脂肪块。乳脂肪中短链低级挥发性脂肪酸含量达14%左右，其中水溶性挥发性脂肪酸（丁酸、己酸、辛酸等）含量高达8%。这些脂肪酸在室温下呈液态，易挥发，因此乳脂肪具有特殊的香味和柔软、易消化吸收的特性。

（2）乳蛋白　牛乳中的蛋白质含量为2.9%~5.0%，由20多种氨基酸组成，含有人体所需的必需氨基酸，是一种全价蛋白。牛奶中漂浮着数十种蛋白质，主要研究对象为酪蛋白和乳清蛋白两类，在牛乳中质量比例约为4:1。酪蛋白和乳清蛋白的分类标准是其对酸的反应。少量的酪蛋白在酸性状态下会絮凝沉淀（等电点pH 4.7），而乳清蛋白则会悬浮在酸性液体里。酸奶和奶酪的制造就是有赖于酪蛋白的絮凝沉淀特性。牛乳的自然酸败则是微生物将乳糖分解为乳酸，当乳酸足以使pH达到酪蛋白等电点时，就会发生沉淀。

酪蛋白家族包含四种蛋白质，聚合在一起成为极小的家族单位，称为"微胶粒"。牛奶的钙质大多位于微胶粒中，像黏合剂一样把蛋白质分子结合在一起。乳清蛋白中数量最多的是乳球蛋白，乳球蛋白具有抗体作用，又称免疫球蛋白。它是一种高度结构化的蛋白质，达到78℃时其折叠结构会展开，硫原子暴露在周遭的液体中，与氢原子反应生成硫化氢气体，这就是牛奶蒸煮后浓郁气味的来源。

（3）乳糖　牛奶中只有一种碳水化合物，称为乳糖。乳糖是双糖，一分子乳糖由一分子葡萄糖和一分子半乳糖组成，属于还原糖，甜度为蔗糖的1/5。乳糖提供的热量在牛奶中约占40%，也是各种乳制品甜味的来源。

消化乳糖的乳糖酶在婴儿出生后不久达到最大数量，然后会逐渐减少，持续到成年期。乳糖酶活性低及其产生的症状，称为乳糖不耐症。牛奶发酵时把乳糖转化为乳酸，有乳糖不耐症人群可选择发酵乳制品。

大多数微生物为了能在牛奶中生存,能够利用乳糖,而乳酸杆菌和乳酸球菌不仅直接靠乳糖生长,还能将乳糖转变为乳酸,经过乳酸菌酸化的牛奶可抑制细菌生长,但在适宜条件下,霉菌和酵母菌仍可生长。

(4) 矿物质　牛乳中的矿物质主要有磷、钙、镁、氯、钠、硫、钾,及微量元素铁、锌、硼等。乳中的大部分矿物质与有机酸和无机酸结合,以可溶性的盐类状态存在。牛乳中的钙含量高（比人乳高 3~4 倍）,且易吸收,可用于补充钙,对老年人的骨骼保护、幼小机体的发育等尤为重要。

(5) 维生素　牛乳中包含所有已知的维生素。有的维生素（如维生素 C）对热的敏感性强,所以乳与乳制品包装要用避光容器,以减少光照造成的损失。

2. 影响乳成分的因素

(1) 奶牛品种　我国饲养的大部分奶牛是黑白花色的荷斯坦牛。不同品种奶牛产出的乳的组成不尽相同,比如水牛、娟姗牛、更赛牛的乳脂率比较高。目前,还有不少品牌通过基因检测筛选出 A2 奶牛,可产出蛋白质形态以 A2 型酪蛋白为主的牛奶。

(2) 饲料　生牛乳的基本风味受到饲料的影响。干草和青贮饲料比较缺乏脂肪与蛋白质,会制造出一种较平淡而温和的乳酪味,而青翠的牧草则带来清甜的覆盆子气味（长链不饱和脂肪酸的衍生物）,以及谷仓的吲哚气味。饲料中维生素含量不足时,乳中维生素含量也会减少。

(3) 温度及环境　世界上有名的牧场包括新西兰南奥塔哥、法国诺曼底、阿根廷潘帕斯草原、中国内蒙古大草原等,集中于南北纬 40°~50°区间的温带草原。这是因为在 4~21℃ 条件下,产乳量与乳的成分组成几乎不发生变化。当环境温度从 21℃ 升高至 27℃ 时,产乳量和脂肪含量均有所下降。

3. 牛乳的营养改造

(1) 低脂牛奶　自有乳业以来,就有去除奶油层从而改变牛奶营养成分的方法。今日,低脂牛奶采用更有效率的离心法,在进行均质作业前就先将一些脂肪球分离出。全脂牛奶脂肪含量≥3.1g/100g,味道浓郁,口感丰满;低脂牛奶脂肪含量≤1.5g/100g,保留了一定的牛奶风味;脱脂牛奶脂肪含量则≤0.5g/100g,口感相对稀薄,味道相对平淡。

(2) 浓缩乳　产品不仅货架期长,还能为烘焙产品提供牛奶特有的质地和风味,但不含牛奶的水分。各种浓缩乳的成分组成见表 4-3。

1) 炼乳或蒸发乳　在低压状态下加热生奶,在较低温度下就能沸腾,再持续加热至水分消失一半左右,口感更为浓郁。乳糖和蛋白质经过烹煮浓缩后,会产生一些褐变现象,这使得蒸发乳拥有特别的颜色及焦糖味。

2) 奶粉　是将蒸发作用发挥到极致的成果。先将牛奶高温杀菌,然后借由真空蒸发去除约九成的水分,剩余的水分再以喷雾干燥的方法去除。在干燥凉爽的环境下,奶粉可以保存数月。

现在也有很多厂商采用膜浓缩技术,利用膜的选择性透过能力,保留牛奶中蛋白质等大分子物质,达到浓缩的目的。浓缩乳的成分见表 4-3。

表 4-3　浓缩乳的成分（数字为重量百分比）

乳的种类	蛋白质	脂肪	碳水化合物	矿物质	水
蒸发乳	7	8	10	1.4	73
脱脂蒸发乳	8	0.3	11	1.5	79
甜炼乳	8	9	55	2	27

续表

乳的种类	蛋白质	脂肪	碳水化合物	矿物质	水
全脂奶粉	26	27	38	6	2.5
脱脂奶粉	36	1	52	8	3
鲜奶	3.4	3.7	4.8	1	87

> 🔗 **知识链接**
>
> ### 植物基酸奶
>
> 　　植物基酸奶对素食人群友好，对环境影响较小，且植物蛋白和植物脂肪可以为人体提供身体所需的氨基酸和健康的不饱和脂肪酸。此外，植物基酸奶符合"低糖低脂"的饮食风潮。
>
> 　　"风味"是众多植物基酸奶面对的主要挑战。发酵产生的酸馊味、脂肪氧化产生的苦涩及酸败味、植物原料本身带有的不良风味（如豆腥味）都会影响到最终的产品品质。目前，添加果汁成分和用天然香精修饰风味是主要的应对方式。

（二）常用的其他原辅料

1. 乳粉　是牛奶脱水后制成的粉末，可用于酸奶类产品，以调整营养成分和质地，其中，全脂乳粉保留了牛奶中的全部脂肪，可以用于增加酸奶的乳脂肪含量，使其具有更丰滑的口感。

2. 稀奶油　是以生牛乳为原料，分离出含脂肪的部分，添加或不添加其他原料、食品添加剂和营养强化剂加工制得的乳制品。稀奶油由于具有较高的乳脂肪含量，可以用于增加酸奶的乳脂肪含量和丰滑口感。

3. 乳清蛋白粉和酪蛋白　在酸奶的制作过程中，蛋白质是被修饰的主要成分，因此提高酸奶中蛋白质质量分数尤为重要。一般来讲，在一定范围内，蛋白质的含量越高，酸奶的硬度、黏度和持水能力越高。故在生产中，除了通过超滤、浓缩的工艺外，也经常添加乳清蛋白粉或是酪蛋白，以增加蛋白质的含量，提高酸奶的营养价值。其中，乳清蛋白粉往往是奶酪生产过程中分离出来的副产品。

（三）糖及甜味剂

1. 作用

（1）中和酸味，提供甜味　仅由生牛乳和乳酸菌制得的酸奶酸感很重，很多人可能难以接受。加入适量的糖和甜味剂最主要的目的是中和酸奶的酸味，改善酸甜比，使其口感更加柔和、香甜，符合大多数人的口味。

（2）提高风味　和茶饮料等产品一样，加糖不仅可以改善酸奶的口感，还能提升整体风味，使风味更加丰富和多样化。

（3）提供营养，帮助发酵　糖是乳酸菌的食物来源，有利于乳酸菌的生长和繁殖，促进产生更多的乳酸，有助于酸奶的发酵过程。这也是为什么糖的添加通常在发酵工艺前。

（4）一定的防腐作用　糖分含量较高时，可以抑制其他有害微生物的生长，从而延长产品的货架期。

2. 分类　见茶饮料章节。

3. 常用于酸奶的甜味剂　酸奶中常用的糖和甜味剂如表4-4所示。

表4-4 常用于酸奶的糖及甜味剂的种类及特性

种类		特性及口感
糖	蔗糖	甜味纯正自然,加热后具有焦糖香味
	果葡糖浆	澄清、透明、黏稠、无色的糖浆,其甜度会因果糖含量多少而异,一般为蔗糖的1.0~1.4倍。生产果葡糖浆不受地区和季节限制,设备比较简单,投资费用较低
	蜂蜜	甜味比白砂糖要柔和,同时还带有一些花香
	低聚糖	柔和、清淡,有一定甜味,但不像蔗糖那样强烈
甜味剂	糖醇 赤藓糖醇	可由葡萄糖发酵制得,结晶性好,对热、酸十分稳定;具有糖醇特有的清淡口味,在口中溶解时有温和的凉爽感,且其甜味在口腔内的停留时间非常短暂;与一些高强度甜味剂如阿斯巴甜、安赛蜜等混合使用时的甜味和口感非常接近蔗糖
	木糖醇	化学稳定性好,具有清凉口感;与高强度甜味剂复配有协调增效作用,并能掩盖其不良后味;可作为抗氧化剂的增效剂,并有助于维生素和色素的稳定
	天然甜味剂 甜菊糖	有清凉甜味和明显的苦涩味,浓度高时带有轻微的类似薄荷醇苦涩味,但与蔗糖配合使用(7∶3)时可减少或消失;与枸橼酸钠并用可改进味感
	人工甜味剂 阿斯巴甜	甜味纯正,口感接近蔗糖,无不愉快后味。与糖精混合具有协同增效作用
	安赛蜜	具有良好口感,与甜蜜素1∶5混合使用有明显增效作用;高浓度时有明显后苦味
	三氯蔗糖	甜味纯正,口感最接近蔗糖

(四) 乳酸菌

1. 作用 乳酸菌能够消化牛奶中的乳糖,并从乳糖的分解过程中取得能量,然后将乳酸释放到牛奶中。乳酸在牛奶中累积并抑制其他微生物生长。在酸度逐渐增加的环境下,原分离但成束状的酪蛋白微胶粒展开成为个别的酪蛋白分子,然后重新连接到一起。这种常见的重新键结,形成连续性的蛋白质分子网,将液体及脂肪包围住,并将液体的牛奶变成脆弱的固体,这就是凝乳的原理。

除了凝乳作用外,也对酸奶风味的产生起决定性作用。乳酸是酸奶具有独特风味的基础,此外,发酵过程中,乳酸菌还会产生多种风味物质,如乙醛、双乙酰和丁二酮等。这些物质共同作用,使得酸奶具有丰富的风味,例如,乙醛可以产生一种轻微的酸味和果香,双乙酰能带来奶油般的香气。乳酸菌还可以促进脂肪的降解,产生的短链脂肪酸等物质也对酸奶的风味有贡献。

乳酸菌还能促进牛奶中部分酪蛋白的水解,生成小分子肽和氨基酸,这些小分子物质有助于酸奶口感的改善,使之更加细腻和顺滑,同时也更利于人体的消化吸收。

2. 乳酸菌的种类 可分为两大类,乳酸球菌属(*Lactococcus*)和乳酸杆菌属(*Lactobacillus*)。酸奶及其类似的产品起源于中亚、西南亚及中东广大而气候温暖的地区,历史悠久,所用到的菌种复杂且多样。现今,工业生产的酸奶则相反,它把乳酸菌简化到两种最基本的菌种,即戴白氏乳酸杆菌的亚种"保加利亚乳杆菌",以及唾液链球菌的亚种"嗜热链球菌"。这两种细菌会刺激彼此生长,两者混合使用时牛乳的酸化速度比使用单一菌种更快。刚开始发酵时,最活跃的是链球菌,当酸度超过0.5%后,由乳酸杆菌接手,最终将酸度提到1%以上。

放眼现今的酸奶市场,除了德氏乳杆菌保加利亚亚种和唾液链球菌嗜热亚种这两种传统菌种以外,一些具有特殊功能的菌种也逐渐被应用,如乳双歧杆菌、鼠李糖乳杆菌LGG、副干酪乳杆菌等。通常选用的乳酸菌有多种,相互产生共生作用,以得到最理想的成品状态。常用的乳酸菌形态、特性及其培养条件如表 4 - 5 所示。

表 4 - 5 常用乳酸菌的形态、特性及培养条件

细菌名称	菌落形状	发育最适温度（℃）	最适温度下凝乳时间（h）	凝块性质	滋味	组织形态
德氏乳杆菌保加利亚亚种	无色的小菌落如絮状	42～45	12	均匀稠密	酸	针刺状
唾液链球菌嗜热亚种	光滑，微白，菌落有光泽	37～42	12～24	均匀	微酸	酸稀奶油状
鼠李糖乳酪杆菌	圆形，边缘整齐，表面光滑	37～40	18～24	均匀稠密	微酸	杆状
德式乳杆菌乳亚种	圆形，边缘整齐，表面光滑	37～42	12～24	均匀稠密	酸	杆状
动物双歧杆菌乳亚种	中心部稍突起、表面灰褐色或乳白色、稍粗糙	37	17～24	均匀	微酸、有醋酸味	酸稀奶油状
干酪乳酪杆菌	圆形，边缘整齐，表面光滑	30～37	16～20	均匀稠密	酸	杆状

3. 发酵剂的种类 工业生产中所用到的发酵剂是一种含有乳酸菌的制剂，通常还包括其他辅料，如载体、稳定剂等，以帮助乳酸菌更好地生长和发酵。在酸奶生产时，使用发酵剂可以更精确地控制发酵过程，包括发酵速度和成品品质。

按发酵剂的使用方法，可分为直投式发酵剂和继代式发酵剂。直投式发酵剂是指经高度浓缩和标准化的、含菌量高、活力较强的冷冻或冷冻干燥的特定微生物培养，可直接用于生产的发酵剂。其活菌含量高，保质期长，使得每批发酵产品质量稳定，也防止了菌种的退化和污染，不需要经过活化、扩大繁殖过程，大大提高了发酵酸乳制品工业的生产效率和产品质量。但其制作技术在国内还没有完善，现在国内使用的直投式菌种大多从丹麦、法国、瑞典等国进口，价格较高。继代式发酵剂由于自身活性较弱，不能直接用于生产，必须经过活化、扩培的过程。其特点是菌种活化、制作过程较烦琐，发酵剂质量不统一，但成本较低。

按照菌种配合形式，发酵剂还可分为混合发酵剂和单一发酵剂。在生产中，一般是将每一种菌株单独活化，生产时再将各菌株混合在一起。这样做容易继代，易于保持杆菌和球菌的比例，且方便更换配方中的菌株。

4. 发酵剂的选择 在生产实践中，厂家根据自己所加工的酸乳品种、口味和市场消费者的需求来选择合适的发酵剂。通常从如下几点进行综合考虑。

（1）产酸能力 产酸能力强的发酵剂在发酵过程中容易导致产酸过度和后酸化（菌种在冷却和冷藏阶段仍能继续缓慢产酸）过强，故生产中一般选择产酸能力中等或弱的发酵剂。

（2）产香性 不同发酵剂所产生的特征风味略有不同，相关的芳香物质主要有醛、酰、酯、酮和挥发酸等。研发过程中，可通过感官评价的方法选择具有优良产香性的发酵剂。

（3）产黏性 产黏发酵剂在发酵过程中有助于改善酸乳的组织形态和黏稠度。但一般情况下产黏发酵剂往往对酸乳的发酵风味会有不良影响，因此选择这类菌株时最好和其他菌株混合使用。

（4）蛋白质的水解活性 蛋白质水解产生大量的游离氨基酸和肽类。乳酸菌的蛋白质水解作用可以促进酸的生成、增加酸乳的可消化性，但也带来产品黏度下降、出现苦味等不利影响。因此，若酸乳保质期短，蛋白质水解问题可不予考虑；若酸乳保质期长，则应选择蛋白质水解能力弱的菌株。

5. 发酵剂的制备 发酵剂的制备流程为菌种的复活及保存→母发酵剂的制备→工作发酵剂的制备。

（1）菌种的复活及保存　在无菌的条件下将菌种接种到灭菌的脱脂乳试管中多次传代、培养，而后保存在0~5℃的冰箱中，每隔1~2周移植一次，注意长期移植过程中的杂菌污染。

（2）母发酵剂的制备　将充分活化的菌种接种于盛有灭菌脱脂乳的三角瓶中，混匀后放入恒温箱中进行培养，凝固后再移入灭菌脱脂乳中，如此反复2~3次，使乳酸菌保持一定的活力，冷却后冰箱保存。

（3）工作发酵剂的制备　可在小型发酵罐中进行，在灭菌脱脂乳中接种母发酵剂，发酵至酸度0.8%，冷却后冰箱保存（只可短时间储藏）。

（五）其他添加剂

1. 稳定剂　包括增稠剂和乳化剂，它能结合亲水胶体，提高酸奶的稠度和黏度。酸奶中添加稳定剂可以改善酸奶的组织结构，防止乳清析出，提供更好的质地和口感，延长酸奶的保质期。它们保持酸奶的稠度和均匀性，并防止在储存和食用过程中发生分离或结块。常用于酸奶的稳定剂有果胶、明胶、结冷胶、琼脂、羟丙基二淀粉磷酸酯、双乙酰酒石酸单双甘油酯、乙酰化二淀粉磷酸酯等（表4-6）。

表4-6　几种酸奶中常见稳定剂的来源和特性

稳定剂名称	来源	特性
果胶	柑橘类水果、苹果等植物果实中的果肉	天然高分子多糖，可溶性纤维
明胶	动物皮肤、骨骼和结缔组织中的胶原蛋白	白色或淡黄色粉末，无味，可溶解于热水
结冷胶	由微生物发酵产生的一种天然高分子多糖	白色粉末，易溶于水，具有良好的凝胶特性
琼脂	海藻类植物提取的天然高分子多糖	白色或淡黄色粉末，无味，耐热、耐酸、耐碱
羟丙基二淀粉磷酸酯	淀粉的衍生物	白色粉末，易溶于水，具有增稠和稳定作用
双乙酰酒石酸单双甘油酯	酒石酸的衍生物与甘油的酯化物	液体或固体，易溶于油脂，耐热、耐酸
乙酰化二淀粉磷酸酯	淀粉的衍生物	白色粉末，易溶于水，具有增稠和稳定作用

明胶、结冷胶、果胶和琼脂在热水中溶解后，冷却时会重新聚合成网格结构，这种结构能捕捉水分子，使液体更加黏稠。这是其能在酸奶中起增稠作用的关键机制。

羟丙基二淀粉磷酸酯是一种改性淀粉，相比天然淀粉，具有更好的水溶性和热稳定性。在水中，羟丙基二淀粉磷酸酯能够与水分子形成氢键，这一过程增强了其在液体中的稳定性和黏稠度。

双乙酰酒石酸单双甘油酯是一种常用的乳化剂，其分子结构包含亲水和疏水的部分，能够在水和油相之间形成稳定的乳化膜，从而使酸奶中的油脂均匀分布，防止油脂浮起或分层。

2. 食用香精　是一种食品添加剂，由合成或天然的化合物制成，能够为食物提供特定的香味或味道。常用于酸奶的食用香精有香草香精、水果香精、巧克力香精、奶油香精、坚果香精等。

在酸奶中添加食用香精，可以调和酸感，使口感更加平衡和柔和，同时赋予酸奶特别的风味。此外，一些香精还可以帮助弥补口感上的不足，使酸奶更加丰满、顺滑。

3. 营养强化剂　是为增强和补充某些缺少的和特需的营养成分，而加入食品中的天然或人工合成的、属于天然营养素范围的食品添加剂。使用营养强化剂时需注意符合国家标准GB 14880—2012中规定的品种、范围和使用量。食品原成分中含有的营养物质，其含量若达到营养强化剂最低标准的1/2，则不得进行强化。

酸奶中使用的营养强化剂以无机盐类强化剂和维生素类强化剂为主，如乳酸亚铁、乳酸钙、乳酸锌、葡萄糖酸钙以及维生素A、维生素D、β-胡萝卜素等。

在酸奶中添加低聚果糖，也有营养强化的作用。低聚果糖是一种可溶性膳食纤维，通常从菊苣、洋葱和大蒜等植物中提取。它被认为是一种益生菌，为人体肠道内的有益菌提供营养，促进其生长和繁殖。此外，低聚果糖能够增加肠道内的水分和体积，有助于促进肠道蠕动。

（六）果料等

搅拌型酸奶中经常使用果料等风味辅料，常见的有果酱和水果蜜饯，后者含有更多的果肉和果块。通常是由水果、糖、柠檬汁、淀粉和适量香精煮制而成，经过空气冷却、灌装后运送至制作酸奶的混合车间。

除常见的果酱和果粒外，有些品牌还会在搅拌型酸奶中添加谷物椰果、爆珠等小料。

二、生产工艺对乳制品品质的影响规律

酸乳分为凝固型酸乳和搅拌型酸乳两种，工艺流程也有所区别（图4-1）。

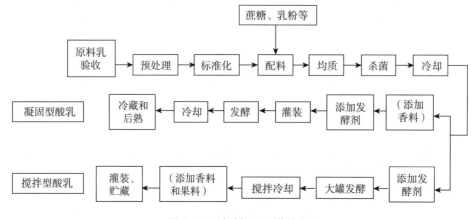

图4-1　酸乳加工工艺流程

在乳中接种乳酸菌后分装在容器中，乳酸菌分解乳糖形成乳酸，乳的 pH 随之下降，乳酪蛋白在等电点附近形成沉淀凝聚物，这种呈凝胶状态的产品称为凝固型酸乳。

搅拌型酸乳是在凝固型酸乳基础上发展起来的一种发酵乳，其特征是呈现流动的状态，并有一定的黏度。搅拌型酸乳的发酵过程是在发酵罐中进行的，当乳达到规定酸度后，将酸乳凝块缓慢搅碎，冷却后加入一定量的调味料（多为香料和果料），再分装而成。它与凝固型酸乳的最大区别是先发酵后灌装。

（一）原料乳验收

通常大型工厂会从多处（自有牧场、大型牧场或奶站）收奶。挤奶时，生牛奶通过管道，经过初步过滤，进入冷却板降温（从牛的体温38.5℃降到3℃），进入储奶罐，而后用管道传送进入冷藏槽罐车，送至酸乳加工工厂。工厂收奶区取样后送实验区检测，检测通过后正式收奶，从冷藏罐槽车泵送储存至圆柱体的大型奶仓中。

原料乳验收是为了确保生鲜牛乳的质量，从而保障乳制品的安全和营养。根据 GB 19301 生乳标准和相关规定，原料乳的验收标准主要包含表4-7的几个方面。

表4-7　原料乳验收标准

要求	项目	指标
感官要求	滋味和气味	具有纯正的鲜奶所固有的清香和滋味，不得有酸臭味、苦味臭味、霉味、金属味等异味
	色泽和清洁度	乳白色或微带黄色，不得有肉眼可见的异物，不得有红、绿等异色
	杂质度	不得有肉眼能见的草屑、牛粪、尘土等杂质

续表

要求	项目	指标
理化指标	相对密度（20℃/4℃）	≥1.028～1.032
	脂肪含量（%）	≥3.1
	蛋白质含量（%）	≥2.8
	酸度（°T）	12～18
	非脂乳固体含量（%）	≥8.1
	冰点（℃）	−0.500～−0.560
	抗生素含量（IU/L）	<0.03
微生物指标	菌落总数	≤2×10⁶ CFU/g（mL）
	其他	不得含有青霉素、残留清洗液和消毒剂等阻碍发酵剂正常发酵的物质
其他要求	原料乳必须来自正常饲养的无传染病和乳腺炎的健康母牛挤出的新鲜乳	
	杜绝使用含有抗生素、农药、防腐剂及掺碱、掺水的牛乳来生产酸乳	

（二）预处理和标准化

为了保证酸奶的品质，在其加工前，需要对原料乳进行计量和净化，对于暂时不能加工的，需要立刻进行冷却并放入贮奶罐或冷库中暂存。在加工前，对样品进行脂肪检查，通常确保脂肪含量在3.6%～4.6%（平均脂肪含量），为乳的标准化提供依据。

为了保证成品酸乳的质量要求，应使原料乳具有固定的组成成分及比例。因此，需要在允许的范围内，适当地改善乳中的化学组成，对原料乳进行标准化，使脂肪和非脂乳固体之间保持一定的比例。乳中非脂乳固体（SNF）的最低含量为8.1%，总干物质的增加，尤其是蛋白质和乳清蛋白比例的增加，将使酸乳凝固得更结实，乳清也不容易析出。

目前，各乳品厂对原料乳进行标准化时，常通过以下三种途径来实现。

（1）在原料乳中直接加混全脂或脱脂乳粉或强化原料乳中某一乳的组分。

（2）浓缩原料乳　采用蒸发浓缩（通常蒸发掉占牛乳体积10%～20%的水分）、反渗透浓缩、超滤浓缩等方式对原料乳进行浓缩。

（3）使用乳清蛋白粉　以乳清蛋白含量30%至80%的乳清蛋白粉强化配料中蛋白和非脂乳固体含量。

（三）配料

1. 加糖　在乳中添加蔗糖可以控制酸乳的酸甜口感，一般添加4%～8%的蔗糖。如果在发酵前向乳中添加过多的糖（10%以上），由于改变了乳的渗透压，会对发酵产生不利的影响。

在生产中，通常先将用于溶糖的原料乳加热到50℃左右，再加入蔗糖，升温至65℃，待完全溶解后，经过滤除去杂质，再按比例加入标准化乳罐中。

除蔗糖外，酸奶中也会使用其他甜味剂。值得注意的是，阿斯巴甜不耐高温，在接种前用无菌水溶解后加入，或在杀菌前加入，但需提高5%的添加量。其他甜味剂都可在配料过程中加入。

2. 加乳粉、乳清蛋白粉、脱脂乳、炼乳等　可以提高产品固形物含量。在投料前，需要经过感官评定和理化指标检验。

3. 加稳定剂　除糖外，生产中因为原料乳蛋白体系稳定性、发酵剂质量和缩短发酵时间等关系，经常会使用稳定剂，以防止乳清分离的现象，用量为0.1%～0.5%。若使用不良稳定剂或是加入了过量的稳定剂，都会使产品的稠度过高而影响口感。稳定剂添加前须先充分吸水软化，然后可与糖或糖液混合，在搅拌状态下均匀混入原料液中。

值得注意的是，变性淀粉的分散温度≤55℃，加入变性淀粉后，在均质前要避免继续升温，以免淀粉颗粒糊化。均质过程中部分淀粉颗粒破裂，会影响产品黏度，同时物料罐搅拌器必须开启，以防沉淀。

果胶、明胶、琼脂等稳定剂通常先与白砂糖按比例干混，再在70~75℃的温度下溶解，投料。若与变性淀粉同时使用，可采用50~55℃的溶解温度同时加入，后期通过均质与杀菌工艺充分溶解，以简化生产操作，减少能耗。

4. 配料完成后定容。

（四）均质

均质的主要目的是把牛奶里的脂肪球打散成极小的脂肪球，使奶质更加顺滑，同时也可以使先前添加的原料充分混合均匀，这样做出来的酸乳质地更加细腻，稠度和稳定性也更高。

物料通过均质机，在高压（15.0~20.0MPa）下通过约3mm的小孔，再返回杀菌器杀菌。在相同温度下，压力越高，酸乳的黏稠度越高。均质前先预热至55~65℃，这样有利于乳脂肪溶解，提高均质效果。

（五）杀菌

1. 目的

（1）杀灭物料中的致病菌和有害微生物，以保证食品安全。

（2）为发酵剂的菌种创造一个杂菌少、有利于生长繁殖的外部条件，同时热处理还会产生一些对乳酸菌生长具有促进作用的物质。

（3）变性后的乳清蛋白可与酪蛋白形成复合物，能容纳更多的水分，并且具有最小的脱水收缩作用，能改善酸奶的稠度。

2. 方法　要保证酸奶吸收大量水分和不发生脱水收缩作用，至少要使75%的乳清蛋白变性，变性度在90%~99%最佳。巴氏杀菌（85℃、15秒钟）处理虽然能达到杀菌的效果，但不能达到使75%的乳清蛋白变性的效果，故酸奶生产不宜用巴氏杀菌法加热处理，通常使用95℃、300秒钟的杀菌方法。常见的牛乳杀菌工艺条件如表4-8所示。

表4-8　常见的牛乳杀菌方式

工艺名称	温度（℃）	时间
低温长时间巴氏杀菌（牛乳）（LTLT）	63	30 分钟
高温短时间巴氏杀菌（牛乳）（HTST）	72~85	15 秒钟
高温杀菌	>95	300 秒钟
超高温灭菌（UHT）	125~138	4 秒钟

若采用管式杀菌器进行超高温瞬时灭菌，可能会导致：①乳清蛋白仅有60%~70%变性，对增加酸奶的黏稠度不利；②过高的杀菌温度会引起变性淀粉颗粒破裂，使其不能发挥良好的作用；③过度加热使酸奶产生颗粒感。

（六）冷却

原料乳混合液在经过巴氏杀菌或其他高温处理后，温度非常高，需要迅速冷却到40~43℃（菌种最适增殖温度范围），最高不宜大于45℃，否则会对产酸及酸凝乳状态有不利影响，甚至出现严重的乳清析出。

此外，冷却的过程有助于在接种的初期阶段，胶体和乳蛋白之间相互作用加强，促进酸奶在发酵过程中变稠。适宜的温度可以帮助乳蛋白凝聚，形成更厚的质地，最终提升酸奶口感。

（七）接种

接种前应将生产发酵剂充分搅拌，使凝乳完全破坏。根据活力，以适当比例加入，一般接种量为2%~5%。加入的发酵剂不应有大凝块，以免影响成品质量。发酵剂加入后，要充分搅拌10分钟，使菌体能与杀菌冷却后的牛乳完全混合，还要注意保持乳温。

接种是造成酸乳受微生物污染的主要环节之一，因此应严格注意操作卫生，防止霉菌、酵母、细菌噬菌体和其他有害微生物的污染，特别是在不采用发酵剂自动接入设备的情况下更应如此，要注意保持乳温。

如果用的是直投式发酵剂，只需按照比例将它们撒入生产发酵罐中，或撒入制备工作发酵剂的乳罐中扩大培养一次即可用作工作发酵剂，再接种到生产发酵罐中。

（八）发酵

1. 凝固型酸乳（先灌装后发酵）

（1）灌装　接种后的牛乳应立即灌装到零售容器中。目前市面上凝固型酸乳使用较多的包装容器是玻璃瓶，装瓶前需对瓶进行清洗消毒。用玻璃瓶包装的优点是能够很好地保持酸乳的凝固状态，容器没有有害物质的浸出，但玻璃瓶重量大，回收、清洗、消毒麻烦。

（2）发酵　温度应保持在41~43℃，这是嗜热链球菌和保加利亚乳杆菌最适生长温度的折中值。发酵间可以是地热式发酵间、热风机安装在墙面式发酵间或周围安放散热片式发酵间。发酵时间则随菌种及其添加量而异，一般为3~6小时。产品之间保留一定的间距，以利于热风循环。发酵期间应注意避免振动，否则会影响其组织状态。实践表明，发酵温度过高或过低，均会导致菌种中各种菌株比例失调，影响酸乳正常产酸，导致增黏和乳清析出等。

发酵终点的判断非常重要，是制作凝固型酸乳的关键技术之一。一般发酵终点可依据如下条件来判断：发酵一定时间后，抽样观察酸乳的凝乳情况，若已基本凝固，马上测定酸度，酸度达到70~80°T；pH低于4.6；表面有少量水痕；倾斜酸奶杯，奶变黏稠，则可终止发酵。

在某些特殊情况下，也会采用低温长时间培养的方式，如在30~37℃下培养8~12小时。这种培养方式是为了防止酸乳产酸过度，在培养后期可促进风味物质的形成。

（3）冷却　酸乳发酵达到标准时应尽快冷却，延缓乳酸菌的进一步生长，使其质地、口感、风味、酸度等达到所设定的要求。正常情况下逐步降温到10℃以下，具体冷却效果要参照具体的包装材料、规格、包装箱堆放的高度和间隙等。开始冷却时的凝乳酸度要小于实际成品的酸度，这样可以有效减少后酸化对产品酸度的影响。

2. 搅拌型酸乳（先发酵后灌装）

（1）发酵　搅拌型酸乳的发酵是在发酵罐中进行的，利用夹层里的热溶剂来维持一定的温度。发酵罐中乳酸菌生长繁殖迅速（呈指数型增长，每30分钟数量翻倍），直至每克酸奶里达到千亿个。发酵罐内安装有温度计和pH计，可以测量罐中的温度和pH。典型的发酵时间为41~43℃、3~6小时，pH可降到4.6左右。发酵时要控制好发酵间的温度，避免忽高忽低。发酵罐上部和下部温度差不要超过1.5℃。同时，发酵缸应远离发酵间的墙壁，以免过度受热。

（2）搅拌冷却　当罐中的酸乳达到发酵终点时，应适度搅拌凝乳并用泵将酸乳送入冷却器快速降温。冷却后的酸奶尽量不要搅拌，避免破坏产品黏度和状态。

冷却可采用片式冷却器、管式冷却器等热交换器。冷却的速度根据需要而定，一般从酸乳完全凝固（pH4.6~4.7）后开始，在30分钟内冷却到18~25℃。冷却过快会造成凝块迅速收缩，导致乳清分离；冷却过慢则会造成产品过酸。此外，为保证产品的一致性，泵和冷却器的容量应恰好能在20~30分钟内排空发酵罐。凝胶体在管道输送过程中速度应低于0.5m/s，以免破坏最终产品的黏度。当使用不同的发酵剂，发酵时间改变时，冷却时间也要进行相应的调整。有些厂商在降温时会把酸乳经过平滑器，使成品状态更加丝滑、有光泽。

搅拌的实质就是通过机械力破坏凝乳的过程。原先是凝胶中分散着水，搅拌之后变成了水中分散着凝胶，这使得酸乳的黏度大大增加。恰当的搅拌技术比起增加固形物含量更能改善终产品的黏度。搅拌的方式有机械搅拌和手工搅拌。机械搅拌多使用宽叶片低速搅拌器，宽叶具有较大的表面积，适用于大规模生产；手工搅拌损伤性相对较小，一般用于小规模生产，如40~50L桶制作酸乳。搅拌速度要恰当控制，一定要避免搅拌过度，否则不仅会降低酸乳的黏度，还易出现乳清分离和分层现象。比如在采用宽叶轮搅拌机时，可采用低速短时缓慢搅拌法（每分钟缓慢转动30转左右，搅拌4~8分钟），也可采用定时间隔的搅拌方法。

在实际生产中，搅拌环节通常会造成酸奶黏度的损耗。转子泵的速度固定时，酸奶的输送速度越快，黏度损失越大。因此，要求转子泵的泵速调整到与灌装机的灌装量相匹配。

（3）添加果料、香料等 在搅拌过程中可添加草莓、黑加仑、桃子等制成的果酱或果料，或者添加香料而制成调味酸奶。

当然，这些辅料也可以在灌装阶段加入，具体方式依产品形式而定。在酸乳自缓冲罐到包装机的输送过程中，这些辅料可通过一台变速的计量泵连续加入酸乳中，计量泵与酸乳给料泵同步运转，以保证其均匀混合。要注意的是，果酱中果肉或果粒的颗粒度要小于管道直径（一般为2~8mm），否则管道会发生堵塞。

辅料的杀菌也是非常重要的，包括辅料本身和其外包装袋。要求对带固体颗粒的水果进行巴氏杀菌，其杀菌温度应控制在能抑制一切有生长能力的细菌，而又不会影响果料的风味和质地的范围内。加入酸奶基底前先带包装水浴加热几分钟，以防止外包装上残留的细菌落入酸奶中。

（4）灌装 上述操作完成后的酸乳，直接流到灌装机进行灌装。搅拌型酸乳通常采用塑杯装或屋顶盒包装。

（九）后熟与冷藏

将灌装好的酸乳置于4℃冷库中冷藏24小时，除了达到冷却的目的外，还有促进香味的产生、改善酸乳黏稠度的作用，通常把该储藏过程称为后熟。

酸乳特征风味是多种风味物质相互平衡的结构，一般是12~24小时完成。香味物质产生的高峰期一般是在酸乳终止发酵后的第4小时。后熟过程中，酸乳在低温环境下继续进行轻微的发酵，有助于产生更多的芳香物质和风味成分（双乙酰、乙醛、酮类化合物等），使整体风味更加丰富协调。

此外，在后熟过程中，乳酸菌继续代谢，产生的短链脂肪酸等会与蛋白质发生相互作用，使得酸乳的黏稠度进一步提高，组织状态更加饱满和顺滑。

【学习活动三】乳制品原辅料用量计算

一、参考用量

制作酸乳产品的原料丰富，常见原料的参考用量如表4-9所示。在设计配方时，可采用多因素多水平的正交试验，以样品的感官评分作为依据（以产品雏形为标准制定感官评分标准，包括外观形态、香气、口感等多个维度），确定最终的配比。

表4-9　酸乳中的常见原料参考用量

原料	参考用量（百分比）
生牛奶	80%~95%
乳清蛋白粉	1%~1.5%
糖（以蔗糖为例）	4%~8%
发酵剂	0.5%~2%
食用香精	0.1%~0.5%
稳定剂	0.1%~0.5%
色素	0.01%~0.05%
其他添加剂（维生素、矿物质等）	依据配方要求，通常在0.1%~1%

二、甜度调整

酸乳通常需要以甜感平衡乳酸带来的刺激酸感。甜感来自另外添加的糖或甜味剂，或是果料（在搅拌型酸奶中常见）。

以蔗糖（白砂糖）为例，在酸乳生产中，蔗糖的添加量通常在4%~8%居多，最多不宜超过12%，因为加糖量过大会产生高渗透压，从而抑制乳酸菌的生长繁殖，使酸乳不能很好地凝固。如复配其他甜味剂，则需根据所选用的甜味剂的甜度相当于糖的甜度并综合其对酸奶口感的影响来计算使用量，常见甜味剂与蔗糖甜度对比如表4-10所示。

表4-10　常见甜味剂与蔗糖甜度对比表

名称	甜度
蔗糖（白砂糖）	1
葡萄糖	0.7
果葡糖浆F55	0.9
果葡糖浆F42	0.7
山梨糖醇	0.6
赤藓糖醇	0.6~0.8
阿斯巴甜	150~250
三氯蔗糖	600
甜菊糖苷	200~300
安赛蜜（AK糖）	200
甜蜜素	30~50
糖精钠	300~450
L-阿拉伯糖	0.5

要注意的是，果酱等果料本身就含有50%左右的糖或甜味剂，通过添加12%~18%的果料就能提供所需要的甜味。因此，对于添加果料或香精的酸奶，其甜度要综合考虑。

三、发酵剂用量

根据活力，以适当比例加入发酵剂，一般加入量为 0.5%~2%。

发酵剂中的球菌和杆菌比例可根据产品保质期的长短等进行调整，如生产短保质期的普通酸乳，发酵剂中球菌和杆菌的比例应调整为 1∶1 或 2∶1；生产保质期为 14~21 天的普通酸乳时，球菌和杆菌的比例应调整为 5∶1；对于制作果料酸乳而言，两种菌的比例可以调整到 10∶1，此时保加利亚乳杆菌的产香性能并不重要，这类酸乳的香味主要来自添加的水果。

【学习活动四】乳制品成本核算

一、总成本计算

总成本计算填入表 4-11。

总成本（TC）= 原料成本 + 劳动力成本 + 设备与设施成本 + 包装与运输成本 + 管理与销售费用

表 4-11　酸奶总成本计算

成本要素		计量单位	数量	单价（元/单位）	总成本（元）
原料成本（RM）	原材料 1（生牛乳）				
	原材料 2（白砂糖）				
	原材料 3（发酵剂）				
	原材料…				
劳动力成本（DL）	加工阶段				
	包装阶段				
设备与设施成本（OE）	设备折旧费用				
	设备维护费用				
包装与运输成本（OP）	包装材料 1				
	包装材料 2				
	包装材料…				
	包装工艺费用				
	运输费用				
管理与销售费用（OM）	管理人员工资				
	销售费用				
	市场推广费用				
单位重量总成本					

二、成本核算指标

（一）单位成本

单位成本是指每生产一单位茶饮料所需的成本，可用下式计算。

$$单位成本 = 总成本 / 产量$$

（二）成本构成比例

分析各成本要素在总成本中的占比，以了解成本结构和影响成本的关键因素。

（三）成本控制与管理

成本控制与管理是指通过合理控制各项成本，包括降低原材料成本、提高生产效率等，以降低总成本，同时建立完善的成本管理体系。可能的话，将不同原材料生产出来的相同产品的经济价值进行比较，然后选择较低价值的配料，以获得相近口感的发酵乳，从而有效降低成本。

【学习活动五】 确定乳制品开发方案（乳制品典型工作案例）

搅拌型酸奶产品开发方案见表4-12。

表4-12 搅拌型酸奶产品开发方案

原味温酸奶

产品配方

序号	原料名称	重量	序号	原料名称	重量
1	普通净化乳	按内控定	6	变性淀粉	4kg
2	牛奶蛋白粉	5kg	7	复配增稠剂	2.1kg
3	白砂糖	73kg	8	菌种	200U
4	炼乳	15kg	9	温酸奶袋	1个
5	稀奶油	0.5kg	10	真鲜包单根包装吸管	1只

工艺流程图：

原料乳计量 → 化粉 → 化糖胶 → 配料标准化 → 脱气 → 均质 → 杀菌 → 接种发酵 → 灌装 → 冷却 → 成品检验

产品操作工艺：

（1）收奶 生鲜乳经过滤后速冷至4℃以下暂存。

（2）计量 普通净化乳经过计量打入配料罐。

（3）化粉 将普通净化乳升温至48~52℃，在线加入牛奶蛋白粉循环10分钟，静置水合25~30分钟，水合温度48~52℃。

（4）化糖胶 将料液温度升至60~65℃，在线混入炼乳、稀奶油、变性淀粉、白砂糖和复配增稠剂，在线循环15分钟。

（5）配料标准化 开启搅拌，将料液混合，循环降温至4~25℃，定容，搅拌5分钟以上。

（6）脱气 脱气温度为60~70℃。

（7）均质 均质温度60~70℃，均质压力15~20MPa。

（8）杀菌 94~96℃热处理5分钟，导入发酵罐。

（9）接种发酵 ①菌种直接从静态混料器加入，进料结束后，搅拌（搅拌速度频率99%，25分钟），达到充分溶解；②发酵温度控制在42~44℃，参照最佳发酵时间5小时取样检测酸度，发酵终点为70~75°T；③至发酵完成后，应迅速开启搅拌器进行破乳（搅拌频率99%，搅拌3分钟，停3分钟，搅拌3分钟），同时通过板式交换器使发酵奶温度迅速冷却至18~25℃，导入暂存缸，开启搅拌（频率99%，搅拌3分钟，停3分钟，搅拌3分钟），后停止搅拌暂存。

（10）灌装 灌装好的产品及时入库，按要求分区域堆放。

（11）冷却 将产品置于2~6℃的冷库中冷却，产品中心温度降至2~6℃，需在冷库后熟足够时间才能出货。

（12）出厂 经质保部检验合格后方可放行。

（13）运输 运输工具采用冷藏车或带有保温设施的货车，不得与有毒、有害、有异味的物品混装运输，运输车辆必须清洁卫生。

（14）销售贮存 产品应存放于2~6℃的冷库或冰箱中，在保持冷链的情况下销售。

成品标准：

蛋白含量2.85~3.05g/100g，脂肪≥2.85g/100g，酸度70~88°T，黏度≥3000cP。

编制/日期：	审核/日期：	批准/日期：

任务三 乳制品开发方案的实施

【学习活动六】 乳制品的制作

配方测试记录填入表4-13。

表 4 – 13　配方测试记录表

序号	原料名称	添加量				
		方案①	方案②	方案③	方案④	方案⑤
1						
2						
3						
4						
5						

操作流程与关键参数：

试验结果整体评价（包括产品品评结论及跟进行动措施）：

感官评分标准设计填入表 4 – 14。

表 4 – 14　感官评分标准设计

指标	评分标准	评分区间（分）
外观形态 （颜色、光泽感等）		1 ~ 4
		5 ~ 7
		8 ~ 10
香气 （酸甜感、风味是否自然 平衡等）		1 ~ 4
		5 ~ 7
		8 ~ 10
口感 （黏稠度、粉感等）		1 ~ 4
		5 ~ 7
		8 ~ 10

酸奶配方因素与水平填入表 4 – 15。

表 4 – 15　酸奶配方因素与水平

水平	因素		
	A（　）	B（　）	C（　）
1			
2			
3			

配方正交试验结果设计填入表 4 – 16。

表 4 – 16　配方正交试验结果

试验号	因素			感官评分（分）			
	A	B	C	气味	滋味	颜色	总分
1	1	1	1				
2	1	2	2				
3	1	3	3				
4	2	1	2				

续表

试验号	因素			感官评分（分）			
	A	B	C	气味	滋味	颜色	总分
5	2	2	3				
6	2	3	1				
7	3	1	3				
8	3	2	2				
9	3	3	1				

最终配方记录填入表 4 – 17。

表 4 – 17 最终配方记录表（以 1L 酸奶为基准）

原料	用量	单位
（生牛乳）		（mL）
（蔗糖）		（g）
（乳清蛋白粉）		（g）
（菌种）		
…		

工艺流程设计填入表 4 – 18。

表 4 – 18 工艺流程设计表

步骤	工艺名称	工艺参数	技术要点
1			
2			
3			
4			
5			
6			

任务四 乳制品开发方案的评价

【学习活动七】乳制品质量评价与记录

酸奶成品的感官评价见表 4 – 19。

表 4-19　酸奶成品的感官评价表（示例）

项目	特征		评分参考	自我评价
	凝固型发酵乳	搅拌型发酵乳		
色泽 （20分）	色泽均匀一致，呈乳白或乳黄色，或谷物、果料、蔬菜等的适当颜色		12~20	
	非添加原料来源的深黄色或灰色		4~11	
	非添加原料来源的有色斑点或杂质，或其他异常颜色		0~3	
滋味和气味 （40分）	纯正的奶味，或具有自然的发酵风味和气味，或具有添加的谷物、果料、蔬菜等原料或特殊工艺（如焦糖化）来源的特征风味，酸甜比适中		31~40	
	自然的发酵风味不够，或添加的谷物、果料、蔬菜等原料或特殊工艺（如焦糖化）来源的特征风味不够，略酸或略甜		21~30	
	奶味不够，自然的发酵风味差，或添加的谷物、果料、蔬菜等原料或特殊工艺（如焦糖化）来源的特征风味差，有苦味，过酸或过甜		5~20	
	特征风味错误或没有风味，不愉悦的气味		0~4	
组织状态 （40分）	组织细腻、均匀，表面光滑平整、无裂纹、切面平整光滑、质感坚定、弹性好、无粉末感、无糊口感、无气泡、无乳清析出； 含有谷物、果料、蔬菜等颗粒的，颗粒口感适中	组织细腻、均匀，良好的黏稠度，顺滑、无粉涩感、乳脂感强，无气泡，无乳清析出； 含有谷物、果料、蔬菜等颗粒的，颗粒口感适中	31~40	
	表面平整欠光滑、轻微肉眼可见的颗粒，无明显裂纹、切面平整稍欠光滑、有少量气泡出现或轻微的乳清析出； 含有谷物、果料、蔬菜等颗粒的，颗粒口感略软或略硬	稍有粉感涩感、乳脂感弱，有少量气泡出现或轻微的乳清析出； 含有谷物、果料、蔬菜等颗粒的，颗粒口感略软或略硬	21~30	
	组织粗糙，明显肉眼可见的颗粒，有明显裂纹、表面偶见小凝乳块、切面不平整、质感偏软、弹性较差、有糊口感、有明显气泡或明显乳清析出； 含有谷物、果料、蔬菜等颗粒的，颗粒口感偏软或偏硬	组织粗糙，肉眼可见轻微的颗粒，较明显的粉涩感、无乳脂感，有明显气泡出现或明显乳清析出； 含有谷物、果料、蔬菜等颗粒的，颗粒口感偏软或偏硬	5~20	
	组织粗糙，严重的肉眼可见的颗粒，有大量裂纹、凝乳块大小不一、无明显切面、质感稀软、无弹性、糊口感强、有大量气泡或严重的乳清析出； 含有谷物、果料、蔬菜等颗粒的，颗粒口感太软或太硬	组织粗糙，严重的肉眼可见的颗粒，严重的粉涩感、有大量的气泡出现或严重的乳清析出； 含有谷物、果料、蔬菜等颗粒的，颗粒口感太软或太硬	0~4	
总分				

酸奶成品验收标准见表 4-20。

表 4-20　酸奶成品验收标准示例

项目	产品名称：原味酸奶	规格：180g
感官标准	色泽：具有与添加成分相符的色泽 气味：具有与添加成分相符的滋味和气味，无异味 组织状态：组织细腻、均匀，允许有少量乳清析出 包装要求：日期喷码位置均在标准范围内，日期清晰准确	
理化标准	酸度（°T）：70~88 脂肪（%）：4.00~4.20 蛋白（%）：3.10~3.20 黏度（cp）：2500~5000 重量（g）：191.0±5 备注：重量抽20个及以上，平均重量大于前面标准值，灌装称量时要覆盖所有灌装头	

续表

项目	产品名称：原味酸奶	规格：180g
真菌毒素	黄曲霉毒素 M_1（μg/kg）≤0.5	
污染物限量	总砷（mg/kg）≤0.1，铅（mg/L）≤0.04，总汞（mg/L）≤0.01，铬（mg/L）≤0.3；三聚氰胺（mg/kg）不得检出	
微生物标准	大肠菌群【$n=5$，$c=2$，$m=1$，$M=5$，（CFU/g）】；霉菌（CFU/g）≤30；酵母菌（CFU/g）≤100；金黄色葡萄球菌、沙门菌【$n=5$，$c=0$，$m=0$，（25g）】	
乳酸菌数	≥1×10^6 CFU/g	
喷码	喷码内容：见喷码标准 打印位置：打印在封口膜上 打印效果：喷码字体大小一致，无残缺，清晰可辨，无波浪形，墨点不能少点且可辨识	
封口	杯口封合处平整、无褶皱、破损或变形漏奶，无白边	
装筐	包装：4 杯一组，进行收缩塑封 装筐：每筐 6 组，筐内放置 6 组四联排吸管	
码垛	装箱后放置在卡板上，每层 4 筐横放，3 筐竖放，每卡板 7 层	
运输储存	1. 产品暂存温度为 0～6℃，中心温度降至 2～6℃，指标检测合格，方可出货 2. 运输工具采用冷藏车或带有保温设施的货车，不得与有毒、有害、有异味的物品混装，运输车辆须干净清洁	

任务五 乳制品开发方案的改进与提高

【学习活动八】乳制品讨论分析与改进方案

产品整改方案见表 4 – 21。

表 4 – 21 产品整改方案

整改项目	具体方案
问题分析	（分析产品存在的问题）
整改方案	（针对问题，制定整改方案）
整改计划	（制定实施的时间节点、责任人和具体措施）
整改效果评估	（整改完成后，如何对产品效果进行评估，评估结果）

常见问题分析：

（1）组织外观上有许多砂状颗粒存在，不细腻 砂状结构的产生有多种原因，主要原因为在发酵过程中，产品酸度高于蛋白质等电点（pH 4.7）前被搅拌，造成蛋白质絮凝沉淀引起颗粒感，因此在产品发酵过程中要静置发酵，不能搅动。

（2）乳清分离 酸乳搅拌速度过快、过度搅拌或泵送造成空气混入产品，将造成乳清分离。此外，酸乳发酵过度、冷却温度不适及干物质含量不足也可造成乳清分离。因此，应选择合适的搅拌器搅拌并注意降低搅拌温度。同时可选用适当的稳定剂，以提高酸乳的黏度，防止乳清分离。

（3）风味不正　酸乳风味不正主要是由菌种选择及操作工艺不当造成。应选择适当的菌种混合比例，任何一方占优势都会导致产香不足，风味变劣。采用高温短时发酵、发酵过度、过度热处理或使用不良风味的原料等也会造成酸乳芳香味不足、酸甜不适口等风味缺陷。

（4）色泽异常　在生产中，若果蔬处理不当，则很有可能会引起变色、褪色等现象。因此，应根据果蔬的性质及加工特性与酸奶进行合理地搭配和加工，必要时还可添加抗氧化剂。

答案解析

简答题

1. 生牛乳按照不同等级分类的最主要依据是什么？可以分为哪几个等级？

2. 酸奶中为提高蛋白质含量，通常会加入哪些原辅料？目的是什么？

3. 为什么一些 0 甜味剂添加的酸奶口感不那么酸，或是口味上有回甘？

4. 乳酸菌的作用有哪些？

5. 最传统的两种乳酸菌是什么？

6. 羟丙基二淀粉磷酸酯在酸奶中的作用及其原理是什么？

7. 低聚果糖在酸奶中的作用及其原理是什么？

8. 酸奶的奶基底配制完成后，均质的目的是什么？

9. 酸奶在接种前进行杀菌，为什么不能使用普通的巴氏杀菌法？

项目五　烘焙类制品的加工与开发

任务一　明确烘焙产品开发目的

烘焙产品设计需要遵循以下要求。

（1）符合食品安全标准　烘焙类产品必须符合国家食品安全标准，确保产品的卫生和安全。

（2）创新性或品质提升　产品应具有一定的创新性或对现有产品的制作工艺和品质进行了改进，通过开发新品种、新口味和新造型，以满足消费者对新鲜感和独特性的需求。

（3）口感品质优良　烘焙类产品的口感品质是决定消费者是否满意的关键因素，因此需要从原材料选择、制作工艺和技术以及产品新鲜度等方面进行全面优化。

（4）注重产品的保质期　需要确保在销售和存储过程中产品的口感品质不受影响。

（5）营养性　选用健康的原料，减少不必要的食品添加剂的使用，以符合现代人对健康饮食的追求。

（6）包装精美　产品的包装也是吸引消费者的重要因素之一，应在保障食品安全的前提下做好产品外包装的选择。

（7）价格合理　产品的价格应合理，既能保证产品的利润，又不会让消费者感到负担过重。

任务二　烘焙产品开发方案的制定

【学习活动一】明确烘焙产品开发总体思路

PPT

一、烘焙产品开发流程

1. 市场调研　了解烘焙产品市场的潜在需求和趋势，分析竞争对手的产品特点和销售情况。

2. 确定目标群体　包括年龄、性别、收入等因素，以便定位产品。基于市场需求和目标群体，创造烘焙产品的初步概念，包括口味、外观、材料等。

3. 原料选择　根据产品定位和消费者需求，选择合适的原料。例如，面包产品制作时，优质面粉、酵母、糖、油等都是制作面包的基本原料，而黑麦、燕麦、果仁等则可以作为特殊原料添加，以增加面包的营养价值和口感。

4. 配方研发　根据原料和市场需求，研发出适合的烘焙产品配方。这包括确定原料的比例、添加顺序、搅拌时间、发酵时间等。

5. 生产工艺制定　根据配方和原料，制定合理的生产工艺。如蛋糕产品制作过程中的配料比例、搅拌方法、烘烤时间等，面包产品制作过程中的面团的搅拌、发酵、成型、烘烤等环节，每个环节都需要严格控制工艺参数等条件，以确保产品质量。

6. 品质检测　在生产过程中，对每个环节进行品质检测，确保产品质量符合标准。例如，对面团的黏度、发酵后的体积等进行检测，以确保面包的口感和品质。

7. 包装设计　根据产品定位和市场需求，设计合适的包装。包装不仅要美观大方，还要符合食品安全标准，能够保护产品在运输和储存过程中的品质。

8. 上市推广　将产品推向市场，通过各种渠道进行宣传和推广。例如，通过广告、促销活动、社交媒体等方式吸引消费者关注和购买。

9. 客户反馈收集　收集客户反馈，了解消费者对产品的评价和建议。这有助于改进产品配方和生产工艺，提高产品质量和竞争力。

10. 持续改进和创新　在产品上市后，根据客户反馈和市场变化，不断对产品进行改进和创新。这可能包括调整原料比例、改进生产工艺、推出新口味或新包装等。通过持续改进和创新，保持产品的竞争力和吸引力。

11. 供应链管理　建立稳定的供应链，确保原料的稳定供应和质量。与供应商建立良好的合作关系，确保原料的价格和质量稳定，避免因原料问题影响产品的品质和生产。

12. 成本控制　在保证产品质量的前提下，对生产成本进行控制。通过优化生产工艺、提高生产效率、降低浪费等方式，降低生产成本，提高产品的盈利空间。

13. 品牌建设和市场拓展　通过品牌建设和市场拓展，提高产品的知名度和市场份额。这可能包括参加行业展会、开展品牌推广活动、拓展销售渠道等。通过品牌建设和市场拓展，提高产品的竞争力和市场份额。

14. 法规遵从和安全管理　确保产品符合国家和地方的食品安全法规和标准，加强安全管理，避免食品安全事故的发生。通过建立完善的食品安全管理体系和应急预案，确保产品的安全性和合规性。

15. 数据分析与决策支持　通过对销售数据、客户反馈、市场趋势等进行分析，为产品开发、生产和市场推广提供决策支持。通过数据分析，了解市场需求和竞争态势，为产品开发和市场推广提供有力支持。

二、烘焙产品配方设计思路

1. 降低成本的配方设计　通过添加食品添加剂，替代部分价格较贵的原料，以降低产品成本。

2. 不同风味配方的设计　在基本配方中加入可可粉、抹茶粉、红曲粉、奶油、奶酪等，经过调香、调色，就可以成为不同风味的烘焙产品。

3. 不同口感配方的设计　可以通过对低筋粉和淀粉的比例、鸡蛋的用量、奶油的添加、食品添加剂的使用等进行调整，得到不同口感的蛋糕；也可以通过稳定剂、乳化剂的选用，使烘焙产品在形体与组织及风味上更加完整，或使产品的贮藏稳定性更佳；也可以结合传统与现代，如将中式食材与西式烘焙技术结合，创造新的风味。

4. 营养保健烘焙产品的配方设计　随着人们生活水平的提高，消费者对健康越来越重视，通过添加多种营养辅料、微量元素以及有滋补作用的药食同源类中药来生产烘焙产品。

5. 加工工艺优化设计　为使烘焙产品在形体与组织及风味上更加完整，对原料的处理，也可以尝试不同的发酵方法，如长时间低温发酵，以增加面包的风味和口感，对工艺参数的选择等进行研究。

三、烘焙产品发展趋势

1. 健康与营养　随着消费者对健康和营养的关注度提高，未来蛋糕产品将更加注重健康和营养。

例如，使用低糖、低脂、高纤维等健康原料，以及添加各种营养素。

2. 个性化定制　消费者对个性化的需求越来越高，未来烘焙产品将更加注重个性化定制。例如，提供多种口味、形状、尺寸的选择，甚至允许消费者自行设计烘焙产品的外观和配料。

3. 绿色环保　环保意识的提高也将影响烘焙产品的发展。未来，将更加注重使用环保原料、减少浪费、降低能源消耗等方面，以实现绿色生产。

4. 智能化生产　随着科技的进步，智能化生产也将成为烘焙产品发展的重要趋势。例如，使用机器人进行自动化生产，通过大数据和人工智能技术优化生产流程和产品质量等。

【学习活动二】原辅料及生产技术路线对烘焙产品品质的影响规律

PPT

产品一　蛋糕

一、原辅料对蛋糕品质的影响规律

（一）蛋及其制品

蛋及其制品是非常常见的烘焙原料。因它的使用量很大，又比其他大用量配料，比如面粉、糖昂贵。普通蛋糕糊中蛋类的成本占总成本的一半以上。

1. 成分　蛋主要由蛋黄、蛋白和蛋壳组成。壳内还有一层膜，并在蛋的较大端形成一个气室，还有白色卵带，将蛋黄固定在蛋中央。蛋黄含有大量的脂肪和蛋白质，并含铁及其他矿物质。由于鸡的饲料不同，蛋黄呈现出淡黄到暗黄的各不相同颜色。蛋白主要含白蛋白，受热会凝固变白发硬。蛋壳具有多孔结构，渗透性强，能将气味吸入蛋内，并丧失水分。

水是鲜蛋中含量最大的成分，约占全蛋质量的 70% 左右、蛋白质量的 85% 左右、蛋黄质量的 50% 左右，蛋白质和脂肪在全蛋中的含量相近，约为 13%。蛋白质在蛋黄中的含量高于其在蛋白中的含量，蛋黄的蛋白质含量约为 17%，而蛋白的蛋白质含量约为 12%。脂肪主要存在于蛋黄中，约占蛋黄质量的 32%，而蛋白中几乎不含脂肪。

鲜蛋去壳后将蛋放在一个平盘上，蛋黄坚挺，蛋白密实浓厚，不易向四周扩散。蛋的储存时间越久，蛋白就会变得越稀薄，新鲜度也随之降低。在实际的烘焙产品制作过程中，并不需要过于注意蛋黄和蛋白的黏稠度，但要注意蛋的透明度和新鲜度，以及蛋本身是否具有异味或变质。

2. 保质　合适的贮藏方法是保持鸡蛋新鲜度的关键。2℃下，鸡蛋可以保存数周，若在室温下保存，其品质则会很快降低。所以在实际操作中，除了要控制鲜蛋采购时的新鲜度，还要关注其贮藏条件和贮藏时间，尽可能减少鸡蛋采购以后的贮藏时间。另外，需注意将鸡蛋隔离储存，以免其他食品的味道使蛋产生异味。

3. 大小　鸡蛋可根据其尺寸大小分级。最大的鸡蛋约 70g 左右一个（含壳），而最小的鸡蛋约 45g 左右一个（含壳）。在制作烘焙产品时，通常使用大个的鸡蛋作为标准。一般情况下，在市场上采购的鸡蛋去壳后的全蛋质量约 50g 左右，其中蛋白约 30g 左右，蛋黄约 20g 左右。

市场供应形式有新鲜鸡蛋和巴氏杀菌蛋液。鲜蛋本身处理起来耗时耗力，选蛋、清洁、筛分都非常花心思，某环节处理不当，还有可能导致食品安全问题。去壳后的蛋液经过巴氏杀菌处理，标准化程度更高，品质更稳定。在鲜蛋液巴氏杀菌时，由于鸡蛋各部位凝固温度不同，不同类型蛋液所需的加热时间与温度也有所不同。全蛋液、蛋黄液加热温度一般为 60℃ 左右，蛋白液加热温度为 53℃ 左右，杀菌时间维持在 3 ~ 5 分钟。利用巴氏杀菌法，能够在保障鲜蛋液营养价值的前提下，杀灭蛋液中的致病性细菌和绝大多数非致病性细菌，蛋液质量安全提升明显。相对于生鲜鸡蛋，巴氏杀菌蛋液拥有更长的保存时间，袋式包装更容易运输和储存，使用该产品可以很好地避免鲜蛋易碎导致的运储损耗。

（二）低筋面粉

低筋面粉是指蛋白质含量（以干基计）在 10% 以下的小麦粉，其面筋质（以湿基计）小于 24%。低筋面粉通常用来做蛋糕、饼干、小西饼点心、酥皮类点心等。这类产品在制作过程中如果面糊产生大量面筋，会造成产品韧性过高，从而导致产品不够松软或松脆，所以要求面粉的蛋白质含量低、面筋弱、吸水率低。

（三）糖

糖及甜味剂在烘焙中可起到如下作用：①增加甜味或香味；②增加制品表面的色泽；③保持水分，延长产品的保质期；④与鸡蛋混合，可以稳定蛋液泡沫。

人们通常说的"糖"专指从甘蔗或甜菜中提取出来的糖。此类糖的化学名称叫作"蔗糖"。但是烘焙产品制作中也会用到其他种类的糖。糖与淀粉都属于碳水化合物。糖有两种基本种类：单糖和双糖。淀粉，或称"多糖"，其化学结构比单糖的复杂得多。蔗糖属于双糖类，与麦芽糖和乳糖一样。葡萄糖和果糖则属于单糖。糖的种类不同，甜度也不同。比如说，乳糖的甜味要比常用的蔗糖淡一些，而果糖（水果、蜂蜜中的糖）要比蔗糖更甜一些。

1. 一般精制糖或蔗糖　精制糖根据颗粒的大小分类。但是它并没有一定的分类标准，其名称主要取决于制造商。

（1）砂糖

1）一般砂糖　也称作细砂糖，或食用蔗糖，是人们最熟悉也是最常用的一种。

2）细砂糖及特细砂糖　比一般砂糖更细一些。它们最适合制作蛋糕和曲奇，因为可搅拌成均匀的面糊，并能吸收更多的油脂。

3）粗砂糖　颗粒比较大，常用来制作蛋糕、糕饼或其他制品的外皮。

一般地，较细的砂糖溶入面团或面糊中的效果会更好一些，因为它们能较快溶解。而粗砂糖则易残留未溶解的颗粒，甚至有些颗粒长时间搅拌也不溶解。这些未溶解的糖粒在烘焙过程中会在产品上呈现出深色斑点，引起外层质地的变化，或留下糖浆般的烤纹。细砂糖对脂肪的乳化作用较好，因为它们能产生较均匀的气孔组织，以及更好的外观容积量。砂糖也可用来制作糖浆。甚至十分粗的糖颗粒加水煮沸后，也能很好地溶解。实际上，粗的结晶糖通常比细砂糖更纯，因而可制作出更清澈的糖浆。

（2）糖粉　将糖研磨成很细的粉末，加入少量淀粉（约 3%），以防止结成硬块，制成糖粉。根据糖的粗细程度进行分类。

2. 红砂糖　主要成分是蔗糖（85% ~ 92%），但它也含有不同量的焦糖、糖蜜及其他杂质。这些糖有特殊的味道。颜色稍深的含有更多的杂质。红砂糖基本上就是未被完全精制的普通蔗糖。然而，它也可通过向精制白糖中添加适量杂质而制成。

由于红砂糖中含有少量酸，它能与发酵苏打一起使用，以产生膨胀的效果。当人们喜欢红砂糖的味道而又不介意其颜色时，常用之代替普通白糖。当然，其不能用在白色蛋糕的制作中。应把红砂糖置于密闭容器中，以防止因丧失水分而变得干硬。

3. 糖浆类

（1）糖蜜　是由浓缩的甘蔗汁制成，硫化糖蜜是炼糖过程的副产品。它是由甘蔗汁中的糖被萃取后所遗留产物制成的。非硫化糖蜜并不是一种副产品，而是一种特制的糖制品，它比硫化糖蜜少了些苦味。糖蜜含有大量的蔗糖、其他糖分以及转化糖。除此之外，还含有酸性成分、水分，以及其他能增加色香味的成分。色泽较深等级的糖蜜味道比浅色等级者更浓，但含糖量比浅色等级的要少。糖蜜可保持烘焙产品的水分，延长其保鲜时间。用糖蜜制作的松脆饼干因转化糖吸收水分而易于变软。

（2）转化糖　当蔗糖溶液与酸性物质一起加热时，部分蔗糖就会分解成两种等量的单糖——葡萄糖和果糖。等量的葡萄糖和果糖的混合物称作"转化糖"。其甜度比一般的蔗糖高约30%。转化糖有两个特性：①转化糖的保湿性能特别好，可以保持蛋糕的新鲜和湿润；②它具有抗结晶性，所以，它可增加糖果、糖霜和糖浆的光滑度。

（3）玉米糖浆　是液状甜品，它由水分、植物胶质的糊精以及以葡萄糖为主的各种糖类构成。玉米糖浆通过各种酶将玉米面粉转换成更简单的化合物制成。玉米糖浆能增加成品的保湿性，常常用于糖霜和糖果的调制中。其味道温和，不像蔗糖那么甜。

（4）葡萄糖浆　虽然玉米糖浆含有糖和葡萄糖，纯葡萄糖也常用到。它同玉米糖浆相似，但它无色无味，在烘焙房里，它与玉米糖浆具有相同的用途。而葡萄糖浆由于其更纯净，受到烘焙师的喜爱。如果某一配方中需要葡萄糖浆，而手头又没有，则可以用稀玉米糖浆来替代。

（5）蜂蜜　是一种天然糖浆，主要成分是葡萄糖和果糖等单糖，以及其他一些使之别有风味的物质。蜂蜜因其来源不同，味道和色泽大不相同。蜂蜜具有特殊的风味，在烘焙中经常使用。因为蜂蜜含转化糖，它能增加烘焙食品的保湿能力。与糖蜜相似，它也含酸，因此能和发酵苏打一起，当作膨松剂使用。

（四）油脂

在烘焙食品中，脂肪的主要功能如下：使产品变得柔软松嫩；增加水分和浓郁度；延长保质期；增加风味等。烘焙师可以使用多种脂肪。这些脂肪性质不同，用途不同，烘焙师可灵活选用。选择时，面包师必须综合考虑脂肪的熔点，在不同温度下的软硬度、味道以及乳化能力等。

1. 黄油　新鲜黄油含有大约80%的脂肪、15%的水和5%的牛奶固体（欧洲黄油脂肪含量较高，大约82%，甚至更高，含水量较低）。常用黄油有含盐的和不含盐的两种。无盐黄油更易变腐，但味道新鲜，更甘甜，因此烘焙效果较好。如果使用含盐黄油，则配方中的盐量需相应减少。黄油是一种天然产品，并不具有起酥油般的优点。遇冷时，黄油变得又硬又脆，在室温下，黄油又变得非常软，并且容易融化。因此，用黄油调制的面糊较难控制，且容易导致蛋液的泡沫消泡。然而，黄油有两个主要优点：①起酥油味道平淡，而黄油有一种较强的使人垂涎欲滴的味道；②黄油入口即溶。由于以上原因，许多烘焙师认为黄油的优点远远超过其缺点。

2. 人造黄油　是以氢化植物油或者动物性油脂为主要原料，模仿黄油味道添加适量的牛乳或乳制品、香料、乳化剂、防腐剂、抗氧化剂、食盐和维生素，经混合、乳化等工序而制成的。人造黄油是为了降低成本，替代高价的黄油而开发出来的，味道和风味相对于黄油等级低一些。它含有80%~85%的脂肪、10%~15%的水、大约5%的盐与牛奶固体以及其他化合物。因此，可以认为它是由起酥油、水和调味剂混合而成的仿黄油制品。下面是常用的两类。

（1）蛋糕或面包用人造黄油　此种人造黄油柔软，并且有很好的乳化性能，不仅适用于糕点类，也适用于其他类产品。

（2）点心用人造黄油　此种人造黄油质地稍硬，带有弹性，可塑性强。特别适合于制作有层次感的面团，例如丹麦酥点和酥脆面点。

3. 起酥油　任何脂肪在烘焙过程中都能缩短面筋的长度，软化产品。它们通常白色无味，通过特殊处理之后，可用于烘焙。起酥油的脂肪含量一般可接近100%。起酥油可以由植物油或动物脂肪，或二者的混合物制成。在生产过程中，经过加氢处理，可将液体油脂变成固体脂肪。因为起酥油的用途很广，生产商根据不同的用途将之调制成不同的种类。这些产品基本上可划分为两类：普通起酥油和乳化起酥油。

（1）普通起酥油　此类起酥油质地密实滑腻，并含有一些小的脂肪颗粒，可帮助面团或面糊成形。这些起酥油可制成不同硬度的产品。普通起酥油的乳化能力很强，即可与相当量的空气乳化，进而使面糊或面团体积膨胀，质感松软。此外，此类起酥油只能在高温下融化。由于普通起酥油的特殊质地，它们常用来制作像派皮、圆酥饼等酥脆的产品。它们也用来制作其他糕饼、面包和奶油食品，比如磅蛋糕、饼干和速发面包等。除非配方中特别制定，通常人们所使用的都是普通起酥油。

（2）乳化起酥油　此类起酥油质地柔软，较易分散于面糊中，并可迅速地包覆糖和面粉微粒。因为它们含有乳化添加剂，比普通起酥油能乳化更多的液体和糖。这样，使蛋糕更加均匀细腻，相对增加了蛋糕的湿度。乳化起酥油不能很好地形成乳状液，当某一配方中需要奶油起酥油及糖时，应当使用普通起酥油，而不使用乳化起酥油。蛋糕面糊中糖的比例大于面粉时，经常用乳化起酥油。因为此种起酥油的扩散能力强，可采用更简单的搅拌方法，例如制作高成分蛋糕。相应地，乳化起酥油有时也叫作高成分起酥油。酥脆面点用此种人造黄油制作，会比用奶油制作的面团更膨松，因此，有时将其称作酥脆面点油脂。然而，因为此类油脂不如奶油般入口即溶，因此产品不太受欢迎。

4. 油　是液态脂肪，以植物油为主，包括玉米油、菜籽油、橄榄油、棕榈油、大豆油、椰子油等，植物油具有较高的热稳定性和中性口感，能够使蛋糕更加柔软。

（五）牛乳及其制品

在烘焙产品制作中牛奶的使用频率仅次于水，是最重要的液体之一。鲜奶含水88%~91%。另外，牛奶对于烘焙类制品的营养价值、风味、表皮色泽、保质等也起着重要作用。

1. 鲜奶　全脂奶为奶牛的乳汁，且未经加工（加入部分维生素D），它含有3.5%的脂肪（乳脂）、8.5%的脱脂牛奶固体以及88%的水。全脂鲜奶有以下几种。

（1）巴氏杀菌牛奶　将牛奶加热到可杀死细菌的温度后，迅速冷却而成。市场上绝大多数奶制品和炼乳制品都已经过巴氏杀菌处理。

（2）生牛奶　是指未经杀菌处理的鲜奶。通常不被使用，事实上也不允许出售。

（3）均质牛奶　指经均质化处理的牛奶。其中的乳脂不会游离出来，处理时，迫使牛奶通过非常细小的孔洞，在此过程中，牛奶中的油脂挤压成非常小的颗粒均匀分散在牛奶中。

以上名词不仅适合于全脂鲜奶，也适用于其他形式。

（4）脱脂牛奶　去除了牛奶中的绝大部分脂肪，脂肪含量仅为0.5%或更低。除此之外，低脂牛奶（含脂肪0.5%~3%）、营养强化脱脂牛奶或低脂牛奶以及风味牛奶，也属此类。

2. 奶油　各种新鲜奶油，因其脂肪含量不同，而有以下分类。

（1）搅打奶油　脂肪含量30%~40%。又可分为低脂鲜奶油（含脂肪30%~35%），高脂鲜奶油（含脂肪36%~40%）。低脂奶油与英国的淡奶油脂肪含量近似。然而，重奶油则比大多数高脂奶油要浓得多。重奶油约含有48%的脂肪，易于搅拌，并且搅拌后很少形成液滴或液体和泡沫分离的情况。

（2）淡奶油　脂肪含量为16%~22%，一般含量为18%。

3. 发酵奶制品

（1）白脱牛奶　是一种经过细菌培养，或酸化处理过的脱脂鲜牛奶，有时也称为发酵白脱牛奶，以区别于传统的白脱牛奶。传统的白脱牛奶并未经过细菌培养，而是由制作奶油后残余的牛奶所得。一般在配方中将白脱牛奶称为酸奶。

（2）酸奶油 指牛奶中加入乳酸菌培养或发酵制成的一种含脂肪18%，质地浓稠，味道稍重的乳制品。

（3）酸牛奶 由牛奶（全脂或低脂）经过特殊菌种培养制成，质地像乳冻。绝大多数酸牛奶中加入了其他牛奶固形物，有些则加入调味剂或甜味剂。

4. 淡炼乳与甜炼乳

（1）淡炼乳 将全脂或脱脂牛奶中约60%的水蒸发掉，再经杀菌后装罐处理。因此，淡炼乳多少有种"烹煮"过的味道。

（2）甜炼乳 将全脂或低脂牛奶中约60%的水除去，另加大量糖制成。常见形式为罐装或散装。

5. 奶粉

（1）全脂奶粉 是全脂牛奶烘干制得的粉末。因为含有奶油脂肪，容易变质，不易保存。所以应少量购买，并存放于阴凉处。

（2）脱脂奶粉 脱脂牛奶烘干制成的粉末。有常规和速溶两种形式。

6. 奶酪 在甜点烘焙中，常用于制作馅料与奶酪蛋糕，常见形式有以下两种。

（1）烘焙干酪 质地柔软，脂肪含量低，且未经熟化。因其水分含量低，仍有韧性，能像面团般揉制。冷冻后可以储藏较长时间。

（2）奶油干酪 与烘焙干酪一样，质地柔软，未经熟化，但其脂肪含量高达35%。主要用于味浓的奶酪蛋糕及一些特殊产品中。

（六）食品添加剂

1. 乳化剂 两种不相溶的物质，如脂肪和水，在搅拌均匀的过程中会渐渐溶合，即乳化现象，此溶液称为乳浊液。空气和脂肪也可形成乳浊液。如在制作蛋糕或其他食品中，将油脂和糖一起搅拌所产生的发泡现象就是乳浊液所起的效果。不同的脂肪乳化能力各不相同。

蛋糕乳化剂又称蛋糕油，一般由单、双甘油脂肪酸酯，蔗糖脂肪酸酯等多种乳化剂组成的复合添加剂。它可以降低蛋糕面糊的表面张力，使蛋糕面糊乳化，增强起泡性，并能稳定泡沫，防止成品塌陷，从而制作出品质优良的蛋糕。蛋糕油的添加量一般是鸡蛋的3%~5%。当蛋糕配方中鸡蛋用量增加或减少时，蛋糕油用量也须按比例增加或减少。蛋糕油一定要保证在面糊搅拌完成之前能充分溶解，否则会出现沉淀结块；面糊中有蛋糕油的添加则不能长时间的搅拌，因为过度的搅拌会使空气拌入太多，反而不能够稳定气泡，导致破裂，最终造成成品体积下陷，组织变成棉花状。

2. 膨松剂 是指在食品加工过程中加入的，能使产品发起形成致密多孔组织，从而使制品具有膨松、柔软或酥脆的物质。膨松作用是指面团或面糊中的空气，在烘焙过程中受热膨胀，使产品体积增大，促使产品定型，达到预期质地的作用。这些气体必须一直留在产品中，直到其结构固定，不再变形（定形过程是面筋与蛋中所含蛋白质受热凝固，以及淀粉产生胶化作用的结果）。膨松剂不仅能使食品产生松软的海绵状多孔组织，使之口感柔松可口、体积膨大；而且能使咀嚼时唾液很快渗入制品的组织中，以透出制品内可溶性物质，刺激味觉神经，使之迅速反应该食品的风味；当食品进入胃之后，各种消化酶能快速进入食品组织中，使食品能容易、快速地被消化、吸收，避免营养损失。

焙烤食品制作过程中，膨松剂中的碳酸盐或碳酸氢盐，在有酸性物质或烘烤加热的条件下，产生二氧化碳等气体，使产品体积蓬松，在食品内部形成均匀、致密的孔性组织，体积增大，使面包、蛋糕等食品柔软富有弹性，使饼干酥松。

膨松剂可分为化学膨松剂和生物膨松剂两大类。生物膨松剂如酵母等主要用在面包制作中，将在面包模块详细介绍。化学膨松剂，包括碱性膨松剂如碳酸氢钠（钾）、碳酸氢铵、轻质碳酸钙等，酸性膨松剂如硫酸铝钾、硫酸铝铵、磷酸氢钙和酒石酸氢钾等，以及复合膨松剂。化学膨松剂应具有下列性质：①较低的使用量能产生较多量的气体；②在冷面团里气体产生慢，而在加热时则能均匀持续产生多量气体；③分解产物不影响产品的风味、色泽等食用品质。

碱性膨松剂其作用单一（产气），可产生一定的碱性物质。如碳酸氢钠在产生二氧化碳时可产生一定的碳酸钠，影响制品质量，而碳酸氢铵在应用时所产生的氨气，残留于食品中时可有特异臭等。因此实际应用的膨松剂大多是由不同物质组成的复合膨松剂。

使用复合膨松剂时对产气快慢的选择相当重要。例如在生产蛋糕时，若使用产气快的膨松剂太多，则在焙烤初期很快膨胀，此时蛋糕组织尚未凝结，到后期蛋糕易塌陷且质地粗糙不匀。与此相反，使用产气慢的膨松剂太多，焙烤初期蛋糕膨胀太慢，待蛋糕组织凝结后，部分膨松剂尚未释放出二氧化碳气体，致使蛋糕体积增长不大，失去膨松剂的意义。

（1）苏打粉　学名碳酸氢钠，俗称小苏打，遇水和酸释放出二氧化碳，使产品膨胀。此反应不需加热（虽然提高温度可加快反应速度），因此，含有苏打粉的面粉或面糊，调制后必须马上烘焙，否则气体就会很快释放，膨胀效果就会随之丧失。

因蜂蜜、糖浆、奶油牛奶、果汁、果泥及巧克力含有酸性物质，因此面团中含有上述材料时，可与苏打粉一起使用。配方中所需苏打粉的量，应与配方中酸性物质量平衡。如果需要更好的发酵，则应使用酵母，而不是苏打粉。

（2）泡打粉　是苏打粉与酸性物质的混合物。泡打粉中含有淀粉，以防止结块，降低发酵作用。因为泡打粉本身含有酸性物质，配方中不需另外添加酸性物质。

1）单效泡打粉　只需水分即可产生气体。与苏打粉一样，只用于搅拌完成后，立即烘焙的产品。

2）双效泡打粉　低温时即释放一些气体，但加热后才可反应完全。使用此类泡打粉制作蛋糕面糊时，在搅拌初期就可加入原料中。调制好的面糊，也不需像苏打粉那样，立即烘烤，而可放置一段时间。

配方中不要加入过量的烘焙粉，因为这样一方面会产生怪味，另一方面会由于膨胀过度使得产品松散易碎，而且，蛋糕可能在成形之前就会因膨胀太大而塌陷。

（3）烘焙氨　是碳酸氨、碳酸氢氨和氨基碳酸盐的混合物。烘烤受热时分解为二氧化碳、氨气和水，而产生膨胀作用。使用时，仅需水和热量即可，而不需要酸。

烘焙氨分解速度快，只要使用得当，不会产生任何影响成品味道的残留物。因为氨可以在极短时间内迅速分解为气体，有时用来快速膨胀。使用烘焙氨可减少蛋的用量，从而降低成本，但产品质量会相应降低。

化学膨松如苏打粉、泡打粉和烘焙氨等需放于密闭容器内，开封后，会吸收空气中的水分，使之失效。此外，必须将它们置于阴凉处，以避免遇热分解。

3. 酸度调节剂　亦称 pH 调节剂，是用以维持或改变食品酸碱度的物质。它主要用以控制食品所需的酸化剂、碱剂以及具有缓冲作用的盐类。塔塔粉是由多种配料按一定比例制成的一种复配食品添加剂，是一种酸性的白色粉末，其主要成分为酒石酸氢钾，它是制作戚风蛋糕必不可少的原材料之一。戚风蛋糕是利用蛋清来起发的，蛋清偏碱性，pH 一般为 7.6，而蛋清在偏酸的环境下也就是 pH 为 4.6 ～ 4.8 时才能形成膨松稳定的泡沫，起发后才可以添加大量的其他配料。戚风蛋糕是将蛋清和蛋黄分开搅拌，蛋清搅拌起发后添加塔塔粉，形成一种酸性环境，再拌入蛋黄部分的面糊。否则，蛋清虽然能打发，但加入蛋黄面糊就会下陷，不能成型。所以利用塔塔粉的这一特性可以达到最佳起发效果。

4. 香精香料

（1）香兰素　是人类所合成的第一种香精。通常分为甲基香兰素和乙基香兰素。

1）甲基香兰素　白色或微黄色结晶，具有香荚兰香气及浓郁的奶香，为香料工业中最大的品种，是人们普遍喜爱的奶油香草香精的主要成分。

2）乙基香兰素　白色至微黄色针状结晶或结晶性粉末，类似香荚兰豆香气，香气较甲基香兰素更浓。

（2）香草精　是一种从香草提炼的食用香精，可以很好地去除烘焙制品中的蛋腥味，而且可以使烘焙制品中多出一种香草特有的香味。香草精属于浓缩香精，所以用量不需太多。

（七）其他辅料

1. 玉米淀粉　在蛋糕制作过程中，为了防止面糊搅拌过程中面筋的形成，常用淀粉做冲淡面筋浓度的稳定性填充剂。添加淀粉后，可以相对地降低蛋白含量，降低面筋的形成概率，从而改善蛋糕的口感。玉米淀粉价格低廉，是商用最多的淀粉。玉米淀粉中直链淀粉含量相对较高，含脂类化合物也多，容易形成直链淀粉–脂类化合物的复合物，具有淀粉糊化温度较高、膨胀能力小、热黏度差、溶解度低、淀粉糊不透明等特点。

2. 可可粉　天然可可粉由可可豆经过加工研磨后制成，是制作巧克力饼干或蛋糕的必备材料。由于天然可可粉是酸性物质，所以如果是可可粉含量比较大的配方，通常都会添加少量的苏打粉（碱性）来中和它的酸性。可可粉中一般都含有一定量的淀粉，会吸收水分，因此，在普通蛋糕配方中加入可可粉时，需要减少原配方中的面粉用量，一般情况下，减少的面粉用量为加入可可粉用量的 37.5%。

3. 抹茶粉　是以遮阳茶做的碾茶为原料，经研磨所得的超微茶粉。抹茶粉追求的是绿色，越绿品质越高。要特别注意，抹茶粉和绿茶粉不是同一个产品，高品质的抹茶耐高温烘焙，所制作的成品不易变色；而绿茶粉色泽偏黄发暗，对热敏感，烘烤后成品容易变色，影响蛋糕的品质。

4. 水果蔬菜粉　南瓜粉、紫薯粉、胡萝卜粉、菠菜粉、草莓粉、芒果粉这些蔬菜粉在蛋糕制作过程中可以作为天然色素使用，从而做出不同颜色的蛋糕。

二、生产工艺对蛋糕品质的影响规律

（一）海绵蛋糕

1. 海绵蛋糕的搅拌

（1）海绵蛋糕的搅拌方法

1）将配方中全部的蛋和糖先加热至 43℃，蛋和糖在加热过程中必须用打蛋器不断地搅动，使温度均匀而避免边缘部分受热而烫熟。盛装蛋的容器和搅拌缸不能有任何油迹，开始时用搅拌器中搅拌 2 分钟，把蛋和糖搅拌均匀后改用快速搅拌将蛋糖搅至呈乳白色，用手指勾起时不会很快地从手指流下，此时再改用中速搅拌数分钟，把上一步快速搅拌进的不均气泡搅碎，使进入的空气均匀地分布在每一部分。把面粉筛匀，如本配方内使用可可粉或发粉时，必须混入面粉中与面粉一起筛匀，再改用慢速慢慢地倒入已打发的蛋糖中，必须使用慢速搅拌，不可搅拌过久，否则会破坏面糊中的气泡，影响蛋糕的体积，使油与面糊搅拌不匀，在烘烤后会沉淀在蛋糕底部形成一块厚的油皮。

2）把蛋黄和蛋白分开，先将蛋白放在干净的搅拌缸中用中速搅拌至湿性发泡后，加上蛋白数量 2/3 的糖继续搅拌至干性发泡，后将配方内的剩余糖和蛋黄一起拌匀，最好预先稍微加热，再用搅拌器用快速拌至乳黄色，再改用中速把沙拉油（融化的奶油）分数次加入，每次加入时必须使其与蛋黄完全乳化，再继续添加，否则搅拌速度太快，或添加太快都会破坏蛋黄的乳化作用。先将 1/3 的蛋白倒入打好的蛋黄内，轻轻地用手拌匀，继而把剩余的蛋白加入拌匀，最后把面粉筛匀，奶水或干果最后加入拌匀即可。用此方法所做的蛋糕失败率较低，蛋糕体积较大，组织弹性佳，但须做两次搅拌，增加了操作程序。

（2）影响蛋液打发的因素　蛋液的打发主要是通过搅拌充气来完成的，泡沫的形成与很多因素有关，主要有以下几种。

1）温度　全蛋理想的打发温度为 25° 左右，蛋白为 17~22℃。

2）蛋的质量　直接影响蛋白的起泡性。新鲜蛋浓厚蛋白多，稀薄蛋白少，起泡性好；陈旧蛋反之，特别是长期储存和变质的蛋起泡性最差。

3）黏稠蛋白的量　从稳定性来看，新鲜蛋、冷藏蛋，黏度较大，打发性虽差，但稳定性好。

4）水　加水稀释了的蛋白可提高泡沫的体积，加水要适量，否则会降低泡沫的稳定性。

5）蔗糖　黏度对蛋白的稳定性影响很大，在蛋液中加入黏度大的物质有利于泡沫的形成和稳定。比如砂糖抑制卵白蛋白质的表面变性，使其黏度增大，起泡性变差，即打发时的搅拌时间较长。

6）搅打操作　需要顺着一个方向搅拌充气，并且保持一定的搅拌速度。

7）蛋成分的影响　起泡性最好的是蛋白，其次是全蛋，蛋黄的起泡性最差。

8）pH　对蛋白泡沫的形成和稳定影响很大。白蛋白在 pH 为 6.5~9.5 时形成泡沫的能力很强，但不稳定，在偏酸情况下气泡较稳定，因此常在打蛋时加入酸性物质如塔塔粉、柠檬汁、食醋等来调节 pH。

9）食盐　食盐的加入使蛋液黏度降低，促进表面变性，容易打发过头，影响泡沫稳定性。加盐量为蛋的 1.5% 是合适的，对泡沫的最终体积没有影响。

10）油脂　油的表面张力很大，而蛋白气泡膜很薄，当油接触到蛋白气泡时，油的表面张力大于蛋白膜本身的延伸力而将蛋白膜拉断，气体从断口处冲出，气泡消失。因此油是一种消泡剂，打蛋过程中要避免接触油性物质。单独搅拌蛋白比搅拌全蛋液的发泡性要强，因为蛋黄中含有大量脂肪，对发泡有影响。2%~3% 的脂肪即会使搅拌良好的蛋液泡沫消失。

2. 装盘　蛋糊搅拌好后，必须装于烤盘内，每种烤盘都必须经过预处理才能装载面糊。

（1）预处理

1）扫油　烤盘内壁涂上一层薄薄的油层，但戚风蛋糕不能涂油。

2）垫纸或撒粉　在涂过油的烤盘上垫上白纸，或撒上面粉（也可用生粉），以便于出炉后脱模。

（2）面糊的装载　蛋糕面糊装载量，应与蛋糕烤盘大小相一致，过多或过少都会影响蛋糕的品质。

3. 烤焙

（1）烘烤前的准备　烤箱需要预热。

（2）蛋糕烤盘在烤箱中的排列　烤盘应尽可能地放在烤箱中心部位，两烤盘彼此既不应接触，也不应接触烤箱壁，更不能把一个烤盘直接放于另一烤盘之上。

（3）烘烤温度与时间控制　影响蛋糕烘烤温度与时间的因素很多，烘烤操作时应灵活掌握。例如，油蛋糕比清蛋糕的温度要低，时间要长一些，含糖量高的蛋糕，其烘烤温度要比用标准比例的蛋糕温度低。海绵蛋糕因所做成品的式样不同，所使用的烤盘大小形式也就不一样，所以烤焙的温度时间也就不一样。如小椭圆形或橄榄形小海绵蛋糕烘烤温度 205℃，上火大，下火小，烤焙时间为 12~15 分钟。

（4）蛋糕成熟检验　可用手指在蛋糕中央顶部轻轻触试，如果感觉硬实、呈固体状，且用手指压下去的部分马上弹回，则表示蛋糕已经熟透。也可以用牙签或其他细棒在蛋糕中央插入，拔出时，若测试的牙签上不黏附湿黏的面糊，则表明已经烤熟，反之则未烤熟。

（5）烘焙与蛋糕的质量　温度太低，蛋糕顶部会下陷，四周收缩并有残余面屑黏于烤盘周围，蛋糕松散、内部粗糙；温度太高，蛋糕顶部隆起，并在中央部分裂开，四边向内收缩，但不会有面屑黏附烤盘边缘，蛋糕质地较为坚硬。时间太短，蛋糕顶部及周围呈现深色条纹，内部组织发黏；时间过长，组织干燥，蛋糕四周表层硬脆。

（6）蛋糕出炉处理　海绵蛋糕出炉后应立即翻转过来，放在蛋糕架上，使正面向下，这样可防止蛋糕过度收缩。

经过装饰后的蛋糕必须保持在 2～10℃ 的冰箱内冷藏。不做任何装饰处理的重油蛋糕，可放在室温的橱窗里。

（二）戚风蛋糕

1. 戚风蛋糕的搅拌

（1）蛋黄糊部分的搅拌　首先把面粉与发粉过筛，再把糖盐混合均匀，然后把液体油、蛋黄、奶水或果汁等依照顺序加入，用浆状搅拌器中速搅拌几分钟，至均匀即可。若店内搅拌机不够，则此蛋黄糊部分也可用手动拌打器来拌和均匀。蛋黄糊部分的搅拌，关键是原料的投放次序，一定要按上述顺序，先加入液体油，再加入蛋黄和水，这样面粉就不会结块，如果不是这样，而是先加蛋黄或先加奶水，都会使面粉黏在一起不易搅散，甚至结块，使烤好后的蛋糕内部有不均匀的生粉粒。

（2）蛋白糊部分的搅拌　是戚风类蛋糕制作的最关键工作。首先要求把搅拌缸、搅拌器清洁干净，无油迹。然后加入蛋白、塔塔粉，以中速打至湿性发泡，再加入细砂糖，打至干性发泡（即用手指勾起蛋白糊，蛋白糊可在指尖上形成一向上的尖峰）即可。蛋白在搅拌过程分为四个阶段：第一个阶段蛋白经搅拌后呈液体状态，表面浮起很多不规则气泡；第二阶段蛋白经搅拌后渐渐凝固起来，表面不规则的气泡消失，而变为许多细小气泡，蛋白洁白而具光泽，用手指勾起时成一细长尖峰，留置指上而不下坠，此阶段即为湿性发泡；第三阶段如蛋白继续搅拌，则干性发泡，此外，蛋白打至干性发泡时无法看出发泡组织，颜色雪白而无光泽，用手指勾起时呈坚硬的尖锋，倒置也不会弯曲；第四个阶段，蛋白已完全成球形凝固状，用手指无法勾起尖峰，此阶段称为棉花状态。

（3）蛋白糊与蛋黄糊的混合　先取 1/3 打好的蛋白糊加入蛋黄糊中，用手轻轻搅匀。拌时手掌向上，动作要轻，由上向下拌和，拌匀即可。切忌左右旋转，或用力过猛，更不可拌和时间过长，避免蛋白部分受油脂影响而消泡，导致制作失败。拌好后，再将这部分蛋黄糊加到剩余的 2/3 蛋白糊里面，也是用手轻轻搅匀，要求同上。

两部分面糊混合好后，其面糊性质应与高成分海绵蛋糕相似，呈浓稠状。如果混合后的面糊显得很稀、很薄，且表面有很多小气泡，则表明是蛋白打发不够，或者蛋白糊与蛋黄糊两部分混合时拌得过久，使蛋白部分的气泡受到蛋黄部分里的油脂的破坏而遭致消泡，这时蛋糕的机体组织均受到影响。

如果蛋白糊部分打得太发，则混合时蛋白呈一团团棉花状。此时蛋白已失去了原有的强韧伸展性，既无法保存打入的空气，也失去了膨胀的功能，混合时不易拌散，会有一团团的蛋白夹在面糊中间，使烤好后的蛋糕存在一块块的蛋白，而周围则形成空间，影响蛋糕品质，同时，因这些棉花状蛋白难以拌匀，往往需要较长拌和时间，而使面糊越拌越稀，都会使制作失败。

🔗 **知识链接**

油脂的打发

黄油打发通常用于制作磅蛋糕和黄油曲奇饼干等。

（1）黄油打发的原理　在搅打过程中，固体油脂能够包裹空气，随着不断搅打，黄油体积逐渐膨胀，内部形成许多微小气泡，从而起到膨松剂的作用，使蛋糕或饼干体积增大，质地变得松软。

（2）黄油打发的步骤　黄油打发时先将其软化，要软化到用手能轻松按出指痕的程度（但不能融化成液态）。将软化的黄油与糖、盐等配料混合，再分三次加入鸡蛋，每次都要充分搅拌均匀，确保鸡蛋与黄油完全融合后才能再次加入鸡蛋。最终得到光滑细腻的鸡蛋黄油混合物。

黄油打发时间并非越长越好。过度打发可能导致蛋糕塌陷或使饼干延展性过高，容易失去花纹。

2. 装盘与烘烤　戚风类蛋糕可用各种烤盘盛装，但最好是使用空心烤盘，容易烘烤、容易脱模。不论是何种烤盘，都不能涂油。使用其他烤盘时，必须垫纸，使烤盘能挡住烤盘的边缘部分，支撑住整个蛋糕的重量，避免收缩。装盘时的面糊量，只需为烤盘容量的一半或六分满即可，不可太多。因为戚风蛋糕内的液体用量较多，有较多量的蛋白起发，又有化学膨松剂，故戚风蛋糕的面糊在炉内的烘烤膨胀性较大。如果装得太满，多余的面糊会溢出烤盘，或在蛋糕上形成一层厚实的组织，与整个蛋糕的松软性质不相符合。

3. 烘烤　烘烤戚风蛋糕时，一定要掌握好炉温，其原则是面火高，底火低或很小。一般使用平烤盘，做蛋糕卷的面火应在 $170 \sim 180℃$，底火在 $130 \sim 150℃$。

产品二　面包

PPT

一、原辅料对面包品质的影响规律

（一）蛋及其蛋制品

蛋在面包的制作过程中有以下功能。

（1）鸡蛋中的蛋白质有助于加强面团的结构，使其更有弹性。如果在烘焙食品中大量使用鸡蛋，会使食品更加耐嚼并富有韧性，加入适量脂肪或糖可使成品柔软些。

（2）鸡蛋中的卵磷脂是一种天然的乳化剂，有助于水和油的混合，改善面团的质地，能使面团更加光滑，有利于增大体积，并使质地更加柔软。

（3）蛋中含有大量水分，这些水分在配方中可看作总水量的一部分。用蛋黄或干蛋粉代替全蛋时，要调节配方中所用水量，以达到配方实际的需水量。

（4）鸡蛋能增加产品香味，改善组织与滋味。

（5）鸡蛋含有丰富蛋白质、维生素、矿物质等，能提高产品的营养价值。

（6）蛋黄赋予面团和面糊黄色。鸡蛋中的脂肪在烘焙过程中会发生焦糖化反应，使面包表面呈现出金黄色的诱人色泽。

（二）面粉

1. 面粉的化学组成

（1）小麦蛋白质

1）醇溶蛋白　不溶于水，可以形成面筋，有良好的延展性，没有弹性。

2）麦谷蛋白　不溶于水，可以形成面筋，有良好的弹性。

3）球蛋白　形成面筋的网状结构。

4）白蛋白　形成面筋的网状结构。

（2）碳水化合物

1）淀粉　可以形成足量的可供发酵的碳水化合物，在中种发酵及主面团发酵产生足够的气体；在烘焙阶段产生糊精；决定烘焙时的吸水量。

2）糖　葡萄糖、半乳糖。

3）糊精　其分子量大小介于淀粉与砂糖之间。

4）纤维素　不溶于水且不易消化，是植物细胞壁的主要成分，称为粗纤维。

（3）脂类　面粉中含1%~2%的油脂状脂类，面粉中含有卵磷脂、三酸甘油酯等，脂类容易被氧化，使面粉变质，变质的面粉缺乏延展性，面团脆裂，不易操作，面团的气体保留性差，使面包的体积、风味、食感变差。

（4）矿物质　面粉中的矿物质用灰化法测定，其测定结果称为面粉的灰分，灰分由无机盐及矿物元素组成。小麦的矿物质分布不均匀，麸皮的含量较高。面粉的灰分含量为面粉品质好坏的一个最好指标，面粉的灰分含量高表示面粉所含麸皮的量多，面粉的精制程度低。

（5）维生素

1）油溶性维生素　维生素 A、维生素 D、维生素 E、维生素 K。

2）水溶性维生素　维生素 B_1、维生素 B_2、维生素 B_6、维生素 B_{12}、叶酸、维生素 C。

2. 面粉的选择要点

（1）白度　面粉的颜色会影响面包的颜色，越靠近小麦中心部分的颜色越白，面粉的品质越好，所以可以根据面粉的颜色可以看出面粉的品质，但是过度的漂白会使面包的品质不良。

（2）面筋强度　面粉内面筋构成面包的网状结构，如果网状结构过于软弱，将无法做出良好的面包，所以面粉要有足够的筋度，做好面包的条件为：①足够的蛋白质及良好品质的蛋白质；②足够的糖及酶，供给酵母发酵所需的糖；③足够的 α - 淀粉酶，调整淀粉的胶性。

（3）发酵耐力　即面包超过预定的发酵时间，但还能做出良好品质的面包，为发酵耐力。所以面粉要有足够的发酵耐力。

（4）高度吸水量　面粉在加水搅拌时，能够吸收多量的水，但是还能够做出很好的面包，吸水量越多越可以降低成本，延长贮存时间。

3. 面粉的种类及使用

（1）高筋面粉　也称面包粉，它是加工精度较高的面粉，色白，含麸量少，面筋含量高。蛋白质含量为11%~13%，湿面筋值在35%以上。应选用硬质小麦加工。高筋面粉适用于制作各种面包（表5-1）。

（2）中筋面粉　是介于高筋面粉和低筋面粉之间的一类面粉。含麸量少于低筋面粉，色稍黄。蛋白质含量为9%~11%，湿面筋值为25%~35%。中筋面粉适用于制作各种糕点（表5-1）。

（3）低筋面粉　也称蛋糕粉，含麸量多于中筋面粉，色稍黄。蛋白质含量为7%~9%，湿面筋值在25%以下（表5-1）。

（4）全麦粉　由全部小麦磨成的面粉，色深，含麸量高，但灰分不超过 2%。湿面筋值不低于 20%（表 5 - 1）。

表 5 - 1　面粉种类

面粉	蛋白质	灰分	用途
特高筋面粉	13.5%	0.54%	高级吐司面包
高筋面粉	12.5%	0.54%	一般面包
中筋面粉	10.5%	0.45%	馒头、面条等
低筋面粉	7.5%	0.5%	饼干、蛋糕等

（三）水

1. 添加量　绝大多数面团在调制过程中是需要加水的，加水量要根据制品的要求而定。一般情况下，加水量与湿面筋的形成量有密切的关系。加水量不足，面筋性蛋白质不能充分吸水胀润，蛋白质分子扩展不够，影响面筋生成率，而且面筋品质较差。加水量过多，加快酶对蛋白质的作用，使面筋生成率降低；另外，过软的面团不能满足生产要求。制成同样软硬度的面团，蛋、糖、油用量多，用水量就少些；反之，水就要适当增加。在调制面包面团时，加水量越少，会使面团的卷起时间缩短，在扩展阶段中搅拌时间要适当延长，以使面筋充分的扩展；加水量过少时，会使面粉的颗粒难以充水化，形成面筋的性质较脆，稳定性差。

2. 水温　除了影响糖的溶解和发酵速度外，还关系到面筋蛋白质、淀粉的质量变化。水温 30℃ 时，即为面筋蛋白质的最大胀润温度，吸水量高达 150%～200%，但对淀粉无多大影响。当水温在 70℃ 淀粉吸水膨胀而糊化，蛋白质凝固变性吸水率反而降低。

调制面团时，水温要根据原料、产品特性、搅拌设备、环境温度等变化而变化。

3. 各种不同的水对面包品质的影响

（1）软水　面团柔软发黏，发酵时间短，降低品质。

（2）硬水　使面团韧化，发酵缓慢，面包色泽白，但口感差。

（3）碱性水　会减弱面筋强度，中和面团的酸度，不利于酵母生长。

（4）中等硬度的水　最适合面包的制作。

4. 水在烘焙中的作用

（1）面粉内蛋白质吸水，形成面筋，构成面包骨架。

（2）水可以使各种材料混合、溶解，形成均匀的体系。

（3）酵母是微生物，需要适当的条件来繁殖，可以用水来控制面团的物理性质。

（4）面粉内的淀粉吸水遇热焦化，易于被人体所消化吸收。

（5）一切生物的活动在水溶液中进行，酵母发酵也需在水溶液中进行。

（6）增长面包的可食用时间，保持较长的柔软度。

（四）糖

糖在面包加工中的主要功能有：①改善口味，增加产品的甜度；②供给酵母发酵的主要能量来源，增加营养，提供热量；③产品外表的颜色主要是糖的焦化作用产生，因此配方中的糖分越重，焦化的速度也就越快，相对颜色也就越深；④增强其他材料的香味；⑤糖可以保持产品中的水分，延缓干燥与老化；⑥是糕点面团的降筋剂、定性剂。

1. 麦芽糖浆　又叫麦芽精，最初主要用于发酵面包。它不但用作酵母的作用对象，同时还可以增加面包的味道以及外皮的色泽。麦芽糖由已发芽的大麦中提取出来。

麦芽糖浆有两种类型，含淀粉酶的以及不含淀粉酶的。含淀粉酶的麦芽糖浆中含有一种淀粉酶，它能将淀粉分解为酵母能利用的糖。因此，含淀粉酶的麦芽糖浆加入面包面团，就会成为酵母的强烈作用对象。它适合于发酵时间短的产品，而不适合于发酵时间长的产品。因为时间太长，淀粉被酵母分解得太多，会使面包成为一个黏面团。

根据麦芽糖浆中淀粉酶的含量不同，可将之分为高、中、低含量的产品。

不含淀粉酶的麦芽糖浆一般在高温下加工，高温会破坏酶，从而使糖浆颜色更深，味道更浓。因为它含有可以发酵的糖分，并可以增加产品的颜色和味道，同时保证产品的品质等特性而被采用。

在面团调制时加入糖（糖浆或糖粉等）后，由于糖的吸湿性，糖分子与面筋蛋白争夺水分子，因糖的水化能力大于蛋白质，能使蛋白质分子内的水分渗透到分子外，从而降低蛋白质胶粒的湿润度，造成面筋形成率降低，弹性减弱，这种现象称为糖对面筋的反水化作用。

在面团调制过程中，用糖量增加，吸水率降低（即用水量减少），如蔗糖量每增加1%，面团的吸水率便降低0.2%，适量的糖能够部分降低面筋形成度和控制调粉时面团的弹性；为使添加糖量较多的面团能保持与加糖量少的面团具有相同的软硬度，就要相应减少用水量；但过量的糖则会导致面筋形成量过少，面团黏性过大，操作困难。另外，对于强筋性面团，随着糖量的增加而水化作用变慢，为了促进面团的吸水和成熟，要延长搅拌时间。

含蔗糖多的产品，烤熟后起脆性；含饴糖多的产品，烘烤后起软性。

2. 其他糖类　介绍详见蛋糕章节中关于糖的介绍。

（五）盐

盐在烘焙中的功用：①稳定发酵，适量的盐能够控制酵母的发酵，增加烤焙弹性；②调和作用，使烤焙产品的食感、风味更有味道；③面筋的稳定，盐可以改善面筋的物理性质，增加吸收水分的性能，使其膨胀而不断裂，由于盐增加了面筋强度，使面包品质得到改善；④色泽的改善，利用盐调理适当的面筋，可以使内部产生比较细密的组织，使光线容易通过比较薄的组织细胞，使烤好的面包内部组织的色泽比较洁白。

在面包制作过程中，盐不仅影响面包的味道，还对面包的质地和发酵过程有重要影响。以下是盐在面包制作中的一些注意事项。

（1）正确称量　盐的用量通常不会超过面粉重量的2%，在面包配方中虽然用量不多，但微量的变化也会对面团有很大影响，因此需要准确称量。

（2）不要与酵母直接接触　盐会抑制酵母的活性，如果与酵母直接接触，可能会杀死酵母，导致面团发酵不良。因此，在添加到面团中时，应避免盐与酵母直接混合。

（3）后加盐　在搅拌面团的过程中，应添加盐，这样可以缩短搅拌时间并提高效率。

（4）影响发酵　盐可以抑制酵母的活性，从而控制发酵速度。在天气炎热时，盐的添加尤为重要，以避免面团发酵过快。

（5）影响口感和风味　适量的盐可以增强面包的风味，使面包的味道更加醇厚。盐还能增强面筋的弹性和韧性，改善面包的口感。

（6）影响色泽　盐有助于改善面包的色泽，使其更加诱人。

（7）控制用量　虽然盐在面包中的作用很重要，但过多的盐分会抑制酵母的活性，导致面包口感过咸，影响最终产品的品质。

（六）酵母

1. 酵母的分类　酵母分为新鲜酵母、活性干酵母、即发性干酵母（表 5－2）。

表 5－2　酵母的种类

酵母种类	水分	固型物	存放环境	保存期限	使用方法
新鲜酵母	70%	30%	冷藏 2~10℃	2~5 个星期	直接使用
活性干酵母	8%	30%	常温 25℃以下	6 个月	泡水使用
即发性干酵母	8%	92%	常温 25℃以下	6 个月	直接使用

2. 酵母特性　酵母是一种纯生物发酵制剂，对环境有一定的要求，因此在使用酵母前必须对酵母的特性有一个初步的了解。

（1）温度　酵母生长的适宜温度在 27~28℃，最适温度为 28℃。因此在面团发酵时应控制发酵室的温度在 30℃以下，使酵母大量繁殖，为面团醒发积累后劲。酵母的活性是随着温度的升高而增强的，产气量也大量增加，面团温度达到 38℃时，产气量达到最大。因此，面团发酵室温度最好控制在 36~40℃。温度太高，酵母容易死亡，并且也易产生杂菌。

（2）酸碱度　酵母适宜在酸性环境下生长，碱性条件下活性大大降低。酵母发酵时面团最适 pH 应控制在 5~6。

（3）渗透压　如果面团中含有较多的糖、盐等成分，就会产生渗透压。透压过高，会使酵母体内的原生质和水分渗出细胞质，造成质壁分离，酵母无法生长或者死亡。一般来说，大于 6% 的含糖量对酵母有抑制作用，低于 6% 的糖则会对酵母发酵有促进作用。

（4）水　是酵母繁殖所必需的物质，其他营养物质的吸收都要靠水的作用。在搅拌时加水较多、较软的面团，发酵速度快。

（5）营养物质　影响酵母活性最重要的营养源是氮源，主要来自外部添加的铵盐。酵母伴侣能够为酵母提供氮源，促进酵母繁殖、生长、发酵。

3. 酵母的添加方法

（1）直接添加法　将酵母与其他干性原料（如面粉、糖、盐等）直接混合。这种方法简单快捷，但在高糖或高盐的配方中，直接接触可能抑制酵母的活性。

（2）预先水合法（也称为活化）　将酵母与温水（一般 35~38℃，避免温度过高杀死酵母）混合，有时加入少许糖，以促进酵母的活化。让混合物静置 5~10 分钟，直到酵母溶解并开始产生小气泡，这表明酵母正在活化并释放二氧化碳，然后加入其他干性原料中。

（3）酵母糊法　将酵母与少量面粉和水混合，形成糊状物，让酵母在糊状物中"苏醒"。这种方法有助于确保酵母在加入面团之前已经活化。

4. 酵母的使用量　一般为面粉重量的 1% 左右，如奶香面包、巧克力面包等，可能需要增加酵母量至 1.5%~2%，因为这些面包添加的其他原料可能会抑制发酵，在制作面包时，鲜酵母的使用量通常是干酵母的三倍。温度较高，酵母的活性高，因此需要减少酵母的使用量；温度较低，则需要增加酵母的使用量。

5. 酵母的选用　应注意以下三个方面。

（1）注意生产日期　应选用在保质期之内的酵母。

（2）选用包装坚硬的酵母　活性干酵母采用真空包装，如果包装袋变软，说明有空气进入，活力有降低。

（3）注意酵母种类的区别　酵母有高糖型和低糖型两种，一般在包装袋上印有"高糖型"或"低糖型"字样。

糖的添加量在面团中超过7%（以面粉计），对酵母活性有抑制作用，低于7%时则有促进发酵的作用。一般来说，把适合能在7%以上糖浓度中生存的酵母称为"高糖酵母"，反之称其为"低糖酵母"。

高糖酵母适合做甜面包，甚至在30%糖浓度时酵母仍然具有很好的发酵能力；低糖酵母适合做无糖或加糖量很少的馒头、欧式主食面包等发酵食品，在没有糖的面团中具有极佳的发酵能力。

（七）油脂

调制面团时，加入油脂后，脂肪就被吸附在蛋白质分子表面，形成一层不透性薄膜，使形成的面筋不易彼此黏合而形成大块面筋，从而降低了面团的黏性、弹性和韧性。同时由于油脂中含有大量的疏水烃基，阻止了水分向胶粒内部渗透，即限制了蛋白质的吸水和面筋的形成。

另外，少量的油脂对发酵面团的吸水性和搅拌时间基本上无影响，但当油脂与面团混合均匀后，面团的黏弹性有所改良。

1. 油脂在烘焙中的主要功能

（1）增加柔软及香味口感　油脂是一种柔软性材料，可以使面团产品柔软，延长产品的保存时间，油脂也可以增加产品的色、香、味及口感，尤其油炸时赋予产品美好的风味。

（2）油脂的润滑功能　油脂用以润滑面糊及面筋，帮助产品膨大，面团在搅拌时加入油脂，则油脂在面筋及淀粉的界面上形成一个单一分子的薄膜与面筋紧密结合不易分离，改善面包组织，增加光泽。

（3）油脂的营养价值　油脂中的热量较淀粉等含量高，且有油溶性维生素。

（4）水分的保持　油脂可在食品的表面形成一层薄膜，以防止或减缓内部的水分散失至空气中，造成食品干燥变硬的现象，使食品能维持湿润的组织并防止老化。

（5）热传播　油脂可以将烤炉产生的热能传导至被加热的食品，使食品因受热变性成熟化，并进而产生酥脆的组织及黄金可口的外表。

（6）维生素、香料、色素的载体　部分维生素、香料、色素为脂溶性物质，如要添加在食品或被人体吸收，则需要油脂来当载体。

所有脂肪暴露在空气中太久，都会产生氧化作用而破坏其油质。同时，脂肪本身很容易吸收其他食物的味道而串味。因此，应将脂肪储藏于密闭容器中，并放于干燥、低温、阴暗处。黄油最易于变质，更需要严格包装，妥善储藏，最好储藏在冰箱中。

2. 油脂的类型

（1）黄油　详见蛋糕产品"原辅料对蛋糕品质的影响规律"中的介绍。

（2）人造黄油　详见蛋糕产品"原辅料对蛋糕品质的影响规律"中的介绍。

（3）起酥油　详见蛋糕产品"原辅料对蛋糕品质的影响规律"中的介绍。

（4）油　是液态脂肪，在烤制面包时，不如油脂使用频繁，因为它们太易于扩散，导致产品质地过于松散。只有一些面包、少数蛋糕及速发面包可选用液态油。在面包店中，液态油只是用于涂抹模具底部、面包表面等，除此之外几乎无用。

（八）乳制品

奶粉因其使用方便、价格低廉而常被使用。在许多食品配方中，奶粉先加水还原。而作为干性材料的一种，将奶粉与其他干性材料混合之后，再加入配方中所需液体，这种方法普遍地应用于面包的制作过程中，不会削减产品品质。

其他说明详见蛋糕产品"原辅料对蛋糕品质的影响规律"中的介绍。

（九）食品添加剂

在面包制作中，食品添加剂的使用是为了改善面包的质地、口感、外观以及延长保质期等。以下是一些常见的面包制作中使用的添加剂及其作用。

（1）面包改良剂　由多种成分如酶制剂、乳化剂和强筋剂复合而成，用于改善面包的柔软度、增加烘烤弹性，并有效延缓面包老化、延长货架期。

（2）乳化剂　如单硬脂酸甘油酯、大豆磷脂等，有助于面团的搅拌和发酵，改善面包的体积和组织结构。

（3）膨松剂　如硫酸铝钾、硫酸铝铵等，有助于面包体积的膨胀，使其更加松软。

（4）抗氧化剂　如抗坏血酸棕榈酸酯，用于防止面包中的油脂氧化，延长面包的保鲜期。

（5）甜味剂　如麦芽糖醇、山梨糖醇等，用于提供甜味，有时也用于低糖或无糖面包的制作。

（6）酸度调节剂　如富马酸、富马酸一钠，用于调节面团的 pH，影响面包的风味和质地。

（7）增稠剂　如黄蜀葵胶、羧甲基淀粉钠等，用于增加面团的黏稠度，改善面包的口感。

（8）水分保持剂　如磷酸盐类，有助于保持面包的湿润度，延缓老化。

（9）香精和香料　用于增加面包的香味，提升食欲。

（10）色素　用于改变面包的外观，使其更加诱人。

二、生产工艺对面包品质的影响规律

（一）面团调制

1. 面团调制的目的

（1）各种原辅材料均匀地混合，形成质量均匀的整体。

（2）加速面粉吸水，缩短面团的形成时间。

（3）扩展面筋，使面团成为具有一定弹性、延伸性和黏性的均匀面团。

2. 面团调制的原理　面粉中的麦谷蛋白和麦胶蛋白迅速吸水溶胀，体积增大，溶胀了的蛋白质颗粒相互连接起来形成面筋，经过搅拌使面筋形成面筋网络，即蛋白质骨架，而面粉中的糖类等成分均匀分布在蛋白质骨架之中，就形成了面团。

3. 面团调制的过程　面团搅拌程度的判断，主要靠操作者的观察。为了观察准确，可将搅拌的过程分为 6 个阶段。

（1）拾起阶段　这是搅拌的第一个阶段，所有配方中干与湿性原料混合均匀后，成为一个既粗糙又潮湿的面团，用手触摸时面团较硬，无弹性和伸展性。面团呈泥状，容易撕下，说明水化作用只进行了一部分，而面筋的结合还未形成。

（2）卷起阶段　此时面团中的面筋已经开始形成，面团中的水分已全部被面粉均匀吸收。由于面筋网络的形成，将整个面团结合在一起，并产生强大的筋力。面团成为一体黏附在搅拌钩的四周随之转动，搅拌缸上黏附的面团也被黏干净。此阶段的面团表面很湿，用手触摸时，仍会黏手，用手拉取面团时，无良好的伸展性，易致断裂，而面团性质仍硬，缺少弹性，水化已经完成，但是面筋结合只进行了一部分。

（3）扩展阶段　面团表面已逐渐干燥，变得较为光滑，且有光泽，用手触摸时面团已具有弹性并较柔软，但用手拉取面团时，虽具有伸展性，但仍易断裂。这时面团的抗张力（弹性）并没到最大值，面筋的结合已达一定程度，再搅拌，弹性渐减，伸展性加大。

（4）完成阶段　面团在此阶段因面筋已达到充分扩展，变得柔软而具有良好的伸展性，搅拌钩在带动面团转动时，会不时发出噼啪的打击声和嘶嘶的黏缸声。此时面团的表面干燥而有光泽，细腻整洁而无粗糙感。用手拉取面团时，感到面团变得非常柔软，有良好的伸展性和弹性。此阶段为搅拌的最佳程度，可停机把面团从搅拌缸倒出，进行下一步的发酵工序。

（5）过渡阶段　如果面团搅拌至完成阶段后，继续搅拌，则会再度出现含水的光泽，并开始黏附在缸的边沿，不再随搅拌钩的转动而剥离。面团停止搅拌时，向缸的四周流动，失去了良好的弹性，同时面团变得黏手而柔软。很明显，面筋已超过了搅拌的耐度开始断裂，面筋分子间的水分开始从接合键中漏出。面团搅拌到这个程度，对面包的品质就会有严重的影响。只有强力粉，立即停止搅拌，还可补救，即在以后工序中延长发酵时间，以恢复面筋组织。

（6）断裂阶段　面筋的结合水大量漏出，面团表面变得非常的湿润和黏手，搅拌停止后，面团向缸的四周流动，搅拌钩已无法再将面团卷起。面团用手拉取时，手掌中有一丝丝的线状透明胶质。此种面团用来洗面筋时，已无面筋洗出。说明面筋蛋白质大部分已在酶的作用下被分解，对于面包制作已无法补救。

4. 调制时间和速度　面筋蛋白质的水化过程会在调制过程中加速进行，调制时间和速度是控制面筋形成程度和限制面团弹性的最直接因素，适当搅拌或揉搓可以促进蛋白质对水分的吸收，加速蛋白质吸水胀润和面筋的形成，但搅拌时间不宜过长，强度不宜过大，否则会使已经形成的面筋网络破坏而降低面筋生成率。因此，必须根据各种面团不同特点，灵活选用面团调制速度和时间。如面包面团调制时，一般稍快速度搅拌，面团卷起时间快且完成时间短，面团搅拌后的性质亦佳；对面筋特强的面粉如用慢速搅拌，很难使面团达到完成阶段；对面筋稍差的面粉，在搅拌时，应用慢速以免使面筋搅断。

5. 搅拌对面包品质的影响

（1）搅拌不够　因面筋未能充分的扩展，达不到良好的延展性和弹性，这样既不能保存发酵中所产生的气体，又无法使面筋软化，所以做出来的面包体积小，两侧往往向内陷，内部组织粗糙且多颗粒，结构不均匀。搅拌不够的面团因性质较湿或干硬，所以在整型操作上也较为困难，很难滚圆至光滑。

（2）搅拌过度　面团搅拌过度，因面筋已经打断，导致面包在发酵产气时很难包住气体，使面包体积扁小。在搅拌时形成了过于湿黏的性质，造成在整型操作上极为困难，面团滚圆后也无法挺立，向四周扩展。如用此面团烤出来的面包，同样因无法保存膨大的空气而使面包体积小，内部空洞大，组织粗糙而多颗粒，品质极差。

6. 影响面团调制的因素

（1）加水量　加水量越少，会使面团的卷起时间缩短，而卷起后在扩展阶段中应延长搅拌时间，以使面筋充分的扩展。但水分过少时，会使面粉的颗粒难以充分水化，形成面筋的性质较脆，稳定性差。故水分过少，所做出来的面包品质较差。相反，如面团中水分多，则会延长卷起的时间，但一般搅拌稳定性好，当面团达到卷起阶段后，就会很快地使面筋扩展，完成搅拌工作。

（2）温度　在调制面团过程中，随着水和面团温度的升高，面筋性蛋白质吸水速度加快，吸水量增加，从而使面筋生成率提高；温度过高，如65℃，会因蛋白质的变性使吸水性降低，胀润值下降而使面筋生产率降低；面团在30℃左右时，面筋性蛋白质的吸水率达150%～200%，面筋生成率较高。另外，调制面包面团时，温度低则所需卷起的时间较短，扩展的时间较长，面团稳定性好；温度过高，虽能很快完成结合阶段，但面团失去良好的伸展性和弹性，无法达到扩展阶段，稍搅拌过时就会进入断裂阶段。据研究表明，面团温度越低，吸水量越大；温度越高，吸水率越低。但温度过低会影响蛋白质吸水形成面筋。一般情况下，在 30~40℃，面筋形成率最高，温度过低则面筋溶胀过程延缓而形成率降低。

调好的酥性和甜酥性面团应具有较低的温度，温度高会提高面筋蛋白质的吸水率，增加面团的筋力，同时温度过高还会使面团中的油脂外溢，给以后的操作带来很大困难。在实际操作中，冬季可用水或糖水的温度来调节面团温度；夏季气温高，要使用冰水和经过冷藏的面粉、油脂来调节面团温度，这样才能获得较为理想的面团。面团温度要根据面粉中面筋的含量与特性、油脂等辅料含量和成型方法灵活掌握。

（3）搅拌机的速度　对搅拌和面筋扩展的时间影响甚大。一般稍快速度搅拌面团，卷起时间快，完成时间短，面团搅拌后的性质亦佳。对面筋特强的面粉如用慢速搅拌，很难使面团达到完成阶段。面筋稍差的面粉，在搅拌时，应用慢速，以免使面筋搅断。

（4）静置　单纯从面筋的形成过程来看，延长面团的静置时间，有利于提高面筋的生成率。实践证明，品质正常的小麦粉面筋生成率与面团的静置时间长短关系不太大，而对受冻小麦粉的面筋有利（蛋白质受冻变性，面筋形成缓慢），对受虫害的小麦粉则有害（受虫害的小麦粉的蛋白酶活性明显增加）。

另外，面团调制完毕，面团适当静置，通常会使水化作用继续进行，达到消除张力的目的，从而使面团渐趋松弛状态而有延伸性，同时还可降低黏性，使面团表面光滑。

静置时间的长短要根据制品的要求灵活掌握。静置时间过短，面团黏性大，擀制不易延伸；静置时间过长，面团外表发硬而丧失胶体物质特性，内部软烂而不易成形。

（二）发酵

1. 发酵原理　面团发酵是利用酵母菌的发酵作用产生的气体使面团疏松。面团发酵是一个十分复杂的生物化学变化过程。该过程大体说来，有以下三个方面。

（1）淀粉分解　面粉中除了含有少量的单糖和蔗糖外，还含有大量的淀粉和一些淀粉酶。在面团发酵时，淀粉在淀粉酶作用下水解成麦芽糖。在发酵时酵母本身可以分泌麦芽糖酶和蔗糖酶，将麦芽糖和蔗糖水解成单糖供酵母利用。

（2）酵母繁殖　酵母是一种典型的兼性厌氧微生物，其特性是在有氧和无氧条件下都能存活。面团发酵的初期，酵母菌以葡萄糖和果糖为营养物质，在氧的参与下，进行旺盛的呼吸作用，将上述的单糖氧化分解为二氧化碳和水，并放出一定的能量。随着呼吸作用的进行，二氧化碳气体越积越多，面团的体积逐渐增大，而面团中氧气逐渐减少，酵母菌有氧呼吸转变为无氧呼吸，面团内的单糖产生乙醇和少量二氧化碳及一小部分热量。实际上，这两个发酵过程往往是同时进行的，只是在不同阶段所起的作用不同而已。

在面团发酵中，当各种糖共存时，其被利用的顺序是不同的，酵母在发酵中首先利用葡萄糖进行发酵，而后才利用果糖。当葡萄糖、果糖、蔗糖三者共存时，葡萄糖先被利用，其次则利用蔗糖被转化后生成的葡萄糖，其结果是蔗糖比最初存在于面团中的果糖先被发酵。这样随着面团发酵的进行，葡萄糖和蔗糖的含量降低，果糖的浓度则有所增长，但到一定比例时，也会因受酵母作用而降低。麦芽糖与上述三种糖共存时，被利用得较晚。只有加入乳制品的面包中，才含有乳糖。酵母不能利用乳糖，但乳糖对面包的着色起着良好作用。

（3）杂菌繁殖　随着发酵程度的延长和温度的升高，杂菌繁殖加快（乳酸菌的适宜温度为37℃，醋酸菌适宜温度为35℃），把酵母发酵作用产生的乙醇分解为醋酸和水，将单糖分解为乳酸等。

2. 面团发酵的基本作用

（1）发酵作用　面包面团的发酵以酵母为主，还有面粉中的微生物参加的复杂的发酵过程：在酵母的转化酶、麦芽糖酶和酒化酶等的作用下，将面团中的糖分解为乙醇和二氧化碳，以及还有种种微生物酶的复杂作用，在面团中产生各种糖、氨基酸、有机酸、酯类，使面团具有芳香气味等，把以上复杂过程称之为面团发酵。

（2）熟成作用　面团在发酵的同时也进行着一个熟成过程。面团的成熟是指经发酵过程的一系列变化，使面团的性质对于制作面包达到最佳状态。即不仅产生了大量二氧化碳气体和各类风味物质，而且经过一系列的生物化学变化，使得面团的物理性质如伸展性、保气性等均达到最良好的状态。

3. 影响面团发酵的因素

（1）发酵温度　温度是影响酵母菌活动的主要因素，在15.5～21℃时，酵母发酵速度较慢；在26.5℃时，酵母发酵速度正常；在32～38℃时，酵母快速反应；59℃时，酵母死亡。酵母在面团发酵过程中，要求最适温度在25～28℃，最高不超过30℃。发酵温度适宜才能使酵母更好地发挥作用。如果低于适宜温度，则会造成面团发酵速度迟缓；高于适宜温度，酵母菌受到抑制，醋酸菌和乳酸菌容易繁殖，面团酸度增高。所以，严格掌握面团的发酵温度，防止产酸菌的生长与繁殖是很重要的。随温度升高，酵母的发酵速度增加，气体的发生量增加。

（2）pH的影响　酵母对pH的适应力最强，尤其可耐pH低的环境。实际上面包制作时，面团pH维持在4～6最好。

（3）乙醇的影响　酵母对乙醇的耐力较强，但在发酵过程中，乙醇产生越多，发酵有减慢的倾向。

（4）糖　糖量在0%～5%时，对于酵母发酵不但没有抑制作用，还可促进发酵；超过8%～10%时，由于渗透压的增加，发酵受到抑制。干酵母比鲜酵母耐高渗透压环境。砂糖、葡萄糖、果糖比麦芽糖的抑制作用要大。

（5）食盐　盐的高渗透压而会抑制酵母的发酵，盐的渗透压作用相当于同量糖的5倍。食盐含量越高，面团发酵时间越长。

（6）酵母浓度的影响　需短时间发酵的面包及糖含量较多的面包一般需使用较多的酵母促进发酵，但是酵母倍数的增加，不能使发酵速度也成倍数增加。

（7）水　是酵母生长繁殖所必需的营养物质。许多营养物质都需要借助于水的介质作用而被酵母吸收。因此，调粉时加水量较多，调制的面团较软，发酵速度较快。

4. 发酵中影响面团气体保持能力的因素

（1）面粉　小麦粉蛋白质的量和质，也称强力度，是气体保持能力的决定因素。另外，制粉前的新、陈程度及制粉后的新、陈程度也与气体保持能力有密切关系，不管是太新或是太陈，气体保持能力都会下降。

（2）调粉　当小麦粉的品质一定，那么对于面团气体保持能力而言，调粉就是关键因素，掌握好调粉的程度是得到理想面团的保证。调粉不足和过度，都会引起面团气体保持能力下降。但是当调粉时面团的结合不够理想时，可以通过增加发酵时间，使面团在发酵过程中结合，使气体保持力得到提高。

（3）加水率　一般加水率越高，面筋水化和结合作用越容易进行，因此气体保持力也好，但要是超过了一定限度，加水过多，面团的膜的强度会变得软弱，气体保持力会下降。同时，较软的面团（加水多的面团），易受酶的分解作用，所以气体保持力很难长久。相反，硬面团气体保持力维持时间长。

（4）面团温度　无论在调粉时还是在发酵过程中，都对面团的气体保持能力产生很大影响。因为在这两个过程中，温度都影响着面团的水化、结合作用和面团的软硬度。尤其是发酵过程中，温度高，会使面团中酶的作用加剧，使得气体保持力不能长时间持续，因此当长时间发酵时必须保持较低的温度。

（5）面团的pH　面团的pH为5.5时对气体保持能力最好，当随着发酵进行，pH降到5.0以下时，气体保持能力会急速恶化。所以，从稳定性角度考虑，发酵开始时pH稍高些则稳定性大，pH低则稳定性低。

（6）氧化程度　面团的氧化程度对于面团气体保持能力有决定性影响，所以最适当的氧化程度的面团具有最大气体保持力。这种状态维持得越久，就被认为发酵稳定性越好，而影响发酵稳定性的最重要因素是小麦粉的质量。氧化程度低的面团，呈现潮湿、软弱的物理性质，而氧化过度的面团，则会失去韧性，如泥块一般易断裂。

（7）酵母量　当酵母使用量多时，面团膜的薄化迅速进行，对于短时间发酵有利，可提高气体保持力。但对于长时间发酵，酵母使用量过多，则易产生过成熟现象，气体保持力的持久性（也就是发酵耐性）会缩短，因此如果进行长时间发酵，酵母的使用量应少一些。

5. 发酵中影响气体产生能力的因素

（1）酵母的量和种类　酵母量越多，产生二氧化碳气体量也相对地增大，但糖的消费量也迅速增加，所以持续性小、减退快。酵母量少时气体产生量虽小，但持续时间长。由于酵母种类的不同，同样的酵母量，同样的糖含量，但发酵曲线的形状不同。有的很快达到峰值，然后又很快衰减；有的以一定速度、长时间稳定发酵；有的发酵开始慢，发酵后期加快。

（2）温度的影响　温度对气体产生能力的影响最大。在10℃以下，从外观上几乎没有气体发生，38℃时气体的发生量达到极点，60~65℃时酒化酶被分解，发酵作用停止。

（3）酵母的预处理　一般在使用压榨酵母或干酵母时，最初混合于面团时发酵力很弱，要经过一个活化期，气体发生力才会增加，为了缩短这一活化时间，可用30℃的稀糖水化开，培养10~40分钟，有时还可以加入少量的面粉（5%~30%）以提高发酵能力。

（4）面团的成熟　面团发酵时，经过一系列复杂的变化，达到制作面包的最佳状态，称作成熟，也就是调制好的面团，经过适当时间的发酵，蛋白质和淀粉的水化作用已经完成，面筋的结合扩展已经充分，薄膜状组织的伸展性也达到一定程度，氧化也进行到适当地步，使面团具有最大的气体保持力和最佳风味条件。对于还未达到这一目标的状态，称为不熟。如果超过了这一时期则称为过熟。

成熟面团的特征：有适当的弹性和柔软的伸展性，由无数细微且具有很薄的膜的气泡组成，表面比较干燥。通常是扯开面团观察组织的气泡大小、多少、膜、网的薄厚，并且闻从扯开的组织中放出气体的气味。若有略带酸味的酒香，则好；如酸味太大，则可能过成熟。

6. 发酵工艺参数控制　发酵必须控制适当的温度及湿度，以利酵母在面团内发酵。一般理想的发酵温度为27℃，相对湿度为75%。温度太低会降低发酵速度，但太高易引起野生发酵。湿度的控制亦非常之重要，如发酵室相对湿度低于70%，面团表面由于水分蒸发，干燥而结皮，不但影响发酵，还会使产品品质不均匀。

中种面团的发酵开始温度为23~26℃，2%酵母于正常环境下，3~4.5小时即可完成发酵。中种面团发酵后的最大体积为原来的4~5倍，然后面团开始收缩下陷，这种现象常作为发酵时间的推算依据，中种面团胀到最高的时间，为总发酵时间的66%~75%。面粉越陈占总发酵时间越长。发酵完成后进行主面团调粉，然后再经第二阶段的发酵，称为延续发酵。直接法的面团要比中种面团的温度高，为25~27℃。直接法面团的发酵，要比中种面团慢，所以发酵时间要长些。但中种法，如将中种面团的发酵时间及主面团延续发酵时间加起来，则中种法的发酵时间比直接法长。

（三）整型

发酵后的面团在进入烘烤前要进行整型工序，整型操作包括分割、滚圆（搓圆）、中间发酵（静置）、整型、装盘等工序。在烘烤前，还要进行一次最后发酵工序（成型）。

1. 分割 是将发酵好的面团按成品面包要求切块、称量，为整型作准备。面团发酵时间终了后要立刻分割，此工序的发酵时间终了，并非整个发酵时间终了，实际上发酵仍然继续在进行，甚至有继续增加的趋势。因此，如果分割时间过长，前面分割的面团与最后分割的面团，性质上将会产生大的差距。

2. 滚圆 分割出来的面团，要用手或用特殊的滚圆机器滚成圆形。其目的是使所分割的面团外围再形成一层皮膜，以防新生气体的失去，同时使面团膨胀；或使分割的面团有一光滑的表皮，在后面操作过程中不会发黏，烤出的面包表皮光滑好看。

3. 中间发酵 也称静置。中间发酵不仅仅是为了发酵，而是因为面团经分割、滚圆等加工后，不仅失去了内部气体，而且产生了所谓加工硬化现象，也就是内部组织又处于紧张状态，通过一段时间静置，使面团得到休息，使面团的紧张状态弛缓一下，以利于下步整型操作顺利。这一工艺目的与饼干、蛋糕等不发酵食品的面团静置相同。面团经过中间发酵后，将面团整成一定的形状，再放入烤盘内。

（四）最终发酵

1. 最终发酵的目的 经过整型的面团，几乎已失去了面团应有的充气性质，面团经整型时的辊轧、卷压等过程，大部分气体已被压出，同时面筋失去原有的柔软而变得脆硬和发黏，如立即送入炉内烘烤，则烘烤的面包体积小，组织颗粒非常粗糙，同时顶上或侧面会出现空洞和边裂现象。为得到形态好、组织好的面包，必须使整型好的面团重新再产生气体，使面筋柔软，增强面筋伸展性和成熟度。

2. 操作条件 最终发酵一般都是在发酵室进行。最终发酵室要求温度高、湿度大，常以蒸汽来维持其温度，所以又称为蒸汽室。蒸汽室内温度为 30～50℃（普通 38℃），相对湿度为 83%～90%（普通 85%）。

3. 最终发酵程度的判断

（1）一般最后发酵结束时，面团的体积应是成品体积大小的 80%，其余 20% 留在炉内胀发。

（2）用整型后面团的胀发程度来判断，要求胀发到装盘时的 3～4 倍。

（3）根据外形、透明度和触感判断。发酵开始时，面团不透明和发硬，随着膨胀，面团变柔软，由于气泡膜的胀大和变薄，可观察到表面呈半透明。随时用手指轻摸面团表面，可感到面团越来越有一种膨胀起来的轻柔感，根据经验利用以上感觉可判断最佳发酵时期。

4. 影响最终发酵的因素

（1）面团的品种 面包品种不同，要求最终发酵胀发程度亦不同，一般体积大的面包，要求在最终发酵时胀发得大一些。

（2）面粉的强度 强力粉的面团由于弹性较大，如果在最终发酵中没有产生较多气体或面团成熟不够，在烘烤时将难以胀发，所以要求醒发时间长一些。但对于面筋强度弱的面粉，醒发时间过长，面筋气泡膜就会胀破而塌陷。

（3）面团成熟度 面团在发酵中如果达到最佳成熟状态，那么采用最短的最终发酵时间即可，如果面团在发酵工艺中未成熟，则需要经过长时间的发酵弥补。但对发酵过度的面团，再发酵则无法弥补。

（4）烤炉温度和烘烤方式的影响　一般烤炉温度越低，面团在炉中胀发越大；温度高，胀发小。因此，前者面团最终发酵时间可以短一些，后者应该长一些。烤炉，尤其是顶部、两侧辐射热很强的烤炉，面包在炉内的胀发较小；而炉内没有特别高温区，以炉内的高温气流来烘烤的炉子，面团在炉内胀发较大。在前一种炉中，面团最终发酵要求时间长一些，胀发大一些，在后一种炉中，则最终发酵时间要短一些。

（5）最终发酵条件的缺陷和最终发酵过度与不足

1）发酵条件的缺陷　温度过高，引起面团温度的不平均，产生蜂窝不匀，使制品香味恶化，保存性不良。温度过低，发酵时间要长，可能使蜂窝粗糙。湿度过高，导致发酵室水分的凝结，造成制品的气泡。湿度过低，面团表面会形成一层皮，从而妨碍膨胀，容积小，侧面发生裂纹，还会着色不良。

2）最终发酵的过度与不足对制品的影响　发酵不足的面包容积小，表皮着色浓厚。发酵过度的面包容积大，形状上部伸展过度的侧面不硬实。表皮着色不良，蜂窝粗糙，香气不好，制品的保存期短。

3）最终发酵时间的快慢（发酵速度）　发酵时间由于制品不同而不同，就是同一品种也因面团的操作条件对发酵速度有很大影响。如软面团比硬面团快；成熟度适当的面团比未成熟或成熟过度的面包快；成型时排气有很大影响，排气强的发酵速度慢；面团静置和中间醒发等成型前的处理对最终发酵速度有影响，静置或中间醒发时间长的面团，最终发酵时间一般速度快。

4）自动化最终发酵室的操作调节　发酵速度要同烘烤速度相适应，而发酵速度快慢，受温度影响，因此发酵室最好能进行温度调节。

（五）面包的烘烤

烘烤是面包生产中的重要工序，面包入炉后在高温作用下，发生一系列的化学及微生物学的变化。这些变化的最终目的是使面包坯由"生"变"熟"，所有这些变化与面包的品质都有着密切的关系。面包的烘焙分为三个阶段。

（1）膨胀（初期）阶段　面包坯入炉初期，在较低温度、较高相对湿度（60%~70%）条件下烘焙。下火应高于上火，以利于水分充分蒸发，面包体积最大限度地膨胀。上火不宜超过120℃，下火在180~185℃。

（2）定型（中间）阶段　面包内部温度已达到50~60℃，面包体积已基本达到成品体积要求。这一阶段需要提高温度使面包定型。上、下火可同时提高温度，最高可到200~210℃，烘焙时间为3~4分钟。

（3）上色（最后）阶段　主要作用是使面包表皮着色和增加香气。这一阶段应上火温度高于下火，上火可调至210~220℃，下火可调至140~160℃。下火温度过高，会使面包底部焦糊。

（六）面包的冷却

刚出炉的面包如果不经冷却直接包装，将会出现以下问题。

（1）刚出炉的面包温度很高，其中心温度在98℃左右，而且皮硬瓤软没有弹性，经不起压力，如马上进行包装容易因受挤压而变形。

（2）刚出炉的面包还散发着大量热蒸汽，如果放入袋中则会在袋壁处因冷凝变为水滴，造成霉菌生长的良好条件。

（3）由于表面的先冷却，内部蒸汽也会在表皮凝聚，使表皮软化和变形起皱。

（4）一些面包烤完后还要进行切片操作，因刚烤好的面包表皮高温低湿，硬而脆，内部组织过于柔软易变形，不经冷却，切片操作会十分困难。

✎ **知识链接**

中种法面包的制作

（1）中种面团制作　使用总面粉量50%以上（70%左右最佳比例）的面粉，与酵母和水混合，搅拌至水分完全吸收，不需要达到完成（伸展）状态，完成面团中的水合效应即可。

（2）中种面团发酵　采取温暖环境发酵、冷藏发酵或室温发酵三种方式。发酵至原来的2～3倍左右，表面光滑，有弹性，不黏手。

（3）主面团制作　将剩余的粉类和除油脂以外的材料放入发酵后的中种面团当中搅拌。搅拌至扩展阶段再加入油脂，搅拌至完成阶段。

（4）主面团发酵　将搅拌好的面团进行基础发酵，发酵至面团体积扩大两倍左右。分割、整型、中间发酵，后进行最终发酵和烘烤。

✎ **知识链接**

中种法与直接法面包的区别

中种法与直接法面包的区别如表5-3所示。

表5-3　中种法与直接法面包的区别

	发酵过程	口感和风味	制作时间	操作难度
中种法面包	面团分为中种面团和主面团两部分，中种面团先进行发酵，然后再与主面团混合	经过较长时间的发酵，面包口感更柔软，风味更丰富。老化速度相对较慢，保存性更好	制作时间较长，中种面团需要额外的发酵时间	操作步骤更多，对时间的控制要求更高
直接法面包	所有原料一次性混合，然后进行一次发酵。这种方法不需要分阶段发酵	口感和风味较为直接和简单，没有中种法面包丰富。老化速度相对较快，保存性相对较差	制作时间较短，适合快速制作	操作步骤简单，适合初学者或者时间紧张的情况

【学习活动三】烘焙产品原辅材料用量计算

PPT

一、配方平衡原理

（一）干湿平衡原理

干性原料与湿性原料之间是否平衡直接影响着面团（或面糊）的稠度、工艺性能和品质。

（1）面粉和液体　焙烤食品的品种不同，在调制面团（或面糊）时所需的液体量也不同，一般来说面糊的含水量要大于面团的含水量，调制面糊时需要更多的湿性原料。另外，面团（或面糊）的吸水和其他湿性原料、油、糖有密切关系，当配方中的油和糖增加时，加水量则相应减少。表5-4给出了一些焙烤食品配方中面粉与加水量（或鸡蛋量）的大致比例关系。

表 5 – 4　部分焙烤食品的加水量　　　　　　　　　　　　　　　　单位:%

产品名称	面粉	水或鸡蛋
海绵蛋糕	100	100 ~ 200（鸡蛋）
油脂蛋糕	100	100 ~ 200（鸡蛋）
面包	100	50 ~ 60（水）

（2）配方中的糖量与总液体量　总液体量是指包括蛋、牛乳、糖浆中含有的水及添加的水的总和。总液体量必须超过糖的量，才能保证糖充分溶解，否则影响产品质量；但总液体量不能过多，否则造成产品组织过度软化和塌陷。

（二）柔韧平衡原理

柔性原料能使产品组织柔软，而韧性原料构成产品的结构。柔性原料和韧性原料在比例上必须保持平衡，才能保证产品质量。

（1）面粉和油的比例　产品品质决定油脂添加量。面筋含量高，油脂添加量亦多；面筋含量低，油脂添加量亦少。如奶油糕点中奶油用量达 60% ~ 100%，酥类糕点中油脂用量达 25% ~ 60%。

（2）蛋和油的比例　蛋中含有较高的蛋白质，对面团起增强韧性的作用，而油脂是一种柔软剂。如油脂蛋糕的油脂与蛋的比例为 1∶1.1 ~ 1∶1.15。

（3）蛋和糖的比例　配方中蛋用量增加时，糖用量也要相应地增加，糖对蛋白的起泡性有增强和稳定的作用。

（4）蛋和膨松剂的比例　蛋白本身具有充气起泡而使产品疏松柔软的功能，因此在配方中蛋的用量增多，膨松剂的用量就要相应地减少。在蛋糕生产中，蛋的用量在 130% 以下时必须添加膨松剂，超过 130% 时则不必添加膨松剂。

（5）面粉与膨松剂的关系　配方中面粉用量增加时，膨松剂用量也应增加，但膨松剂过多则影响产品口味和质地。

（三）柔性原料之间的平衡

（1）油脂和膨松剂的比例　制作奶油蛋糕时，油脂在搅拌过程中可以拌入很多空气，油脂用量多，膨松剂用量要减少。如油脂用量在 50% ~ 60% 时，膨松剂用量为 4%；油脂用量在 40% ~ 50% 时，膨松剂添加量为 5%；油脂用量低于 40% 时，膨松剂添加量为 6%。

（2）糖和糖浆的互相替换　当使用糖浆代替砂糖时，应考虑到所用糖浆中的含糖量要与配方中的糖用量相等，并计算糖浆中的水含量，调整配方的总液体量。

（3）蛋和蛋粉的互相替换　使用蛋粉代替鲜蛋时，应根据鲜蛋中固形物和水分的含量计算出应同时补加的水分，以保证配方平衡；反之亦然。

（4）巧克力、可可粉与油脂　可可脂在糕点中的油性作用只有正常固态油的一半。因此在使用巧克力和可可粉时，应计算出其中可可脂含量，并从配方正常油脂用量中扣除相当于可可脂一般量的油脂，以求配方平衡。

（5）可可粉与膨松剂　可可粉有天然的和碱处理的两种产品。碱处理可可粉呈中性，颜色较深，在制作可可蛋糕等产品时，如使用碱处理过的可可粉，在配方中可正常使用膨松剂；如使用天然可可粉，可添加小苏打，改善蛋糕色泽，小苏打与可可粉中的酸起中和反应，疏松剂的用量可适当减少。

（四）干性材料之间的平衡原理

如产品配方要适当增加可可粉等原料，则要相应减少面粉用量；否则只增加可可粉的量而不减少面粉用量，必然导致产品配方失衡。

（五）湿性材料之间的平衡原理

蛋、牛奶、糖浆、水等湿性材料在一定范围比例内可以相互替代使用，如生产蛋糕用的牛奶可以用部分水代替。另外，由于各种液体的含水量不同，它们之间的换算并不是等量关系，例如某配方中要使用1000g面粉、1000g鸡蛋，如减少一半鸡蛋由牛奶代替，所补充的牛奶是430g而不是500g（因为鸡蛋含水约75%，牛奶含水约87.5%）。

二、焙烤食品原材料用量计算

（一）烘焙百分比与实际百分比的定义

1. 实际百分比　在烘焙工业中，表示某种原辅料用量是总配方量的百分之几的数叫作实际百分比，通过原辅料配方的实际百分比，可了解配方中各种原辅料所占的比率是总质量的百分之几，其特性是配方中各项材料比率之总和一定等于100%（表5-5）。

2. 烘焙百分比　是烘焙工业的专业百分比，它是根据面粉的质量来推算其他材料所占的比例。不论配方中面粉质量为多少，固定将面粉的质量比率设定为100%，而其他材料的质量是以各占面粉的百分率计算，该计算比率的总和超过100%（表5-5）。

表5-5　某产品烘焙百分比与实际百分比的比较

原料	质量（g）	烘焙百分比（%）	实际百分比（%）
低筋粉	1000	100	27.55
细砂糖	800	80	22.00
鸡蛋液	770	77	21.21
黄油	700	70	19.3
奶粉	30	3	0.80
水	300	30	8.30
食盐	20	2	0.55
膨松剂	10	1	0.28
合计	3630	363	≈100%

烘焙百分比在焙烤食品行业应用广泛，其特点有：①简单、明了、容易记忆；②配方数量计算方便，而且准确；③可以预测制出产品的性质及品质；④依据配方平衡的原理，调整配方以满足顾客的需要。

（二）烘焙百分比与实际百分比的换算

1. 已知烘焙百分比求实际百分比

$$某原材料实际百分比 = \frac{某原材料质量}{配方原材料总质量} \times 100\% = \frac{某原材料烘焙百分比}{配方烘焙百分比总和} \times 100\%$$

2. 已知实际百分比求烘焙百分比

$$某原材料烘焙百分比 = \frac{某原材料质量}{面粉质量} \times 100\% = \frac{某原材料实际百分比}{面粉实际百分比} \times 100\%$$

3. 烘焙产品配方用料计算　如某公司要生产200个质量为50g的甜面包，配方见表5-6。首先根据产品数量和质量计算成品总质量，然后计算需要调制的面团质量，再计算各种原料的质量。计算时，面团质量要考虑到基本发酵损耗、操作损耗（称料允许误差，分割允许误差，其损耗量约8%）和烘焙损耗的质量（烘焙损耗约10%），下面详细介绍计算步骤。

表5-6 面包配料计算实例

原辅料名称	烘焙百分比（%）	质量（%）	用料计算
高筋面粉	100	5950	成品总质量 = 200g × 50 个/g = 10000g
鲜酵母	3	178.5	面团总质量 = $\dfrac{10000}{(100\% - 8\%) \times (100\% - 10\%)} \approx 12077g$
奶粉	4	238	
奶油	10	595	面粉质量 = 12077 ÷ 203% ≈ 5950g
细砂糖	22	1309	鲜酵母质量 = 5950 × 3% ≈ 179g
食盐	1	59.5	奶粉质量 = 5950 × 4% ≈ 238g
鸡蛋	10	595	奶油质量 = 5950 × 10% ≈ 595g
水	53	3154	细砂糖质量 = 5950 × 22% ≈ 1309g
改良剂	0	0	食盐质量 = 5950 × 1% ≈ 59.5g
乳化剂	0	0	鸡蛋质量 = 5950 × 10% ≈ 595g
总计	203	12079	水质量 = 5950 × 53% ≈ 3154g

4. 焙烤食品配方核定和产品出品率的计算 配方设计合理与否关系到原材料消耗、产品成本、产品出品率及其产品质量，因此，配方设计后必须进行核定。核定可分为理论核定法和实际核定法。不管哪种方法都是按每百千克成品进行核定的。

（1）理论核定法 糕点出品率与原材料水分及挥发物质、成品含水量标准、生产中面屑落地等人为损失、成品包装时的重量差错等有关。为了计算成品出品率，必须了解配方中各种物料除去水分和挥发性物质后的干物料质量及成品的含水量标准。

$$X = \frac{A}{1 - B} \qquad (5-1)$$

式中，X 为按配方投料量应出的成品质量，kg；A 为配方中所有原料的干物料质量（表5-7），%；B 为成品标准含水量，%。

表5-7 不同原料的干物质和含水量

原料名称	干物质（%）	含水量（%）	原料名称	干物质（%）	含水量（%）
特制粉	86	14	籼米	87	13
标准粉	86.5	13.5	白砂糖	99.88	0.12
糯米	86	14	绵白糖	94	2.6
粳米	86	14	赤砂糖	95.6	4.4
饴糖	70	30	大豆粉	95	5
蜂蜜	80	20	赤豆	86	14
全蛋液	75	25	绿豆	88	12
蛋白液	12	88	豌豆粉	90	10
蛋黄液	50	50	花生仁	92	8
全蛋粉	98	2	核桃仁	96	4
蛋黄粉	97	3	杏仁	96	4
蛋白片	84	16	松子仁	97	3

续表

原料名称	干物质（%）	含水量（%）	原料名称	干物质（%）	含水量（%）
奶油	27	73	榛子仁	90	10
猪油	99	1	芝麻仁	94	6
人造奶油	84	16	葵花仁	94	6
植物油	99.75	0.25	瓜子仁	95	5
鲜牛乳	13	87	瓜条	82	18
乳粉	97	3	橘饼	88	12
淡炼乳	26	74	葡萄干	87	13
甜炼乳	72	28	苹果脯	70	30
玉米粉	87	13			

【例5-1】蛋糕配方及干物料计算见表5-8，假定蛋糕成品含水量标准为20.5%，计算蛋糕的出品率。

表5-8　蛋糕配方及干物料计算

原料名称	原料含水量（%）	配方投料质量（kg）	干物料质量（kg）
面粉	14	36	36×86% = 30.96
砂糖	0.1	25	25×99.9% = 24.975
饴糖	25	17	17×75.0% = 12.75
鸡蛋	71	29	29×29% = 8.41
植物油	0	2	2
桂花	40	1	1×60% = 0.60
总计		110	79.695

将表5-8有关数据代入公式（5-1）：

$$X = 79.695 / (1 - 20.5\%) = 100.245 \text{kg}$$

如果在生产中面屑落地、黏涂器具等人为损失按0.05%计算，则应出成品：

100.245 - 100.245×0.05% = 100.195kg

从结果可知，这个配方是合理的。

另外，也可以采用以下方法计算。

$$D = (A - B + C) - \frac{A \times K}{100} \tag{5-2}$$

式中，D为成品重量；A为配方中原辅料重量之和；B为配方中原辅料水分含量之和；C为成品标准含水量；K为每百千克成品原料损耗量，一般不超过2。

说明：$D = 100$，配方设计合理；$D > 100$，配方用料多，成本高；$D < 100$，配方用料不足，利润低。

（2）实际核定法　配方设计是否合理，除了进行理论核定外，还必须进行实际核定，即根据所设计的配方和工艺要求制出成品，评定制品是否达到设计标准（感官指标和理化标准）和出品率要求，相符后才能进行正式生产。

【学习活动四】烘焙产品成本核算

对蛋糕生产企业来说，蛋糕成本是一个重要的问题，生产企业在生产出产品的同时，也会产生各种费用，如原材料的消耗、劳动报酬的支付、燃料和动力的消耗、固定资产的折旧等。而对生产企业各项生产费用的支出和产品成本的形成进行核算，就是产品的成本核算。蛋糕生产的特点是：原材料有一定货架期，产品随产随销，贮存期短。根据蛋糕生产的独特性，正确核算成本，对不断提高产品质量，合理提高企业经济效益，都具有十分重要的意义。

下面以蛋糕生产为例，就产后销售价格预算所包含的内容作出如下说明，供读者参考。

（一）配料

对产品配方的设计者来说，首先必须清楚地制定出所用配料的种类和用量，而且无论何种配料的价格发生变化，整个计算过程都必须重新进行。

需要注意的是，原辅料的贮存费用容易被忽略。如果配料是有货架期的，若计划使用不当，其利用率会降低，原辅料贮存不当和超过保质期都会导致成本增加。另外，某些配料需要特殊的贮存条件，例如，鲜牛奶、奶油等需要在冷藏条件下贮存，这些费用也必须计入产品成本中。

（二）劳动力成本

在生产成本中，要合理预算工作所需要的时间和每个工时的工资，这是必须支付的费用。按小时计算成本要比按周工资或月工资计算容易得多，在允许利益差额的前提条件下，每单位劳动力的成本能被比较准确地计算出来。

（三）供应

1. 电　在蛋糕加工厂中计算电耗成本，主要是要了解特殊操作中电的消耗量。所有电器装置上所消耗的电能都需要考虑在生产成本之内，而它们的实际操作时间都是已知的，这样就可以计算出电的费用。

2. 水　在蛋糕加工厂中，水不仅仅是产品的配料之一，大量的水还用于生产前后的清洁工作。配方中所用水量是很容易计入成本的，是各种其他用水量的计算，也要有一个接近实际用量的估计。

（四）企业一般管理费用

企业一般管理费是指那些不太重要的杂费，虽然它们并不直接影响每批产品的成本，但可以计算在产品成本之内。这些费用包括电话、电传、照明、取暖等费用，另外打印、文具、邮费、办公必需品、维修和更新、社会保险、交通工具费用等，都属于一般管理费。

（五）成本比较

可以将不同原材料生产出来的相同产品进行感官评价，选择感官评价分值相近但配料成本相对较低的配方，从而降低成本。所以，互相比较配方中能起相似作用的不同配料，就能有效降低成本。

（六）烘焙产品成本核算步骤

试对批量450kg的蛋糕产品进行成本核算。成品出品率以90%计，即需要原料500kg。

1. 列出确定的蛋糕配方表　列出确定的蛋糕配方填入表5-9。

表5-9　产品配方

配料名称	用量（kg）

2. 计算配料成本 列出原材料价格表，计算出单位体积或质量烘焙产品的配料成本 A 填入表 5 - 10 中。

表 5 - 10 原料价格表

原料名称	单价（元/kg）	用量（kg）	金额（元）
单位重量配料总成本			

3. 对其他生产费用进行列表计算 对其他生产费用的列表计算见表 5 - 11。

表 5 - 11 蛋糕总成本计算

项目		人数	工作时间	单价	费用（元）
原料成本		—	—	—	A
加工（制作、清洁）		●	●	●	B
电力计算		—	—	—	—
项目	kW 数	时间（h）	—	—	—
打蛋机	●	●	—	—	—
加热器（电磁炉等）	●	●	—	—	—
烤箱	●	●	—	—	—
用电度数合计		—	—	—	C
生产 500kg 蛋糕所需费用		—	—	—	$A + B + C$
包装盒的计算		—	—	—	D
规格	个数	—	—	—	—
包装盒 1	●（500kg/蛋糕重量）	—	—	●	D_1
包装盒 2	●（500kg/蛋糕重量）	—	—	●	D_2
包装盒 3	●（500kg/蛋糕重量）	—	—	●	D_3
……	●（500kg/蛋糕重量）	—	—	●	……
包装盒的成本		—	—	—	$D = D_1 + D_2 + D_3 + \cdots$
企业一般管理费 + 偶然性因素		—	—	—	E
生产商利润（%）		—	—	—	F
零售价格		—	—	—	G

注：A ~ G，代表各项费用的数值。

● 需要填入的数据。

— 表示该位置可不必填写。

【学习活动五】 确定烘焙产品开发方案（烘焙产品典型工作案例）

几种烘焙产品开发方案见表 5 – 12 ~ 表 5 – 14。

表 5 –12　海绵蛋糕开发方案

产品配方

序号	原料名称	重量（g）	序号	原料名称	重量（g）
1	低筋粉	125	5	色拉油	25
2	鸡蛋	250	6	蛋糕油	13
3	糖	100	7	泡打粉	2
4	水	50			

工艺流程图：

搅拌、打发 → 装入模具 → 烘烤 → 冷却 → 成品

产品操作工艺：

（1）搅拌、打发　先把蛋、糖两种原料混合搅拌，至蛋液起发到一半体积时（此时蛋液发白），加入蛋糕油，并高速搅拌，同时慢慢地加入水。打至蛋糊洁白黏稠，滴落时不会断线，能用滴落的蛋糊写字，且字迹不会消失，另外，挂在刮刀上的蛋糊呈现 2 ~ 3cm 的倒三角。再调到慢速搅拌 2 ~ 3 分钟，消除蛋糊中的大气泡，使蛋糊更细腻。加入已过筛的面粉和泡打粉，用刮刀搅拌均匀，搅拌时不能画圈搅拌。

（2）装入模具　加入色拉油，拌匀后装入模具，装 7 分满。将装好蛋糊的模具从 10cm 左右的高度向桌面敲两下，使表面气泡消失。

（3）烘烤　放入烤箱，205℃，烤 15 ~ 20 分钟。

（4）冷却　烤好取出，倒扣在不锈钢网架上冷却。

注意事项：

（1）面粉的筋度高低影响蛋糕组织的粗细，要使产品的组织细腻可使用 10% ~ 20% 玉米淀粉代替低筋面粉使用。掺入玉米淀粉时必须与其他粉过筛两次以上，务必拌和均匀才能加入面粉内搅拌，否则因两者比重不一，使玉米淀粉沉淀在蛋糕的底部，形成硬块。

（2）配方中使用蛋黄时，蛋黄的比例不要超过总量的 50%。

（3）沙拉油必须在面粉拌入后加入轻轻拌匀，如果使用奶油必须先熔化，并保持温度 40 ~ 50℃，如果温度过冷奶油又将凝结，无法与面糊搅拌均匀。凡是油与面糊搅拌不匀，烤出的蛋糕底部也会形成一层坚韧硬皮。

（4）搅拌时所有盛蛋的容器或搅拌缸、搅打器等必须清洁（不含任何其他油迹），以免影响蛋的起泡。搅拌前如将蛋加热，则可缩短搅拌时间，并增加面糊的体积，不但使产品数量增加而且组织松软。

（5）搅拌机的速度同样影响打入蛋内空气的多少，建议在搅拌开始前阶段使用快速，在后阶段即将完成之时改用中速，如此蛋内保存的空气较多，而且分布均匀。

（6）配方内如添加 5% 的柠檬汁可助力蛋的起泡作用。柠檬汁可在蛋搅拌同时加入，如柠檬汁超过 5% 时，则超出部分应在搅拌蛋的后阶段加入。

（7）蛋的搅拌不可太干，以免影响烤好后的蛋糕组织和干燥，但也不可打发不够，蛋的搅拌标准可用手指把搅拌中已打发的蛋勾起，如蛋液凝在手指上形同尖峰状而不向下流则表示搅拌太过；如蛋液在手指上能停留 2 秒钟左右，再缓缓地从手指上流落下来即恰到好处。

（8）理想海绵蛋糕面糊比重为 0.46 左右。

（9）盛装海绵蛋糕面糊的烤盘其底部及四周均须擦油，以使蛋糕出炉后易于取出。

（10）面糊装盘的数量最好不要超过烤盘边缘的 2/3（六分满）。

（11）蛋糕出炉后马上翻转使表面向下，以免遇冷而收。

（12）烤焙海绵蛋糕的温度应尽量使用高温，可保存较多水分和组织细腻；炉温过低，蛋糕干燥且组织粗糙。

（13）烘烤中的蛋糕不可从炉中取出或受到震动，如因烤炉温度不匀需要将蛋糕换方向时要特别注意小心，如烘烤未熟的蛋糕由炉内取出受冷后，内部组织会凝结产生生硬的面块。

编制/日期：	审核/日期：	批准/日期：

表 5 – 13　戚风蛋糕开发方案

产品配方

序号	原料名称	重量（g）	序号	原料名称	重量（g）
1	蛋清	200	5	色拉油	50
2	白砂糖	120	6	低筋粉	50
3	塔塔粉	2.3	7	淀粉	52
4	水	50	8	蛋黄	

工艺流程图：

搅拌、打发 → 装入模具 → 烘烤 → 冷却 → 成品

产品操作工艺：

（1）搅拌、打发　将原料白砂糖40g、水50g、色拉油50g边加热边搅拌，待烧沸腾后立即加入原料低筋粉50g、淀粉52g搅拌均匀，冷却至40℃左右时加入蛋黄，搅拌均匀，即为蛋黄面糊。将原料蛋清200g、白砂糖80g、塔塔粉2.3g放入打蛋机内，中速打至硬性发泡。取1/3打发的蛋清加到蛋黄面糊中，用手搅拌均匀，再加入剩余的蛋清搅拌均匀，混合好后的状态应该是比较浓稠均匀的浅黄色。

（2）装入模具　将面糊倒入模具中，装一半到六分满即可，刮平表面。

（3）烘烤　放入烤箱，上火180℃，下火150℃，15～20分钟。

（4）冷却　烤好取出，倒扣在不锈钢网架上冷却。

注意事项：

（1）凡与搅拌蛋白接触的工具必须无油脂。

（2）糖要分2～3次加入蛋清中。

（3）其他注意事项见海绵蛋糕制作注意事项部分。

编制/日期：	审核/日期：	批准/日期：

表 5 – 14　椰蓉面包开发方案

面团配方

序号	原料名称	重量（g）	序号	原料名称	重量（g）
1	高筋粉	1000	6	黄油	80
2	酵母	20	7	乳粉	50
3	糖	90	8	面包改良剂	5
4	盐	15	9	鸡蛋	150
5	水	450			

馅料配方

1	椰蓉	100	3	黄油	50
2	鸡蛋	50	4	糖	50

工艺流程图：

调粉 → 分割 → 搓圆 → 静置 → 整型 → 醒发 → 烘烤 → 冷却 → 成品

产品操作工艺：

（1）调粉　将除黄油以外的其他原料全部投入和面机中，先开一档搅拌，待面团打到拾起阶段时换二挡继续搅拌至扩展阶段，加入黄油，继续搅拌至完成阶段，此时面团可以拉出较为光滑且有弹性的薄膜。

（2）分割、搓圆、静置　将面团分割成60g一个的面团，搓圆。放入醒发箱中静置20分钟，醒发箱湿度为75%～85%，温度为28℃。

（3）整型　将预先调制好的椰蓉馅料包入面团中，按照一定的方法对面团进行整型，放入烤盘中，注意面团之间要有足够的距离间隔。

（4）醒发　将整型好的面团置于醒发箱内，箱内温度为38℃～40℃，相对湿度为75%～85%，醒发时间为45～60分钟，面团发酵至原来体积的1～2倍大小，表明略微透明时取出。

（5）烘烤　取出发酵好的面团，在面团表面刷一层蛋液，放入预热好的烤箱内烘烤，温度为上火210℃，下火200℃。烘烤时间一般为10～15分钟。

（6）冷却　出炉的面包置于空气中自然冷却至室温。

注意事项：

（1）黄油最好放置在25℃左右的环境中自然软化后再使用，在面团调制的过程中，黄油的过早添加会阻碍面筋的形成，所以一般在面团接近扩展阶段时再加入黄油。

（2）面团调制完成的标志一般是面团能用手拉出一张薄纸般的薄膜，也就俗称的"手套膜"。

（3）面团发酵过程中的温湿度控制对面包的品质至关重要，在确保对温湿度的精准控制的同时，也要学会根据具体情况对参数进行调整。另外，在发酵过程中还要避免频繁打开醒发箱导致温湿度发生较大波动。

（4）面包烘烤的时间和温度受面包的类型、大小、配方中糖及奶粉等原料的用量的影响，且不同类型的烘烤设备的热效率不一样，热风炉比层炉的热效率高，所以在烤相同类型和大小的面包时，热风炉所需的温度和时间都低于层炉

编制/日期：	审核/日期：	批准/日期：

任务三 烘焙产品开发方案的实施

烘焙产品配料填入表 5 – 15。

表 5 – 15 烘焙产品配料设计表

产品名称：

序号	原辅料名称	配方重量（g）	生产厂家	产品验收标准
1				
2				
3				
4				
5				
6				
7				
8				

产品制作工艺流程填入表 5 – 16。

表 5 – 16 产品制作工艺流程设计表

步骤	工艺名称	工艺参数	技术要点
1			
2			
3			
4			
5			
6			

【学习活动六】烘焙产品的制作

烘焙产品配料填入表 5 – 17。

表 5 – 17 烘焙产品配料记录表

产品名称：

序号	投料时间	原辅料名称	配方重量（g）	记录人
1				
2				
3				
4				
5				
6				
7				
8				

烘烤记录

产品名称	烘烤温度（℃）	烘烤开始时间	预计烘烤时间（min）	烘烤完成时间	产品数量	记录人

任务四　烘焙产品开发方案的评价

【学习活动七】烘焙产品质量评价与记录

蛋糕类产品评价见表5-18。

表5-18　蛋糕类产品评价表

评分项目		评分标准及参考分值		自我评价
操作规范性（20分）		操作没条理，物件放置杂乱，不清理操作台面	0~5分	
		操作条理性较差，连贯性较差，不会正确使用仪器设备	6~10分	
		能较规范操作，没有明显不当，能较熟练使用设备，做卫生清理工作	11~15分	
		操作前洗手、清洗设备，对设备操作熟悉，使用后能按规定放置仪器，并做好清理工作	15~20分	
产品指标（80分）	风味（20分）	味道不纯正，有哈喇味、焦糊味或腥味	0~5分	
		有蛋香味，但无明显特有风味	6~10分	
		蛋香味较纯正	11~15分	
		蛋香味纯正，且气味浓郁	15~20分	
	色泽（20分）	表面呈棕黑色，底部黑斑多	0~5分	
		表面不油润，呈深棕红色或背灰色，有焦边或黑斑	6~10分	
		表面较油润，呈深棕红色或背灰色，色泽较均匀	11~15分	
		表面呈金黄色，底部呈棕红色，色彩鲜艳，富有光泽，无焦糊和黑色斑块	15~20分	
	质地（20分）	杂质太多，不起发，无弹性，有面疙瘩	0~5分	
		起发差，蜂窝结构大小不均匀	6~10分	
		起发稍差，不细密，发硬，偶尔能发现大空洞但为数不多	11~15分	
		发起均匀，柔软而有弹性，切面呈细密的蜂窝状，无大空洞	15~20分	
	口感（20分）	松软度差，有苦味	0~5分	
		有一定的松软度，没有明显的特有风味	6~10分	
		松软程度稍差，略黏牙	11~15分	
		松软香甜，不黏牙，有蛋糕特有的风味	15~20分	
总分				

面包类产品评价见表5-19。

表 5 – 19　面包类产品评价表

评分项目		评分标准及参考分值		自我评价
操作规范性 （20分）		操作没条理，物件放置杂乱，不清理操作台面	0~5分	
		操作条理性较差，连贯性较差，不会正确使用仪器设备	6~10分	
		能较规范操作，没有明显不当，能较熟练使用设备，做卫生清理工作	11~15分	
		操作前洗手、清洗设备，对设备操作熟悉，使用后能按规定放置仪器，并做好清理工作	15~20分	
产品指标 （80分）	风味 （20分）	味道不纯正，有哈喇味、焦糊味或腥味	0~5分	
		味不太纯正，有轻度酸味或异味	6~10分	
		无香味和异味	11~15分	
		有面包焦香味，淡酵母味，无霉臭味	15~20分	
	色泽 （20分）	表面灰白或焦黑色并呈塌陷状，色泽不均匀	0~5分	
		表面棕灰、褐灰，有焦边或黑斑	6~10分	
		表面较油润，呈棕黄、棕色、棕褐色，色泽较均匀	11~15分	
		表面呈金黄色，底部呈棕红色，色彩鲜艳，富有光泽，表皮光洁平滑无斑点	15~20分	
	质地 （20分）	杂质太多，不起发，无冠，无颈，塌陷，气孔大大小小，极不均匀，大孔洞很多，坚实部分连成大片	0~5分	
		起发差，蜂窝结构大小不均匀，孔壁厚，大孔洞和坚实部分较多	6~10分	
		起发稍差，较均匀，孔壁较厚，有小量孔洞或坚实部分	11~15分	
		发起均匀，柔软而有弹性，孔壁薄，无明显孔洞和坚实部分，呈海绵状	15~20分	
	口感 （20分）	柔软度差，口感粗糙，咀嚼感较差，不细腻	0~5分	
		有一定的松软度，咀嚼感一般，易断、掉渣或黏牙	6~10分	
		柔软度好，有一定咀嚼感，有甜咸味，切口有少许断裂或掉渣	11~15分	
		柔软度好，有咀嚼感，有甜咸味，味纯正，不黏牙	15~20分	
总分				

任务五　烘焙产品开发方案的改进与提高

【学习活动八】烘焙产品讨论分析与改进方案

产品整改方案填入表 5 – 20。

表 5 – 20　产品整改方案

整改项目	具体方案
问题分析	（分析产品存在的问题）
整改方案	（针对问题，制定整改方案）
整改计划	（制定实施的时间节点、责任人和具体措施）
整改效果评估	（整改完成后，如何对产品效果进行评估，评估结果）

答案解析

练习题

简答题

1. 蛋白打发主要有哪几个阶段，各阶段的主要特征是什么？

2. 做戚风蛋糕时所加的塔塔粉是什么物质？其主要作用是什么？

3. 制作蛋糕时为什么要使用低筋面粉？

4. 蛋糕烘烤成熟的判断方法是什么？

5. 制作蛋糕时，蛋白打发过程中的注意事项是什么？哪些因素影响蛋白的打发？

6. 面包制作为什么要使用高筋粉？

7. 面团搅拌有哪几个阶段？各阶段的主要特征是什么？

8. 制作面包时静置工序的主要作用是什么？

9. 酵母生长过程中的两个重要温度分别是什么？分别起什么作用？

10. 哪些因素会影响面团的发酵？面团发酵完成的判断方法是什么？

参考文献

[1] 阿吉罗·贝卡托鲁. 食醋生产理论与实践 [M]. 北京: 中国轻工业出版社, 2023.

[2] 陈军, 刘成梅. 食品新产品开发 [M]. 北京: 中国轻工业出版社, 2024.

[3] 陈平, 童永通. 烘焙食品加工技术 [M]. 3版. 北京: 中国轻工业出版社, 2024.

[4] 杜晶晶, 白语嫣, 陆毅, 等. 藜麦功能性酸奶的制作工艺研究 [J]. 现代食品, 2022, 28 (19): 68-72.

[5] 樊莹润, 孙宇, 李榕川, 等. 响应面设计优化燕麦咖啡饮料工艺配方 [J]. 食品研究与开发, 2021, 42 (22): 131-136.

[6] 冯颖. 食品工艺学 [M]. 北京: 化学工业出版社, 2025.

[7] 高翔, 王蕊. 肉制品生产技术 [M]. 2版. 北京: 中国轻工业出版社, 2021.

[8] 黄略略. 焙烤食品加工技术 [M]. 北京: 中国轻工业出版社, 2024.

[9] 李先保, 吴彩娥, 牛广财. 食品加工技术与实训 [M]. 北京: 中国纺织出版社, 2022.

[10] 林君, 潘嫣丽, 陆璐, 等. 罗汉果菊花茶饮料工艺 [J]. 食品工业, 2021, 42 (11): 117-121.

[11] 刘铖珺, 黄晓燕, 刘丽敏, 等. 咖啡产品的加工技术研究进展 [J]. 食品工业科技, 2021, 42 (04): 349-355.

[12] 罗晓莉, 高彦祥. 茶饮料色泽劣变及护色技术研究进展 [J]. 中国食品添加剂, 2022, 33 (02): 218-229.

[13] 马萍萍, 卢涵, 蒿静静, 等. 双歧杆菌对发酵乳品质改善作用研究 [J]. 中国乳品工业, 2024, 52 (11): 45-51.

[14] 秦璇璇, Maryna Samilyk, 罗杨合. 凝固型风味荸荠发酵酸奶的工艺优化研究 [J]. 中国乳业, 2022, (09): 108-113.

[15] 沈欣妍, 李苏童, 郑鹏, 等. 我国无糖茶饮料研究进展 [J]. 广东茶业, 2023, (04): 2-5.

[16] 沈雍徽, 陈娜, 邢宇, 等. 不同糖醇对凝固型酸奶品质的影响 [J]. 中国乳业, 2023, (12): 86-91.

[17] 史淑菊. 发酵食品加工 [M]. 北京: 中国农业大学出版社, 2021.

[18] 石有权, 李南, 代妮娅. 咖啡生产中保香留香的方法概述 [J]. 云南化工, 2023, 50 (01): 113-115.

[19] 徐幸莲, 王虎虎. 现代肉品加工学 [M]. 北京: 科学出版社, 2023.

[20] 余晓斌. 发酵食品工艺学 [M]. 北京: 中国轻工业出版社, 2022.

[21] 苑晓磊. N公司即饮咖啡营销策略研究 [D]. 河北大学, 2022.

[22] 苑会平, 付兴周, 杨倩雯, 等. 咖啡豆乳饮料的研制 [J]. 饮料工业, 2021, 24 (06): 55-59.

[23] 张桂凤, 李文武, 于宏刚. 西点工艺实训教程 [M]. 北京: 中国轻工业出版社, 2021.

[24] 张兰威. 发酵食品工艺学 [M]. 北京: 中国轻工业出版社, 2022.

[25] 周光宏. 畜产品加工学 [M]. 3版. 北京: 中国农业出版社, 2023.

[26] 周立娜. 哥伦比亚咖啡香精的研究及应用 [D]. 华东理工大学, 2021.

［27］ Dikeman M. Encyclopedia of Meat Sciences Reference Work ［M］．3rd ed. NewYork：Academic Press，2023.

［28］ Lawrie R. A. ，Ledward D. A. Lawrie's Meat Science ［M］．9th ed. Cambridge：Woodhead Publishing，2023.

［29］ Witkowski，M. ，Nemet，I. ，Alamri，H. et al. The artificial sweetener erythritol and cardiovascular event risk ［J］. Nat Med，2023，29：710－718.